Big Earth Data
in Support of the Sustainable Development Goals

地球大数据
支撑可持续发展目标报告
（2021）

"一带一路"篇
The Belt and Road

郭华东　主编

科学出版社
北　京

审图号: GS 京（2022）0858 号

内 容 简 介

《地球大数据支撑可持续发展目标报告（2021）:"一带一路"篇》聚焦零饥饿（SDG 2）、清洁饮水和卫生设施（SDG 6）、可持续城市和社区（SDG 11）、气候行动（SDG 13）、水下生物（SDG14）和陆地生物（SDG 15）六大 SDGs 目标，重点专注于新方法新指标的探索、可持续发展进程的跟踪评估，以及多指标交叉研究的理论与实践，针对 22 个具体目标汇集了 42 个典型案例，展示了在典型地区、国家、区域和全球四个尺度上针对 SDGs 指标的研究、监测和评估成果，包括 37 套数据产品、19 种方法模型和 32 个决策支持。这些研究成果展示了中国利用科技创新推动落实联合国"2030 年可持续发展议程"的探索和实践，充分揭示了地球大数据技术对监测评估可持续发展目标的应用价值和广阔前景，开拓了在联合国技术促进机制框架下利用大数据、人工智能等先进技术方法支撑联合国"2030 年可持续发展议程"落实的新途径和新方法，可为各国加强该议程的落实监测评估提供借鉴。

本书可供相关领域的研究人员、国家相关部门的决策人员阅读。

图书在版编目（CIP）数据

地球大数据支撑可持续发展目标报告. 2021. "一带一路"篇 / 郭华东主编. —北京: 科学出版社, 2022.9
  ISBN 978-7-03-071142-7

Ⅰ.①地…　Ⅱ.①郭…　Ⅲ.①全球环境–可持续发展–研究报告–2021②"一带一路"–可持续发展–研究报告–2021
Ⅳ.①X22

中国版本图书馆 CIP 数据核字（2021）第 271628 号

责任编辑: 牛　玲　刘巧巧 / 责任校对: 何艳萍
责任印制: 师艳茹 / 封面设计: 有道文化

科 学 出 版 社 出版
北京东黄城根北街 16 号
邮政编码: 100717
http://www.sciencep.com
中国科学院印刷厂 印刷
科学出版社发行　各地新华书店经销
*
2022 年 9 月第 一 版　开本: 787×1092　1/16
2022 年 9 月第一次印刷　印张: 22 1/2
字数: 530 000
定价: 268.00 元
（如有印装质量问题，我社负责调换）

地球大数据支撑可持续发展目标报告（2021）
"一带一路"篇
编 委 会

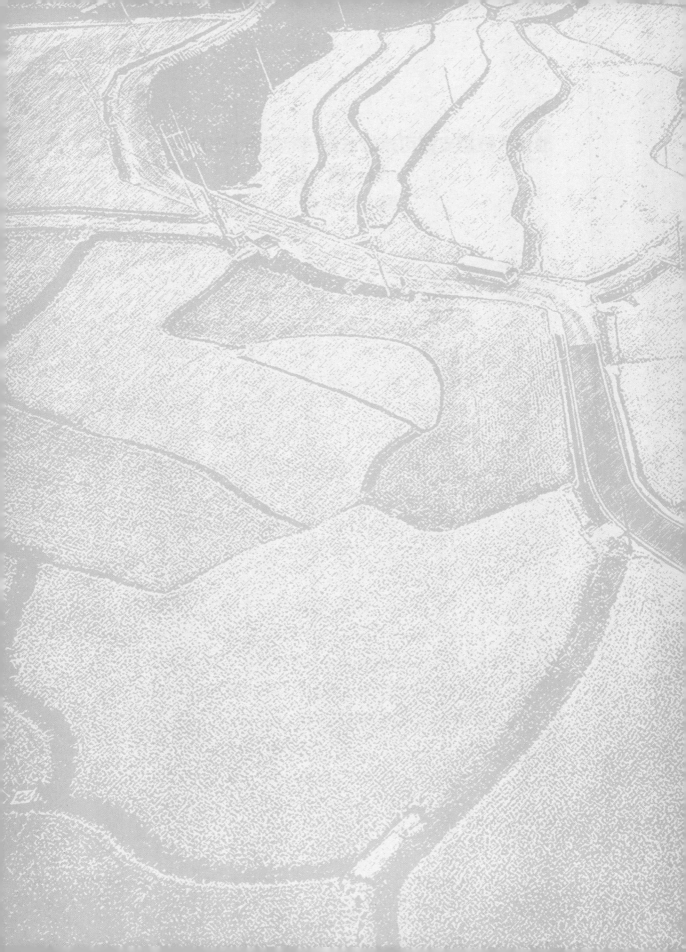

序 言

  2015 年，联合国通过了包含 17 个可持续发展目标（Sustainable Development Goals，SDGs）的《变革我们的世界：2030 年可持续发展议程》（简称联合国 "2030 年可持续发展议程"），力争到 2030 年通过达到这些目标在全世界实现经济、社会与环境的和谐发展。自联合国 "2030 年可持续发展议程"实施以来，中国坚持创新、协调、绿色、开放、共享的新发展理念，积极推进 SDGs 的实现，在消除绝对贫困、应对气候变化、改善生态环境、提升公共卫生服务水平、保障粮食安全等方面取得了重大成就，逐步推进实现高质量发展。与此同时，中国还积极参与和推动国际发展合作，为全球 SDGs 实现提供高质量的公共服务产品。

  六年来的实践表明，对于联合国 "2030 年可持续发展议程"落实情况的科学评价仍面临诸多重大挑战，其中数据缺失、指标体系不完善以及发展不平衡所带来的数据能力差异是最主要的问题。作为中国国家科研机构，中国科学院长期致力于运用大数据促进 SDGs 实现，近年来，与国内外高校、研究院所和企业一道，综合利用云计算、人工智能、空间技术、网络通信技术等新兴技术，进行 SDGs 评估体系优化、公共数据产品研发和决策支持服务的探索。

2020 年 9 月 22 日，习近平主席在第七十五届联合国大会上，宣布中国将设立可持续发展大数据国际研究中心（International Research Center of Big Data for Sustainable Development Goals，CBAS），为落实联合国"2030 年可持续发展议程"提供新助力。2021 年 9 月 6 日，可持续发展大数据国际研究中心在北京正式成立，习近平主席致贺信，联合国秘书长安东尼奥·古特雷斯发表视频致辞。相信该中心成立后，能够更好地以大数据为中国乃至全球可持续发展提供有力支撑。

近年来，中国科学院立足自身优势，围绕零饥饿、清洁饮水和卫生设施、可持续城市和社区、气候行动、水下生物、陆地生物等 6 个 SDGs，开展了一系列 SDGs 指标监测评估示范研究工作，并持续发布年度系列报告《地球大数据支撑可持续发展目标报告》。2021 年度的《地球大数据支撑可持续发展目标报告》进一步围绕上述目标，面向可持续发展的实际场景，展示了包括单一指标进展评估和多指标综合评估在内的一系列研究成果。这些成果为详细了解不同尺度和区域 SDGs 的实现进程、准确把握相关指标的动态变化趋势、深入分析实现 SDGs 面临的问题等，提供了更有力的科学依据和决策支持。

　　2021 年是中华人民共和国恢复联合国合法席位 50 周年。中国科学院谨以此报告为联合国"2030 年可持续发展议程"的实现持续贡献中国科技界的一份力量。中国科学院将进一步加强与国际科技界的深入合作，发挥科技创新促进作用，共同应对可持续发展面临的新挑战。

中国科学院院长

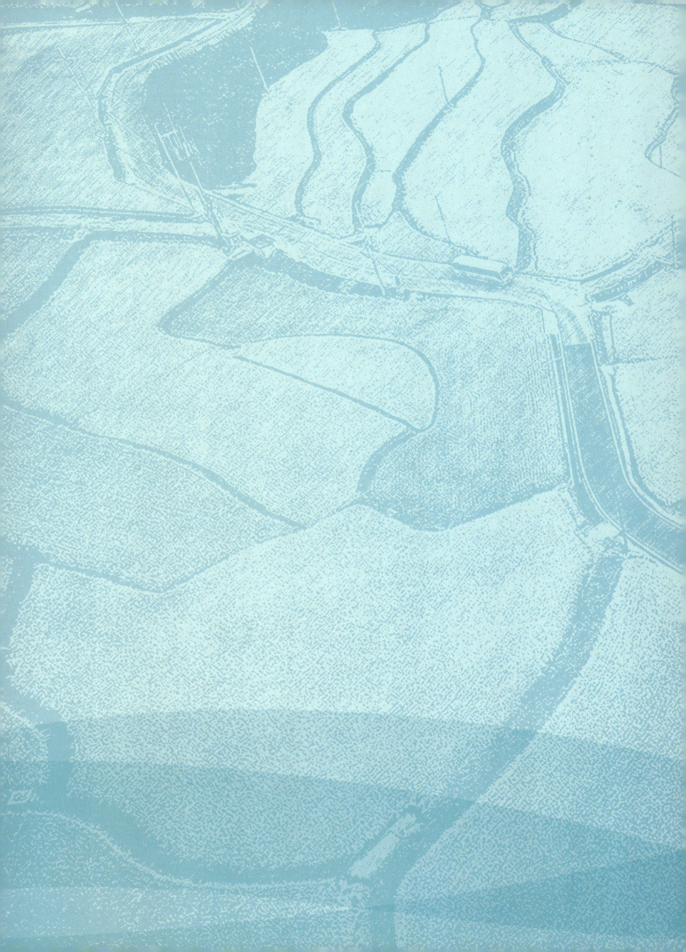

前　言

　　世界变局和新型冠状病毒肺炎（简称新冠肺炎）疫情给联合国"2030 年可持续发展议程"的落实带来了前所未有的挑战，导致全球出现停滞甚至退步的情况。科技创新作为推动经济社会发展的重要力量，担负起解决当前困境的重要使命。2015 年，联合国建立了面向 SDGs 的技术促进机制（the Technology Facilitation Mechanism, TFM），强调通过科技促进全球可持续发展。联合国秘书长安东尼奥·古特雷斯在《2020 年可持续发展目标报告》（*Sustainable Development Goals Report 2020*）中呼吁，在健全数据和科学的基础上，以 SDGs 为指导，协调全球新冠肺炎疫情应对和恢复工作。

　　应对 SDGs 所面临的数据挑战，需要开拓更有效的方式。随着科技的发展，全球数据量正呈指数级增长。计算和数据技术的进步，使得实时处理和分析大数据成为现实；而新型数据与统计和调查数据等传统数据的结合，还可创造出更详细、更及时的高质量信息。充分发据利用和创新地球大数据技术，是解决当前可持续发展面临的数据鸿沟以及信息和工具缺失问题的有效途径。

依托中国科学院建设的可持续发展大数据国际研究中心是致力于大数据服务SDGs的国际研究机构，将建成集"存储、计算、分析、服务"于一体的SDGs大数据技术服务体系、开展SDGs指标监测与评估科学研究、研制并运行SDGs科学卫星、构建科技促进可持续发展智库，并开展大数据服务SDGs的人才培养和能力建设。

近年来，中国科学院基于地球大数据技术，面向零饥饿、清洁饮水和卫生设施、可持续城市和社区、气候行动、水下生物、陆地生物等六个SDGs，开展了SDGs监测和评估的案例研究，连续两年编制了《地球大数据支撑可持续发展目标报告》，在第七十四届和七十五届联合国大会上发布，充分体现了地球大数据技术在应对可持续发展面临的挑战时的重要价值和作用。

《地球大数据支撑可持续发展目标报告（2021）："一带一路"篇》聚焦六大SDGs目标，通过42个典型案例，展示了在典型地区、国家、区域和全球四个空间尺度上SDGs指标的监测评估成果。此外，报告还探索了多个 SDGs 之间的相互作用，为未来开展不同情景下的多目标协同发展策略研究奠定了良好的基础。报告所展示的系列研究成果，可为更深入地认识和更精准地判定 SDGs 相关问题提供新的分析工具，在推动科技创新服务可持续发展方面具有重要的实践价值。

本报告得到外交部相关部门领导的悉心指导。报告形成过程中得到来自国家发展和改革委员会、自然资源部、生态环境部、住房和城乡建设部、交通运输部、水利部、农业农村部、应急管理部、国家统计局、国家林业和草原局等部委相关领导和专家的宝贵意见和建议，团队科研人员付出了辛勤的劳动。值此报告发布之际，一并表示衷心感谢。

中国科学院院士

可持续发展大数据国际研究中心主任

"联合国可持续发展目标技术促进机制 10 人组"成员（2018～2021 年）

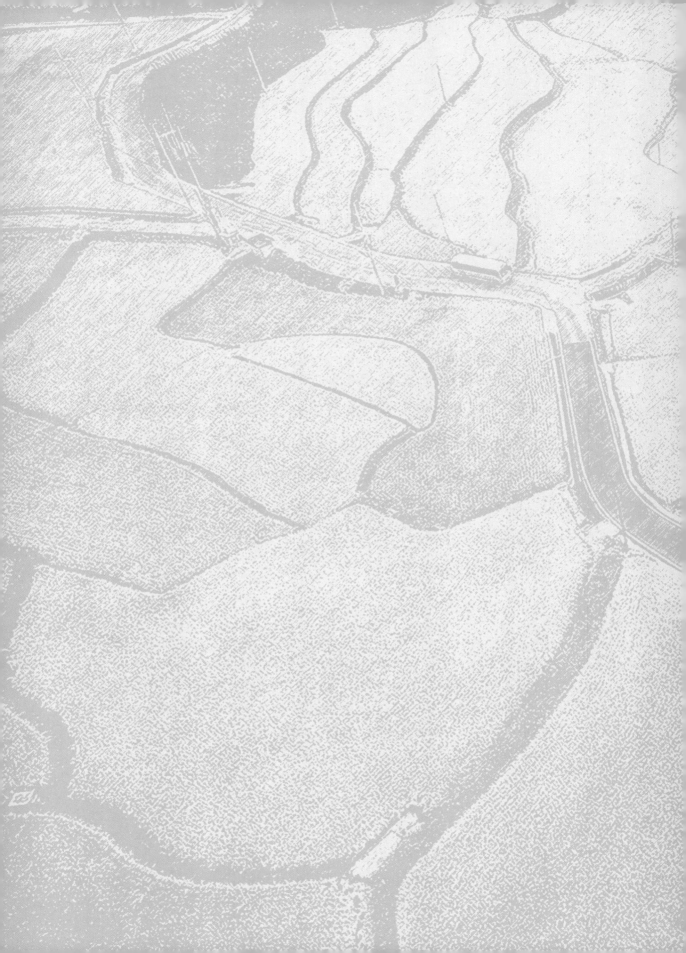

执行摘要

2021 年是联合国正式发起可持续发展目标"十年行动"计划的开局之年，人类实现联合国"2030 年可持续发展议程"设定的宏伟目标仍面临严峻挑战，全球新冠肺炎疫情的暴发对议程的落实也产生了严重影响。科学技术是应对这些挑战、推动和落实联合国"2030 年可持续发展议程"的重要杠杆。2021 年 9 月 6 日，国家主席习近平在向可持续发展大数据国际研究中心成立大会暨 2021 年可持续发展大数据国际论坛致贺信中指出"科技创新和大数据应用将有利于推动国际社会克服困难、在全球范围内落实 2030 年议程"[①]；联合国秘书长安东尼奥·古特雷斯在可持续发展大数据国际研究中心成立致辞中强调，"借助联合国技术促进机制的发展机遇，以科学支撑决策，推动创新、寻求解决方案……推动科技界助力可持续发展目标的实现"。本报告利用地球大数据的优势和特点，推动大数据服务于零饥饿（SDG 2）、清洁饮水和卫生设施（SDG 6）、可持续城市和社区（SDG 11）、气候行动（SDG 13）、水下生物（SDG 14）和陆地生物（SDG 15）六项 SDGs 的指标监测与评估及多指标交叉分析，展示了科学技术支撑 SDGs 落实的创新性实践。

在 SDG 2 零饥饿方面，本报告围绕反映粮食生产保障的相关指标，如按农业/畜牧业/林业企业规模分类的每个劳动单位的生产量（SDG 2.3.1）、从事生产性和可持续农业的农业地区比例（SDG 2.4.1）、中期或长期保存设施存放的粮食和农业（a）植物和（b）动物遗传资源的数量（SDG 2.5.1），分别针对种植业和畜牧业开展了相关研究，并进行了 SDG 2.1、SDG 2.2 和 SDG 2.4 的交叉综合分析；提出了耕地分类模型（2 个）、病虫害监测模型（1 个）、畜牧业生产力评估模型（1 个）等 4 个方法模型，形成了赞比西河流域和环地中海地区耕地分布数据、全球家禽肉类生产效率变化和草地生产力有效利用系数变化数据、亚欧非主要区域[②]营养状况及

---

① 新华网. 习近平向可持续发展大数据国际研究中心成立大会暨 2021 年可持续发展大数据国际论坛致贺信. http://www.news.cn/mrdx/2021-09/07/c_1310173178.htm.

② 本报告中的亚欧非主要区域是指涉及东亚、东南亚、南亚、中亚、西亚、中东欧和北非 65 个国家在内的区域，具体国家参见案例 2.7 中的附表 1。

粮食生产数据集、中国微生物国际保藏机构菌种保藏数据及资源利用数据 4 个数据产品；并针对不同区域耕地利用和畜牧业发展提供了决策建议。

　　　　在 SDG 6 清洁饮水和卫生设施方面，本报告围绕改善水质（SDG 6.3）、提高用水效率（SDG 6.4）、水资源综合管理（SDG 6.5）和保护和恢复与水有关的生态系统（SDG 6.6）四个具体目标，基于地球大数据技术开展了全球及"一带一路"典型区域两个尺度上的案例研究，生成了亚欧地区典型城市黑臭水体分布、全球大型湖泊水体透明度、非洲湖泊水体透明度和全球湿地保护优先区分布等数据集，给出了全球水生态和水环境状况、全球农作物水分利用效率变化情况，以及澜湄国家[①] 水资源综合管理和水压力情况。这些案例研究数据成果是对联合国 SDGs 数据库系统的有益补充，相关的评估结论对了解全球 SDG 6 目标实现进展具有重要的参考价值。

　　　　在 SDG 11 可持续城市和社区方面，本报告利用地球大数据方法对城市住房（SDG 11.1）、城市用地效率（SDG 11.3）、自然和文化遗产（SDG 11.4）三个具体目标进行了监测与评估，发展和改进了面向场景的深度学习语义分割模型，提出了综合性空间化的城市发展综合指数、文化遗产可持续发展测度指标，生成了共建"一带一路"部分合作区域[②]12 个重要城市棚户区数据集、339 个城市建成区数据集、共建"一带一路"合作国家及其周边国家世界文化遗产地城市化发展综合评估数据集、全球首套文化遗产（古迹 / 古建筑类）2015～2020 年地表干扰度测度数据集、自然遗产地人为干预程度数据集。这些案例研究成果可以丰富和补充联合国可持续发展目标数据库系统，对于客观评估 SDG 11 全球落实情况具有重要的示范意义。

---

　　① 澜湄国家是指澜沧江 - 湄公河上下游"同饮一江水"的 6 个国家，包括中国、缅甸、老挝、泰国、柬埔寨、越南。

　　② 截至 2022 年 3 月 23 日，中国已经同 149 个国家和 32 个国际组织签署 200 余份共建"一带一路"合作文件。本报告中将签署了共建"一带一路"合作文件的国家简称为共建"一带一路"合作国家，涉及的区域称作共建"一带一路"合作区域。

在 SDG 13 气候行动方面，本报告聚焦抵御气候相关灾害（SDG 13.1）、应对气候变化举措（SDG 13.2）、气候变化适应和预警（SDG 13.3）三个具体目标，通过地球大数据方法生产了东半球高温热浪、全球林草过火范围、高亚洲地区冻融脆弱性、巴基斯坦洪水等灾害数据集，全球石油产地火炬气、全球土壤呼吸、全球净生态系统生产力（net ecosystem productivity，NEP）及其驱动因素等碳收支数据集，亚欧大陆冰川物质量变化、南北极冰盖消融时长、综合海表卫星与 Argo 浮标观测资料的全球海洋热含量（ocean heat content，OHC）、中国西北和中亚地区植被覆盖等多圈层变化数据集。依据这些具有时空特征的系列数据集发现，在 SDG 13.1 气候相关灾害方面，近 10 年来，东半球遭受高温热浪的人数和频次明显增加；2015～2020 年全球林草地过火面积相近，但南美洲地区增加明显；伴随着气候的变化，到 21 世纪末高亚洲地区冻融灾害脆弱性中高风险区面积将由现在占高亚洲总面积的 20% 上升到 26%（RCP[①] 4.5）和 32%（RCP 8.5）；2015 年后巴基斯坦地区洪水灾害明显加剧。在应对气候变化举措（SDG 13.2）方面，全球主要石油产地火炬气 CO_2 排放量从 2010 年的 3.78 亿 t 增加至 2019 年的 4.22 亿 t；2000 年以来全球土壤呼吸总量呈显著增加趋势；全球的陆地生态固碳能力也显著增强，土地覆盖变化、气候变化是主要的驱动因素。在气候变化适应和预警（SDG 13.3）方面，过去 20 年，亚欧大陆冰川经历了显著的物质亏损，且冰川物质亏损速率呈现出明显的加速趋势，流域水资源压力不断上升；1989～2020 年，北极格陵兰冰盖平均融化持续时间增加了 10 天，而南极冰盖减少了 9 天；近 30 年来，全球海洋热含量不断上升，且不断加剧，需要加强海上超强风暴、海平面上升、海洋生态环境方面的预警；近 20 年来，中国西北-中亚地区大部分地区生态状况变化态势向好，植被呈现显著变绿趋势，尤以我国境内部分区域变化更为明显。通过以上数据和分析，可为应对气候变化相关灾害和长期影响，以及碳中和战略实施提供科学依据。

在 SDG 14 水下生物方面，本报告聚焦地球大数据技术支撑的预防和大幅减少各类海洋污染（SDG 14.1）、抵御灾害与保护海洋和沿海生态系统（SDG 14.2）、可持续利用海洋资源获得的经济收益（SDG 14.7）三个具体目标，通过五个案例研制了绕南极大洋海

---

① RCP 即 Representative Concentration Pathways，代表性浓度途径。

水中的微塑料丰度分布、孟加拉国 2016～2020 年 45 期动态水淹监测图、全球 10 m 级高精度红树林和滨海养殖池空间分布、1990～2020 年莫桑比克海岸带空间资源分布等数据集，给出了典型海域微塑料空间分布特征状况、孟加拉国海岸带水淹规律、全球红树林和滨海养殖池空间分布状况。案例分析表明：绕南极大洋海水中的微塑料呈现局部丰度较高的分布特征，南极洲环流的副热带锋具有潜在的阻止微塑料由低纬度向高纬度输运的作用；孟加拉国每年水淹最为严重的时间段为 7 月下半月到 8 月上半月，水淹范围的峰值基本为 2 万 km^2 左右；2020 年全球红树林总面积为 14.44 万 km^2，其中亚洲红树林的面积最大，占比为 38.99%，其次为非洲，占比为 19.38%；全球滨海养殖池总面积为 3.72 万 km^2，其中约 86% 的滨海养殖池分布在亚洲，面积约 3.2 万 km^2。

在 SDG 15 陆地生物方面，本报告聚焦森林比例（SDG 15.1.1）、实施可持续森林管理的进展（SDG 15.2.1）、退化土地比例（SDG 15.3.1）、山区绿色覆盖指数（SDG 15.4.2）等具体指标，在"一带一路"全域或者典型地区，发展了地球大数据支撑的指标评价模型和方法，并开展了示范应用，形成了全球尺度 2020 年 30 m 森林覆盖、2000～2020 年全球森林变化斑块化特征、孟中印缅经济走廊生态脆弱性指数，以及 2015 年、2020 年高分辨率山地绿色覆盖指数数据集等关键数据产品，为 SDG 15 指标动态监测和评价提供了有力的支撑。

在 SDGs 多指标交叉方面，本报告开展了地球大数据在空间信息挖掘及综合评估方面的方法与实践研究，包括：基于 SDGs 多指标之间相关性分析，评估不同 SDGs 指标间的协同与权衡关系；基于 SDGs 多指标的时间演变分析，模拟经济、社会、环境等不同发展情景。通过指标的交叉研究，可以发现潜在科学问题及评价政策实施效果，指导政策的动态规划，加快共建"一带一路"合作区域可持续发展目标的落实进程。

目　录

第四章
**SDG 11
可持续城市和社区**

第五章
**SDG 13
气候行动**

第六章

SDG 14
水下生物

第一章

绪　　论

为如期实现联合国"2030 年可持续发展议程"所提出的 17 项 SDGs，2020 年 1 月，联合国正式发起可持续发展目标"十年行动"计划，呼吁加速采取可持续解决方案来应对目前所有重大挑战。然而，突发的新冠肺炎疫情对联合国"2030 年可持续发展议程"的全球落实产生了严重影响。新冠肺炎疫情加剧了全球粮食系统脆弱性，2020 年面临饥饿的人口数量比 2019 年增加约 1.18 亿，增幅达 18%，且突发性粮食不安全状况飙升至 5 年来的最高水平[①]；过去一个世纪，全球用水量的增速是人口增速的两倍多，根据联合国相关估计，到 2030 年，全球淡水资源将减少 40%，暴发水资源危机的可能性极大；新冠肺炎疫情暴发之前，城市的贫民窟居住人数就已经在不断增加，空气污染日益严重，公共开放空间极小，公共交通便利性有限，而疫情进一步暴露并加大了城市的脆弱性；大气中主要温室气体浓度持续增加，2015～2020 年是有记录以来最热的 6 年，气候变化使得多项 SDGs 的实现变得更加困难；海洋不断受到污染、变暖和酸化的威胁，这些问题正在扰乱海洋生态体系；毁林和森林退化、生物多样性持续丧失和生态系统持续退化正在对人类福祉和生存产生深远影响，全球未能实现 2020 年遏制生物多样性丧失的目标（United Nations, 2021a, 2021b）。

联合国在《2021 年可持续发展目标报告》（*Sustainable Development Goals Report 2021*）中指出，全球需要共同努力，支持由联合国"2030 年可持续发展议程"指导的复苏，而监测和评估数据的获取和可用性是实现更好复苏能力的关键因素之一。多年来，支撑 SDGs 监测与评估的数据显著增加，然而，在数据的空间覆盖和及时性方面，仍然存在重大缺口。全球可持续发展目标指标数据库显示，仅有少数几个 SDGs 的数据覆盖超过了 80% 的国家，且对于大部分目标而言，数据存在严重的时间滞后的问题（United Nations, 2021c）。以上数据缺口对实时监测各目标进展及评估区域间差异形成了阻碍。

数据创新是解决上述缺口、加速实现 SDGs 的关键，而创新的一个重要领域是地理空间信息和统计信息的融合。通过卫星、无人机、地面传感器等获取的对地观测数据，不仅可以作为官方统计和调查数据的补充，其与传统数据结合还可以创造更及时、空间代表性更强的高质量信息。以对地观测数据为基础，具有空间属性的地球大数据一方面具有海量、

---

① 新华社. 联合国报告：新冠疫情致全球饥饿人口增近两成. http://m.gmw.cn/baijia/2021-07/13/1302403362.html.

多源、异构、多时相、多尺度、非平稳等大数据的一般性质，同时还具有很强的时空关联和物理关联，以及数据生成方法和来源的可控性（Guo, 2017; Guo, et al., 2016）。

地球大数据可促进理解地球自然系统与人类社会系统间复杂的交互作用和发展演进过程，从而为实现联合国"2030年可持续发展议程"做出重要贡献。地球大数据科学的主要技术体系包括：地球大数据泛在感知、地球大数据可信共享、地球大数据多元融合、地球大数据孪生及复杂过程模拟、地球大数据智能认知（图1.1）。利用地球大数据支撑SDGs监测与评估具有独特优势：一是数据来源多样，相互验证，使SDGs监测结果更透明、可重复；二是赋予SDGs指标空间差异信息、动态变化信息，进而有利于决策者通过空间信息发现发展不平衡和薄弱环节、补齐短板，并通过时间动态变化明确变化趋势和政策效果。

图1.1 地球大数据科学的主要技术体系

自2018年开始，中国科学院（Chinese Academy of Sciences，CAS）在利用地球大数据支撑SDGs实现方面开展了诸多实践。依托中国科学院战略性先导科技专项"地球大数据科学工程"（Big Earth Data Science Engineering Program, CASEarth）建立了地球大数据共享服务平台、地球大数据云服务基础设施，从数据、在线计算、可视化演示等方面为SDGs指标监测与评估提供支撑（图1.2）。截至2021年12月31日，CASEarth共享数据总量约11 PB，并以每年3 PB的数据量持续更新，累计174个国家和地区的超过41万独立IP用户访问，总浏览量超过6600万次。

在17个SDGs中，零饥饿（SDG 2）、清洁饮水和卫生设施（SDG 6）、可持续城市和社区（SDG 11）、气候行动（SDG 13）、水下生物（SDG 14）和陆地生物（SDG 15）是与表征地球表层环境、资源密切相关的目标，地球大数据在这些目标的监测与评估中可发挥重要作用。针对上述目标，《地球大数据支撑可持续发展目标报告："一带一路"篇》进一步遴选了能充分发挥地球大数据优势的指标开展监测。中国科学院发布的2019年度和2020

年度两期《地球大数据支撑可持续发展目标报告："一带一路"篇》中，收录了 SDGs 监测与评估新方法、新产品和决策支撑案例。

图 1.2　地球大数据支撑 SDGs 路线图

《地球大数据支撑可持续发展目标报告（2021）："一带一路"篇》重点专注于新方法新指标的探索、可持续发展进程的跟踪评估，以及多指标交叉研究的理论与实践，针对 22 个具体目标汇集了 42 个典型案例，展示了在典型地区、国家、区域和全球四个尺度上针对 SDGs 指标的研究、监测、评估成果，包括 37 套数据产品、19 种方法模型和 32 个决策支持。

2 零饥饿

第二章

SDG 2 零饥饿

背景介绍

联合国"2030 年可持续发展议程"实施已有 6 年，然而零饥饿目标进展缓慢，距离目标实现仍有巨大差距。联合国秘书长警告说，世界正面临着 50 年以来规模最大的粮食危机（FAO et al., 2020）。过去 10 年，冲突、气候异常和极端气候、经济减速和衰退发生的频率和严重程度均在大幅上升（FAO et al., 2021）。新冠肺炎疫情可能会使全球 6.9 亿多营养不良人口继续增加 8300 万～1.32 亿。尤其是在非洲地区，受沙漠蝗和新冠肺炎疫情的双重影响，非洲人均粮食产量下降至 2014 年以来的最低水平。此外，该地区由于同时受冲突、极端气候、经济衰退三种因素的影响，近 5 年来粮食安全状况持续恶化，饥饿影响人数面临翻番风险。

要实现零饥饿目标，转变农业粮食体系，使其更高效、更包容、更有韧性和更可持续是关键（FAO, 2021），包括根据"5F"——食品（food）、饲料（feed）、纤维（fibre）、林业（foresty）和燃料（fuel），以及城市园艺和花卉种植等环境状况采取行动。与此同时，联合国粮食及农业组织（FAO）在《2021 年世界粮食安全与营养状况》中提出了涉及粮食安全供应、获取、利用、稳定、能动和可持续性各维度的六大粮食体系转型潜在途径，并将"技术、数据和创新"列为两大类加速因素之一（FAO et al., 2021）。地球大数据具有宏观、动态、快速监测能力，能够为粮食生产及环境变化等的区域评估提供基础，形成大尺度进展整体认知及区域差异细致掌握。将其与统计数据有效结合，能大幅改进当前 SDGs 实现中有方法无数据的指标评估现状，能够为 SDGs 实现进程的监测提供新的助力。

在 2019 年度和 2020 年度的《地球大数据支撑可持续发展报告》中，我们聚焦 SDG 2.3 和 SDG 2.4，重点针对农业生产系统中的种植业，开展了从农田面积分布、种植模式监测、沙漠蝗灾情评估，到耕地生产力监测、生产潜力评估、粮食安全预警等一系列研究。本章将在进一步对重点区域耕地利用监测的基础上，将畜牧业纳入研究范围，并拓展地球大数据对 SDG 2.5 相关指标监测的贡献；同时，面向多个 SDG 2 具体目标，在发展中国家开展目标综合分析。

主要贡献

围绕反映粮食生产保障的相关指标 SDG 2.3.1（按农业／畜牧／林业企业规模分类的每个劳动单位的生产量）、SDG 2.4.1（从事生产性和可持续农业的农业地区比例）、SDG 2.5.1 [中期或长期保存设施存放的粮食和农业（a）植物和（b）动物遗传资源的数量]，分别针对种植业和畜牧业开展了相关研究，并开展了 SDG 2.1、SDG 2.2 和 SDG 2.4 的综合分析研究。案例提出了耕地分类模型（2 个）、病虫害监测模型（1 个）、畜牧业生产力评估模型（1 个）等 4 个方法模型，生产了赞比西河流域和环地中海地区耕地分布数据、全球家禽肉类生产效率变化和草地生产力有效利用系数变化数据、亚欧非主要区域营养状况及粮食生产数据集、中国微生物国际保藏机构菌种保藏数据及资源利用数据 4 个数据产品；并针对不同区域耕地利用和畜牧业发展提供了决策建议（表 2.1）。

表 2.1　案例名称及其主要贡献

指标／具体目标	指标层级	案例	贡献	
SDG 2.3.1 按农业／畜牧／林业企业规模分类的每个劳动单位的生产量	Tier Ⅱ	全球畜牧业生产力评估及中国贡献	数据产品：	全球家禽肉类生产效率变化和草地生产力有效利用系数变化数据
			方法模型：	融合饲料消耗、草地遥感监测与动物性食物生产的畜牧业生产力评估模型
			决策支持：	为提升全球畜牧业生产力提供决策支持
		东非典型国家草地地上生物量动态变化	决策支持：	通过案例分析，为东非典型国家农牧业健康发展提供辅助决策信息支持
SDG 2.4.1 从事生产性和可持续农业的农业地区比例	Tier Ⅱ	赞比西河流域 21 世纪以来的耕地变化分析	数据产品：	赞比西河流域 2000 年、2020 年两期耕地数据集
			方法模型：	赞比西河流域耕地分类模型
			决策支持：	为赞比西河流域的"零饥饿"（SDG 2）实现提供本底基础数据
		近 10 年环地中海地区耕地的动态变化	方法模型：	地面调查样点缺乏情景下的长时序耕地种植遥感监测模型
			决策支持：	为地中海地区粮食供给形势的动态变化与原因分析提供信息支撑

续表

指标 / 具体目标	指标层级	案例	贡献
SDG 2.4.1 从事生产性和可持续农业的农业地区比例	Tier Ⅱ	亚非沙漠蝗灾情监测	方法模型：构建虫害监测模型 决策支持：对肆虐非洲之角和西南亚各国的沙漠蝗繁殖、迁飞的时空分布及重点危害国家的灾情开展定量监测与分析。用于支持多国联合防控，保障虫害入侵国家的农牧业生产安全及区域稳定
SDG 2.5.1 中期或长期保存设施存放的粮食和农业（a）植物和（b）动物遗传资源的数量	Tier Ⅰ	微生物资源《生物多样性公约》惠益分享全球数据追踪	数据产品：2001～2020 年中国微生物国际保藏机构菌种保藏数据及资源利用数据 决策支持：通过微生物遗传资源大数据平台，为我国微生物资源的惠益共享利用提供决策支撑
SDG 2.1 食物营养充足与安全； SDG 2.2 消除一切形式的营养不良； SDG 2.4 可持续粮食生产体系	Tier Ⅰ	亚欧非主要区域食物安全状况与农业可持续性	数据产品：亚欧非主要区域营养状况及粮食生产数据集 决策支持：为亚欧非主要区域消除饥饿、实现粮食安全、改善营养状况和促进农业可持续发展提供决策支持

注：指标分为三个层级。Tier Ⅰ：指标概念明确，有国际公认的方法和标准，各国定期为指标相关的每个区域至少50% 的国家和人口编制数据；Tier Ⅱ：指标概念明确，有国际公认的方法和标准，但各国没有定期编制数据；Tier Ⅲ：该指标尚无国际公认的方法或标准，但正在（或将）制定或测试方法 / 标准。（根据联合国统计委员会第五十一届会议的决定，全球指标框架不包含任何第三级指标）

案例分析

2.1 全球畜牧业生产力评估及中国贡献

对应目标

SDG 2.3 到2030年，实现农业生产力翻倍和小规模粮食生产者，特别是妇女、土著居民、农户、牧民和渔民的收入翻番，具体做法包括确保平等获得土地、其他生产资源和要素、知识、金融服务、市场以及增值和非农就业机会

案例背景

气候变化、社会经济发展与人口增长背景下，全球食物供需矛盾日益突出。发展中国家人均收入增加和农业生产技术的提高，引起其食物消费系统的转型与变化。动物性食物生产已成为全球食物供给增长的重要部分，也是全球饲料和牧草贸易快速增长的主要驱动力。随着全球水土等农业资源稀缺程度的加剧，畜牧业生产力的进一步提升将面临更大的挑战。

目前全球关于零饥饿（SDG 2）的指标评估主要聚焦于营养不良等直接指标，尚缺乏畜牧业生产力及其在营养供给方面的具体评估。随着人均热量供给能力的不断提升，蛋白质等营养物质的缺乏成为导致"隐性饥饿"的主要原因。由于不同国家或地区资源禀赋和消费需求不同，畜禽产品在营养供给能力方面具有较大差异。

持续跟踪 SDG 2.3 进程，是保障实现 SDG 2.3 的必要前提。为此，我们基于 FAO 数据库和遥感数据、既有研究成果等，开展了全球国别尺度的畜牧业生产力评估，探究其时空变化及区域差异，并重点对中国畜牧业生产力演变情况及其全球贡献进行评估。

所用地球大数据

◎ 1990～2018 年全球各国畜禽生产量数据、畜禽饲料消耗数据，来自 FAO 统计数据，国别尺度。

◎ 1990～2018 年谷物等饲料产品在不同畜种的分配系数，来自文献数据（Kastner et al.,

2014）。

◎ 2000 年、2010 年、2018 年全球草地生产力数据来自中分辨率成像光谱仪（middle resolution imaging spectroradiometer，MODIS）的 MOD17A3HGF 产品，空间分辨率为 500 m。

方法介绍

（1）畜牧业生产力集中化特征分析：分析全球各国主要畜禽产品生产总量、产出结构及人均供给量变化情况；使用洛伦兹曲线（Lorenz curve），探究全球及主要国家肉类产量集中化特征及不均衡程度。

（2）畜牧业生产效率测度：大部分国家家禽类饲料以谷物、豆类等作物及其副产物为主，因此其生产效率以饲料能量消耗量与肉类蛋白质产量之比测度；尽管牛羊生产系统及参数较为复杂，但饲草在各类畜牧业生产系统中均占有较高比例（Herrero et al.，2013），因此其生产效率采用草地生产力有效利用系数测度，即用各国牛羊肉生产量与其干草总产量之比计算得到。

结果与分析

动物类食物在全球营养供给方面的作用日益突出。1990～2018 年，全球人均蛋白质供给量由 25.7 kg/a 增加到 29.6 kg/a，其中，人均动物蛋白供给量由 7.7 kg/a 增加到 10.0 kg/a，动物蛋白供给占食物蛋白总供给量比重由 30.2% 增加到 33.9%。中国人均动物蛋白供给量由 3.8 kg/a 增加到 11.5 kg/a，由低于全球平均值转变为高于全球平均值。

1990～2018 年，全球畜禽肉类产量由 1.79 亿 t 增加到 3.43 亿 t，增加了将近 1 倍。其中，禽肉产量增幅最大，增加了 2.2 倍；其次为猪肉，增幅为 73%；牛羊肉则分别增加了 30%、64%。人均肉类产量由 34.2 kg/a 增加到 46.1 kg/a，增加了 34.8%。中国肉类产量由 0.28 亿 t 增加到 0.86 亿 t，增加了 2 倍多，占全球总产量的比重由 15.6% 增加到 25.2%，成为全球最大的肉类生产国。

全球畜禽肉类生产集中程度较高，肉类产量居前 10 位的国家产量占比达 63%［图 2.1（a）］。1990～2018 年，人均肉类产量高于全球平均水平的国家数量由 39 个增加到 64 个。但同时，人均肉类产量的不均衡性呈增加趋势［图 2.1（b）］。中国人均肉类产量由 24.1 kg/a 增加到 60.6 kg/a，增加了 1.5 倍，由低于全球平均水平转变为高于全球平均水平，但与最高值相比，差距仍然较大。

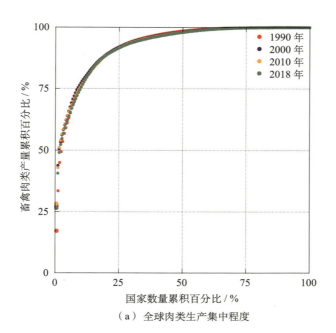

（a）全球肉类生产集中程度

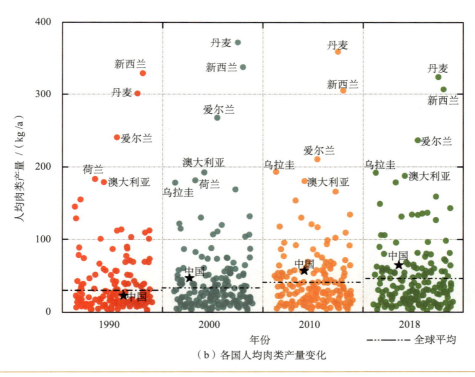

（b）各国人均肉类产量变化

图 2.1　全球肉类生产集中程度及各国人均肉类产量变化情况

1990～2018 年，全球主要肉类生产国家畜禽肉类生产结构也呈显著变化（图 2.2），主要表现为禽肉所占比重大幅增加，由 22.8% 增加到 37.5%，而牛羊肉所占比重呈下降趋势，由 36.2% 减少到 25.5%，猪肉占比变化较小。中国肉类生产结构与全球平均值存在较大差异，主要表现为猪肉产量比重较高，其他类别偏低；近年来猪肉产量占比由 78.7% 减少为 62.3%，牛羊肉产量占比由 7.9% 增加为 12.7%，牛羊肉生产存在较大增长潜力。

1990～2018 年全球猪肉和禽肉生产效率变化如图 2.3 所示。全球猪肉、禽肉的饲料利用效率呈增加趋势，单位热量饲料的蛋白质产出水平分别由 6.4 kg/kcal（1 kcal≈4.19 kJ）、17.6 kg/kcal 增加到 8.3 kg/kcal、22.7 kg/kcal，分别提升了 30%、29%，但仍存在较大的空间差异。尽管中国的猪肉和禽肉生产的饲料利用效率属于较高水平，但由于生产方式从以家庭散养为主向以集约化养殖为主的巨大转变，年际间饲料表观生产率变化较小。而其他肉类主产国饲料利用效率均呈增加趋势，如美国、西班牙、巴西、俄罗斯等，东南亚、非洲中部及拉丁美洲的大部分国家猪肉生产效率呈下降趋势。

2000～2018 年全球草地生产力有效利用系数变化趋势如图 2.4 所示。整体而言，全球草地生产力有效利用程度呈增加趋势，但国家之间差异较大。中国草地生产力有效利用程度在 2000～2018 年提升了 30%，2018 年草地生产力有效利用系数高于美国、巴西、俄罗斯等国，低于德国、日本等国。非洲北部、蒙古国、中亚等地的草地有效利用系数呈下降趋势。

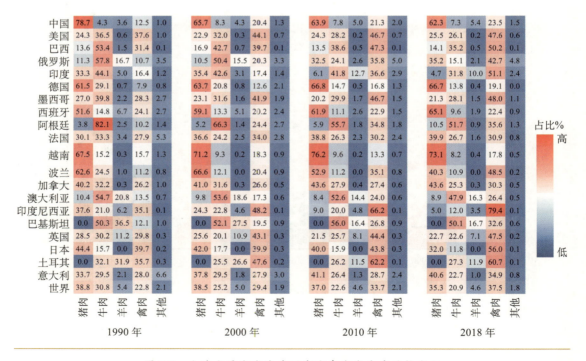

图 2.2　全球主要肉类生产国家畜禽肉类生产结构变化

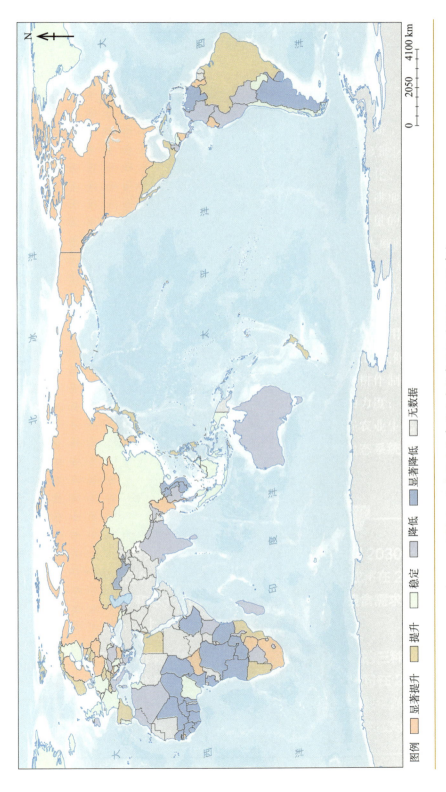

图 2.3 全球猪肉和禽肉生产效率变化（1990~2018 年）

图例 　显著提升　　提升　　稳定　　降低　　显著降低　　无数据

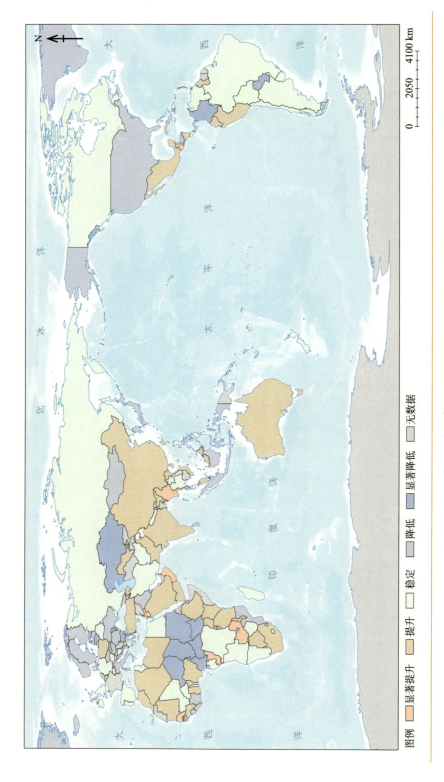

图 2.4　全球草地生产力有效利用系数变化（2000～2018 年）

成果亮点

- 基于 FAO 数据库和 MODIS 数据产品的草地生产力大数据，开展了全球一致、空间可比的畜牧业生产力进展评估，探究其时空变化及区域差异。

- 中国畜牧业生产力快速增加，对全球畜牧业生产力提升的贡献最大，1990～2018 年实现了翻番；未来 10 年，需要通过提升生产效率来实现畜牧业生产力的翻倍。

讨论与展望

　　本案例所用方法为面向全球尺度的可操作性方法，结果全球一致并可对比。由于不同地区畜牧业生产的资源禀赋、生产规模、生产方式的多样性、复杂性以及相关数据的不可获得性，该结果并不代表具体国家/地区有关 SDG 2.3 的准确数字。然而，这不妨碍案例成果对了解国家尺度 SDG 2.3 实现进程的重要参考作用。本案例的结果也与相关研究结论较为一致（Herrero et al., 2013）。未来应进一步提高评估精度。

　　由于畜牧业生产巨大的资源消耗和环境排放，畜牧业生产力的提升将面临比种植业更大的挑战。尤其是像中国这样水土资源紧缺的国家，畜牧业生产力的提升必须以生产效率的提升为基础。就牛羊等反刍类动物生产而言，应以提高草地、秸秆等粗饲料的有效利用率来提升生产力，避免"人畜争粮""粮畜争地"现象的出现。

　　需要特别注意的是，尽管全球畜牧业生产力整体向好，但不同畜种和不同区域存在高度异质性。中国的家禽类生产力已处于较高水平，未来畜牧业增产潜力主要来自牛羊生产。目前，中国草地生产力有效利用程度低于德国、日本等国，有提升的潜力。其他发展中国家在畜牧业生产力提升方面也具有较大潜力，因此，未来的目标仍应聚焦于缩小区域差距。许多国家和地区尽管取得了短时间尺度的改善，但为了中长期区域畜禽生产效率乃至世界效率的提升，争取达成 SDG 2.3"到 2030 年，实现农业生产力翻倍"的目标，积极措施的持续发力显得尤为重要。

2.2 东非典型国家^①草地地上生物量动态变化

对应目标

SDG 2.3 到2030年，实现农业生产力翻倍和小规模粮食生产者，特别是妇女、土著居民、农户、牧民和渔民的收入翻番，具体做法包括确保平等获得土地、其他生产资源和要素、知识、金融服务、市场以及增值和非农就业机会

案例背景

　　草地资源对人类及动物种群的生存至关重要，发挥着承载草原牧业和人员生活等多重功能。其可持续利用对实现"零饥饿"目标具有重要作用。东非辽阔的草原为畜牧业的发展提供了良好的自然条件，但受频繁干旱事件与人类活动的干扰，出现了过度放牧、大规模开垦、草地生产力降低加剧、生物多样性降低、荒漠化严重等一系列问题，草地资源和畜牧业可持续发展面临着巨大挑战。另外，原本较为发达的草地国家公园面积较大，旅游业较为发达的东非的肯尼亚，受新冠肺炎疫情影响，旅游业受到较大冲击；2019～2020年蝗虫事件对东非的埃塞俄比亚造成巨大影响，严重影响了当地居民与牧民的生活，甚至有可能引发区域间政治的动荡。

　　草地地上生物量是草地生态系统健康与草地资源可持续开发利用评价的关键指标，也是草畜平衡综合分析的基础，其持续稳定与动态变化关乎着东非畜牧业发展、区域畜产品进口及粮食安全。因此，跟踪东非典型国家草地地上生物量的动态变化，对科学评估当地畜牧业健康发展、诊断该地区 SDG 2 零饥饿目标的实现具有重要的意义。

　　联合国 "2030年可持续发展议程" 中，SDG 2.3.1 被定义为畜牧劳动单位的生产量，即按农业 / 畜牧 / 林业企业规模分类的每个劳动单位的生产量。随着对地观测技术的发展，目前积累了众多草地地上生物量产品数据集。本案例以东非的肯尼亚与埃塞俄比亚的草地地上生物量动态变化为研究对象，分析草地地上生物量的时空变化趋势，以及近年来干旱事件、蝗虫与新冠肺炎疫情对其产生的影响。

---

　　① 本报告中，东非典型国家指东非地区草地国家公园面积较大、旅游业较为发达、过度放牧与干旱事件频发等气候与人类活动干扰较为严重且受 2019～2020 年蝗虫事件影响较大的国家。

所用地球大数据

◎ 2001～2020 年埃塞俄比亚与肯尼亚逐月草地地上生物量数据，来自"地球大数据科学工程"子课题"'一带一路'农用地资源监测与评估"，空间分辨率为 1 km。

◎ 2020 年非洲稀树草地分类图数据，来自"地球大数据科学工程"子课题"'一带一路'农用地资源监测与评估"，空间分辨率 100 m。

◎ 2001～2020 年逐月 TerraClimate 数据集产品，包括帕默尔干旱强度指数（Palmer drought severity index，PDSI）数据与逐月的降水量数据；来自艾奥瓦大学。时间分辨率为月，空间分辨率为 4 km。

◎ 2001～2020 年欧洲中期天气预报中心（ECMWF）的再分析数据集，包括逐日气象与辐射等数据。

方法介绍

结合 2001～2020 年埃塞俄比亚与肯尼亚草地地上生物量逐月数据与草地分类图数据，采用曼 - 肯德尔趋势检验法（Mann-Kendall trend test method，简称 M-K 算法），分析 2001～2020 年草地地上生物量时空变化特征，以及不同草地类型草地地上生物量变化逻辑关系。采用 CASA（Carnegie-Ames-Stanford Approach）模型，去除水热限制因子，基于再分析数据与遥感数据，首先计算出草地理论地上生物量，通过与草地地上生物量相减的方式获得埃塞俄比亚与肯尼亚的草地地上生物量的扰动量，同样基于 M-K 算法，分析草地地上生物量的扰动量时空变化特征。

以埃塞俄比亚为例，采用 2001～2018 年 PDSI 数据与草地分类图数据相结合的方式，叠加埃塞俄比亚的保护区边界文件，通过对逐月草地地上生物量统计分析，给出干旱对埃塞俄比亚整个国家、保护区内外不同区域的定性的影响分析。针对 2019 年 6～8 月蝗虫事件影响时间段与典型影响区域，采用 2019 年草地地上生物量数据与草地分类图叠加统计，分析 2019 年 6～8 月埃塞俄比亚蝗虫影响典型区的草地地上生物量变化。

以肯尼亚为例，以 2020 年为新冠肺炎疫情出现的年份为参照年，统计近年来肯尼亚的保护区范围内年降水量的变化，选取年降水量与 2020 年接近或高于 2020 年的年份，即排除年际干旱因素对草地地上生物量的影响；对比该年份与 2020 年的草地地上生物量月度变化，分析新冠肺炎疫情的出现对年际肯尼亚保护区范围内草地地上生物量的影响。

结果与分析

　　遥感监测表明，近 20 年，埃塞俄比亚的草地地上生物量呈现微小增加的趋势，显著增加的区域（占比 11.5%）主要分布在西部与中东部稀树草原与草地区域（图 2.5）；肯尼亚的草地地上生物量呈现微小减少的趋势，显著减少的区域（占比 15.2%）主要分布在东部与南部稀树草原与草地区域（图 2.6）；总体不同草地类型的地上生物量数值特征表现为乔木稀树草原＞稀树草原＞封闭草丛＞草地＞开放草丛。受多种因素的影响，埃塞俄比亚的草地地上生物量的扰动量总体呈现减少的趋势，显著减少的区域（占比 10.3%）主要分布在西部与中东部草地区域（图 2.7）；肯尼亚的草地地上生物量的扰动量总体呈现增加的趋势，显著增加的区域（占比 10.5%）主要分布在东部与东南部草地区域（图 2.8）。

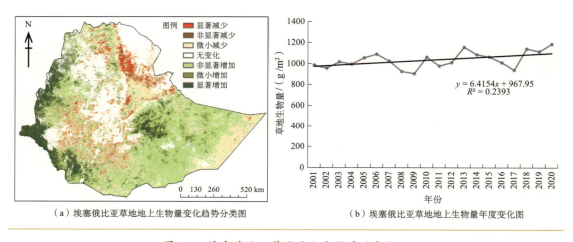

（a）埃塞俄比亚草地地上生物量变化趋势分类图　　　　（b）埃塞俄比亚草地地上生物量年度变化图

图 2.5　埃塞俄比亚草地地上生物量时空变化

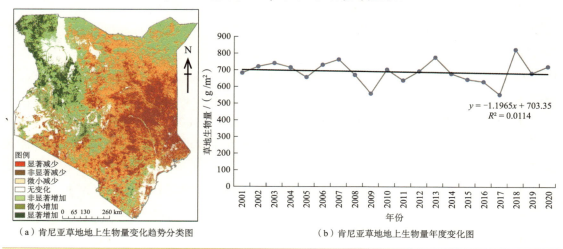

（a）肯尼亚草地地上生物量变化趋势分类图　　　　（b）肯尼亚草地地上生物量年度变化图

图 2.6　肯尼亚草地地上生物量时空变化

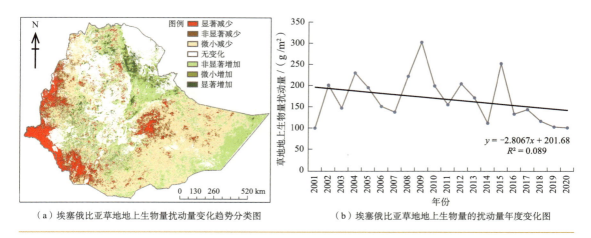

（a）埃塞俄比亚草地地上生物量扰动量变化趋势分类图　　（b）埃塞俄比亚草地地上生物量的扰动量年度变化图

图 2.7　埃塞俄比亚草地地上生物量扰动量的时空变化

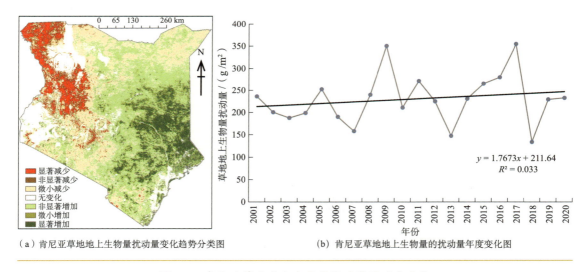

（a）肯尼亚草地地上生物量扰动量变化趋势分类图　　（b）肯尼亚草地地上生物量的扰动量年度变化图

图 2.8　肯尼亚草地地上生物量扰动量的时空变化

　　埃塞俄比亚 PDSI 表明，频繁的旱情事件发生时段为 2004 年 5～9 月、2005 年 9 月至 2006 年 9 月、2007 年 9 月至 2008 年 4 月、2009 年 5 月至 2010 年 9 月，2010 年 11 月至 2011 年 5 月，以及 2016 年 5 月至 2017 年 4 月。无论是保护区内还是保护区外，还是在整个国家尺度上，旱情事件的发生会导致草地地上生物量下降明显（图 2.9）；特别是在保护区内，近 80% 的区域受到影响。另外，埃塞俄比亚受蝗虫影响的典型区域在 2019 年 5～9 月，草地地上生物量呈现出明显的下降，这与蝗虫灾害发生时间段 2019 年 6～8 月相吻合，表明蝗虫灾害事件的发生进一步导致了草地地上生物量的下降（图 2.10）。

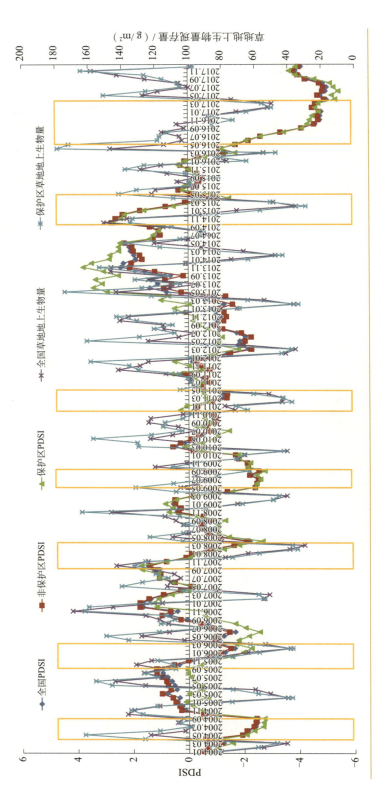

图 2.9　埃塞俄比亚旱情事件对草地地上生物量的动态变化影响

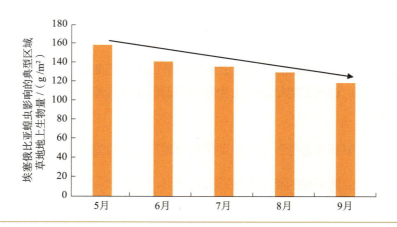

图 2.10　埃塞俄比亚蝗虫影响的典型区域 2019 年 5～9 月草地地上生物量月度变化

2020 年新冠肺炎疫情的发生严重影响了肯尼亚国家公园旅游业的发展。如图 2.11 所示，2018 年与 2020 年草地地上生物量对比表明，肯尼亚国家公园保护区的 2020 年度草地地上生物量在旱季、雨季及全年明显高于 2018 年同期水平，年尺度草地现存量偏高 32.6%；而肯尼亚国家公园保护区 2018 年的降水量（852 mm）明显高于 2020 年的降水量（783 mm），由此可排除年际干旱因素对草地地上生物量的影响。该结果表明，新冠肺炎疫情引起的旅游业的萎缩，促进了非洲国家公园生态的恢复。

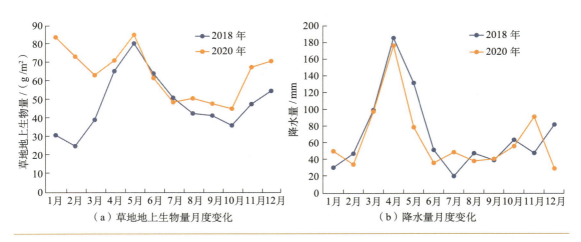

（a）草地地上生物量月度变化　　　　　　（b）降水量月度变化

图 2.11　肯尼亚保护区内 2018 年与 2020 年草地地上生物量与降水量月度变化

成果亮点

- 近 20 年埃塞俄比亚的草地地上生物量呈现微小增加趋势，其扰动量呈现减少趋势；肯尼亚的草地地上生物量呈现微小增少趋势，其扰动量呈现增加趋势。

- 干旱与蝗虫事件是导致东非典型国家草地地上生物量下降的重要原因。

- 新冠肺炎疫情引起的旅游业萎缩促进了非洲国家公园生态的恢复。

讨论与展望

　　草地地上生物量的动态变化趋势及影响因素分析有助于提高人们对草畜平衡、草地生态系统健康与草地资源可持续开发利用状况的认识。本案例综合分析了东非的埃塞俄比亚与肯尼亚两国草地地上生物量时空变化趋势，以及干旱、新冠肺炎疫情与蝗虫对草地地上生物量的影响。近 20 年，埃塞俄比亚的草地地上生物量与其扰动量均呈现微小增加趋势，而肯尼亚这两者均呈现微小减少趋势；干旱与蝗虫事件的发生是草地地上生物量下降的主要原因，对草地畜牧业的健康发展构成了重大威胁；加强气候变化与突发事件的适应能力，是该地区草地畜牧业需要解决的紧迫问题；新冠肺炎疫情引起的旅游业萎缩促进了非洲国家公园生态的恢复。未来计划采用收集更全面的国际数据资源，以本案例中东非典型国家分析为基准，实现整个非洲范围内气候变化与人类活动对草地地上生物量时空变化综合分析工作。

2.3　赞比西河流域 21 世纪以来的耕地变化分析

对应目标

SDG 2.4 到2030年，确保建立可持续粮食生产体系并执行具有抗灾能力的农作方法，以提高生产力和产量，帮助维护生态系统，加强适应气候变化、极端天气、干旱、洪涝和其他灾害的能力，逐步改善土地和土壤质量

案例背景

零饥饿是联合国"2030 年可持续发展议程"的第二个目标（Swaminathan, 2014）。就非洲而言，土地制度复杂、粮食单产水平提高缓慢，局部区域采用的还是原始的刀耕火种的轮换/扩张方式（何龙娟等，2012），耕地扩张成为粮食增产的主要途径。

非洲地区的 SDGs 实现是最具有挑战性的，尤其是非洲部分国家的粮食安全状况不容乐观。赞比西河位于非洲南部，是非洲第四大河流。赞比西河流域人口约 3200 万，其中 70%～80% 以农业和渔业为生。该流域沿岸的 8 个国家，大部分都处于严重贫困状态，马拉维的贫困率为 71.4%，莫桑比克为 62.9%，赞比亚为 61.0%，坦桑尼亚为 49.1%，安哥拉为 30.1%，纳米比亚为 22.6%，津巴布韦为 21.4%，博茨瓦纳为 18.2%（世界银行数据）。该流域大部分国家正面临着严重的粮食短缺问题。津巴布韦、莫桑比克和安哥拉的粮食进口依存度分别达到 52%、31% 和 55%。赞比亚粮食不安全人口占总人口的 64.1%，安哥拉为 60.4%，津巴布韦也有 48.9% 的人口处在粮食不安全状况中（Baquedano et al., 2020）。该流域是全球 2030 年实现"零饥饿"目标的关键地区。本案例以赞比西河流域作为典型区域，利用遥感数据进行耕地变化分析与 SDG 2 关联，为非洲的耕地动态分析提供依据。

一方面，赞比西河流域的大多数地区由部落首领掌控土地的所有权属和分配，这种制度与现代国家主导的土地产权制度及管理系统相互冲突，导致该流域诸多国家出现双重土地管理制；国家实施快速土地改革，导致的耕地破碎化也制约了粮食生产效率的提高。另一方面，政府间气候变化专门委员会（Intergovernmental Panel on Climate Change，IPCC）报告表明，赞比西河流域呈显著的暖干化变化趋势，这加剧了流域农业生产的水分胁迫（Dai, 2011）。流域内的灌溉农业占比很低，雨养农业占主导地位，休耕和粮荒现象明显，年际的实际耕地面积变化较大。

耕地面积变化对粮食安全形势有很大的影响，因此流域年际的耕地面积变化是地区粮食安全形势直接反映和评估粮食供应形势的重要数据。当前对赞比西河流域耕地的变化、

扩张趋势及利用方式研究大都停留在感性认识上，对该流域耕地及利用方式的时空变化格局与驱动机制理解不足。解决上述问题需要长时序、高精度的耕地数据作为支撑，但是赞比西河流域气候类型多样、地形地貌复杂、耕地斑块小而碎，加之刀耕火种的耕作方式导致耕地快速轮转，使得获取高精度、细致的耕地分布数据面临极大挑战。近年来，以谷歌地球引擎（Google Earth Engine，GEE）（Gorelick et al., 2017）为代表的遥感大数据处理与分析云平台，以 DadaCube 为代表的新型遥感数据组织方式（Lewis, et al., 2017），集成了数据与计算资源，为揭示耕地波动起伏背后的驱动机制提供了新的技术手段，为提升遥感科技对粮食安全的支撑提供了新途径。本案例利用云计算与遥感技术摸清赞比西河流域的耕地空间分布及 21 世纪以来的耕地动态变化情况，旨在为该流域 SDGs 的实现提供基础的本底数据。

所用地球大数据

◎ 遥感数据：2000 年、2005 年、2010 年、2015 年、2020 年赞比西河流域 30 m 空间分辨率 Landsat-5/7/8 多光谱数据和 10 m 分辨率 Sentinal-2 多光谱数据。
◎ 耕地数据：中国科学院空天信息创新研究院 CropWatch 团队提供的 2015 年、2020 年赞比西河流域 30 m 分辨率耕地数据。
◎ 人口数据：世界银行 2000~2020 年人口数据。

方法介绍

基于谷歌地球引擎遥感大数据处理与分析云平台（Gorelick et al., 2017），采用随机森林的方法完成了 2000~2010 年每 5 年一期的赞比西河流域 30 m 分辨率耕地遥感制图。具体的方法如下。

（1）分类用遥感数据收集与整理。收集了 2000~2020 年所有可用的 Landsat 数据集，包含 Landsat-5、ETM+、Landsat-8 的地表反射率数据集，在经过地形纠正、辐射纠正、去云与阴影处理后，对不同传感器的相同波段进行了一致性处理（Roy et al., 2016），采用年度中值合成的方法，形成了覆盖整个赞比西河流域的遥感数据集。

（2）分类特征的生成。所用的分类特征共有 12 个，包含 4 个原始波段信息：蓝（blue）、绿（green）、红（red）、近红（near infrared）；8 个基于原始波段信息生成的归一化燃烧指数（NBR）、归一化差值植被指数（NDVI）、归一化差异雪指数（NDSI）、归一化水汽指数（NDMI）、绿色叶绿素指数（GCVI）、增强植被指数（EVI）、土壤调节植被指数（SAVI）、地表水指数（LSWI）等指数信息。

（3）分类样本的准备。利用 2015 年、2019 年采集的赞比西河流域地面样本点进行模型的训练，然后应用到 2000 年、2005 年、2010 年这 3 年的样本上。在分类中，本案例将土地覆盖分为耕地、草地、灌木、林地、城镇、水体湿地六大类；按照 7∶3 的标准将样本分为训练样本和验证样本。

（4）分类器的选择与参数设置。随机森林分类器具有强大的非线性拟合能力，且具有不易过拟合的优势，因此本案例选取了随机森林作为分类器，树的数量设置为 500 棵（Murillo-Sandoval et al., 2021），因为当树的数量多于 350 棵之后，精度便不再提高，为了增加随机森林的鲁棒性，将树的数量增加到 500 棵。

（5）精度验证。本案例选取了生产者精度、用户精度和总体精度三类开展精度评估。

结果与分析

依据遥感大数据方法，在谷歌地球引擎云计算平台的支持下，本案例获得了 2000～2020 年每 5 年一期的耕地空间分布数据［图 2.12（a）～（e）］，精度验证表明，该地区的耕地遥感制图整体精度在 0.85 左右。2000～2020 年每 5 年一期的耕地面积如图 2.12（f）所示。2000～2020 年耕地呈现先上升后下降再上升的趋势。2000 年的耕地面积最小，2020 年的耕地面积最大。遥感监测表明，2000 年赞比西河流域的种植耕地面积为 1981 万 hm^2，2020 年赞比西河流域的种植耕地面积 2022 万 hm^2，比 2000 年增加了 41 万 hm^2；2000～2020 年，平均耕地面积为 1998 万 hm^2，最大波动幅度为 41 万 hm^2，自 21 世纪以来耕地面积的波动率约为 2.1%。根据线性拟合结果，2000～2020 年，耕地呈现每年增加 4.7 万 hm^2（线性拟合的斜率）的速度。

2000～2020 年赞比西河流域种植耕地面积缩减的区域主要发生在津巴布韦、马拉维、赞比亚（图 2.13），面积增长的区域主要集中在赞比亚、津巴布韦、博茨瓦纳等国家（图 2.14）。

人口的显著增长可能是 2000～2020 年赞比西河流域种植耕地增加的重要原因。2000～2019 年在该地区的国家中，安哥拉的人口自然增长率最高，达到了 3.37%，其次是赞比亚和莫桑比克，为 2.73%，津巴布韦的人口自然增长率最低，但也达到了 1.05%。由于该地区的粮食产量不高，需要开垦大量的耕地来养活更多的人口，因此在赞比亚和莫桑比克，耕地扩张的现象明显。津巴布韦 2019 年的人口数量是 2000 年的 1.23 倍，耕地扩张现象明显；但与此同时，津巴布韦的耕地减少也最为明显，可能是"耕地开垦—撂荒—废弃—迁徙再开垦"的原始土地利用模式导致的。

同时，旱灾和洪涝灾害也是驱动流域耕地动态变化的一个主要因素。2015 年是赞比西河流域降水较为匮乏的一年，也是 2000 年以来耕地面积最少的一年。流域的作物种植模式以雨养农业为主，灌溉农业的占比小于 5%，近些年气候变化带来的频繁洪涝灾害给流域的粮食安全带来了巨大的负面影响。因此，在赞比西河流域，加强气候变化的适应能力，是提升该地区粮食生产稳定性的关键。

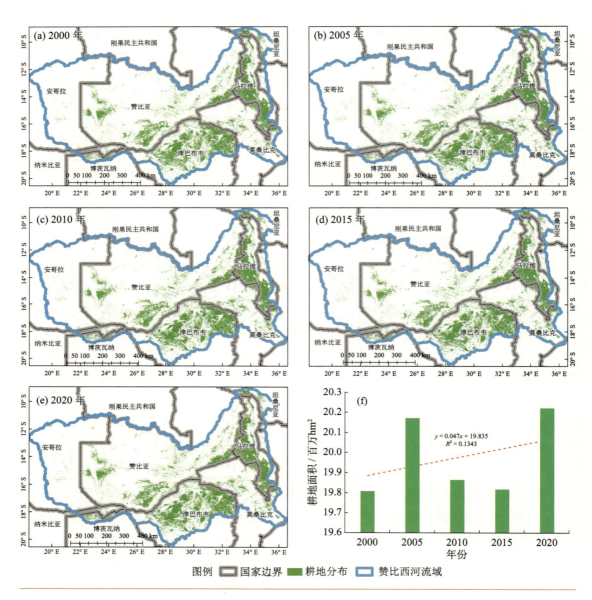

图 2.12　赞比西河流域 2000~2020 年种植耕地空间分布

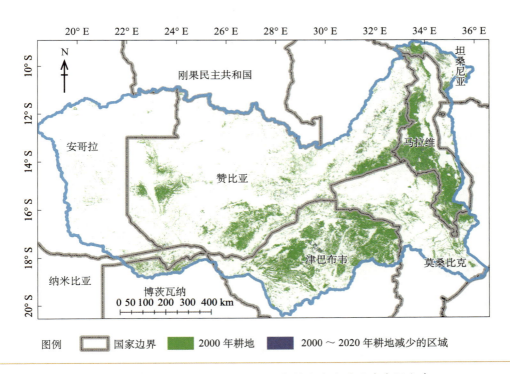

图 2.13　赞比西河流域 2000～2020 年耕地减少的区域空间分布

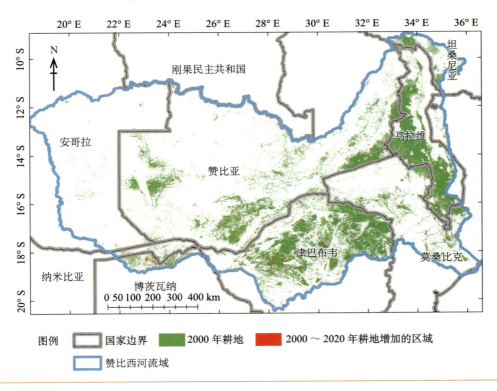

图 2.14　赞比西河流域 2000～2020 年耕地增加的区域

成果亮点

- 绘制了赞比西河流域 2000～2020 年每 5 年一期的 30 m 分辨率耕地的空间分布图。

- 分析发现自 21 世纪以来，赞比西河流域的耕地面积增加了 41 万 hm^2。

- 2000～2020 年赞比西河流域种植耕地面积增长的区域主要集中在赞比亚、津巴布韦、博茨瓦纳等国家。

讨论与展望

本案例采用遥感大数据的方法，绘制了 2000～2020 年每 5 年一期的赞比西河流域耕地种植面积分布图，并分析了 21 世纪以来的耕地动态变化情况。2000 年赞比西河流域的种植耕地面积为 1981 万 hm^2，2020 年赞比西河流域的种植耕地面积为 2022 万 hm^2，相比 2000 年，2020 年赞比西河流域种植耕地面积增加了 41 万 hm^2。

莫桑比克内战结束转入和平发展期，近年来相继出台农业发展刺激规划，如蓬圭河（Pungwe River）流域农业规划等，招商引资，大力发展农业走廊与灌溉农业，如贝拉农业走廊（Droogers and Terink，2014），但是受气候变化、政局不稳等影响，年际农业种植面积跌宕起伏。津巴布韦从 2000 年开始实施激进的土地改革，导致农业生产由大规模的庄园种植农业向小规模的小农种植转变（Peters，2009），灌溉农业面积显著下降，耕地抛荒、撂荒现象加剧（Hentze et al.，2017），津巴布韦由南部非洲的"粮仓"逐渐转变为粮食进口国。得益于良好的资源禀赋条件、稳定的农业政策，赞比亚种植耕地呈现快速扩张的趋势，但土地的双重所有制增加了农业开发的成本。

赞比西河流域的耕地以雨养为主，灌溉农业占比小于 5%，气候变化引起的大范围干旱对该地区雨养农业生产的稳定性构成重大的威胁。流域内的潜在耕地面积巨大，已开发的耕地面积仅约占潜在耕地面积的 14%，在耕地面积扩张方面，该流域具有较大的潜力。同时，加强气候变化的适应能力，是该地区雨养农业发展需要解决的紧迫问题。

2.4　近 10 年环地中海地区耕地的动态变化

对应目标

SDG 2.4 到2030年，确保建立可持续粮食生产体系并执行具有抗灾能力的农作方法，以提高生产力和产量，帮助维护生态系统，加强适应气候变化、极端天气、干旱、洪涝和其他灾害的能力，逐步改善土地和土壤质量

案例背景

环地中海地区包含 19 个国家和地区，是连通亚洲、非洲、欧洲三大洲的桥梁，是"丝绸之路经济带"和"海上丝绸之路"上的重要地区。该地区是人类文明的发祥地之一，孕育了古埃及文明、古巴比伦文明、古罗马文明、古希腊文明。该地区也是全球宗教的发祥地之一，诞生了伊斯兰教、基督教和犹太教。但该地区也存在着复杂的人地矛盾和人水矛盾，干旱区占该地区总面积的 85.98%，其中极端干旱地区占 48.76%（Zeng et al., 2021）。区域耕地主要集中在环地中海的欧洲地区和亚洲的土耳其，而干旱缺水的北非和西亚地区是区域人口增长最为迅速的地区，耕地相对不足，成为全球粮食安全形势较为严峻的地区。以年人均粮食 400 kg 的水平为标准，地中海地区北非与西亚的所有国家和地区都在该标准之下，粮食无法自给。粮食的生产与耕地的种植面积息息相关，因此，评估近 10 年该地区耕地面积的变化，对诊断该地区零饥饿目标的实现具有重要的意义。

所用地球大数据

◎ 遥感数据：2010 年、2020 年环地中海地区 30 m 分辨率 Landsat 多光谱数据。
◎ 粮食产量数据：FAO 2010～2019 年粮食总产量数据。
◎ 人口数据：世界银行 2010～2020 年全球人口数据。

方法介绍

本案例基于谷歌地球引擎遥感大数据处理与分析云平台（Gorelick et al., 2017），采用机器学习的方法构建了面向环地中海地区的耕地分类模型，完成了 2010 年、2020 年环地中海地区 30 m 分辨率耕地遥感制图。具体方法如下。

（1）分类用遥感数据收集与整理。本案例收集了 2010 年、2020 年环地中海地区所有可用的 Landsat 数据集，包含 Landsat-5、ETM+、Landsat-8 的地表反射率数据集，在经过地形纠正、辐射纠正、去云与阴影处理后，采用 Roy 等（2016）提出的方法，对不同传感器的相同波段进行了一致性处理，然后采用中值合成的方法，形成了覆盖整个地中海地区的 2010 年、2020 年 Landsat 数据集。

（2）分类特征的生成。所用的分类特征共有 20 个。其中包括蓝、绿、红、近红、短波红外（shortwave infrared）、短波红外 2（shortwave infrared 2）的反射率波段；在 Landsat 年合成的基础上，采用缨帽变换获得亮度、绿度、湿度指数特征；基于反射率波段，计算得到 NBR、NDVI、NDSI、NDMI、GCVI、EVI、SAVI、LSWI 指数。以往的研究表明，高程、坡度和坡向信息也是影响耕地分布的特征，因此，案例将这 3 个特征也纳入了分类特征集。

（3）分类样本的准备。在分类中，本案例将土地覆盖分为耕地、草地、灌木、林地、城镇、水体湿地六大类。按照上述类别，逐像元比对环地中海地区欧洲部分 2010～2019 年的哥白尼计划的环境信息协调（CORINE）土地覆盖数据、其他地区的 2010～2019 年 MODIS 土地覆盖数据（MCD12Q1），将像元属性保持不变的当作参考样本点；然后，将 2010～2019 年参考样本点按照 7∶3 的标准将样本分为分类模型的训练样本和分类结果的验证样本。

（4）分类器的选择与参数设置。随机森林分类器具有强大的特征挖掘能力，在耕地识别中得到广泛的应用，因此本案例选取随机森林分类器开展训练，树的数量设置为 500 棵（Murillo-Sandoval et al., 2021）。

（5）精度验证。采用生产者精度、用户精度和总体精度 3 个指标开展 2010 年、2020 年耕地识别精度的评估。

（6）耕地动态变化分析。本案例选取了区域统计的方法，通过统计 2010 年、2020 年耕地的面积，分析 2010～2020 年耕地面积的变化。

结果与分析

依据地球大数据方法，本案例获得了 2010 年（图 2.15）、2020 年（图 2.16）环地中海地区 30 m 分辨率耕地空间分布数据，精度验证表明该地区的耕地遥感制图整体精度在 0.8 左右。遥感监测表明，2010 年环地中海地区的耕地面积 1.81 亿 hm^2，2020 年环地中海地区的耕地面积 1.78 亿 hm^2，相比 2010 年缩减了 0.03 亿 hm^2。2010～2020 年，环地中海地区耕地面积缩减主要发生在法国、摩洛哥和阿尔及利亚（图 2.17）；而耕地面积增加的区域主要集中在西亚和北非的埃及、突尼斯、利比亚、约旦等国家和地区（图 2.18）。

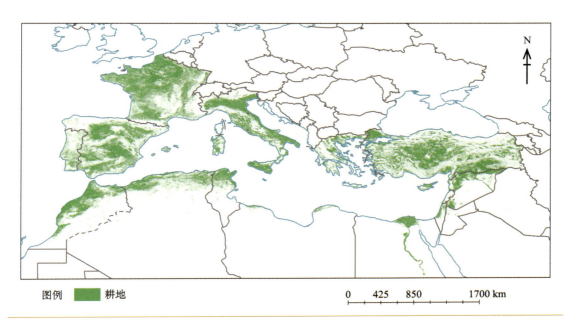

图 2.15　环地中海地区 2010 年耕地空间分布

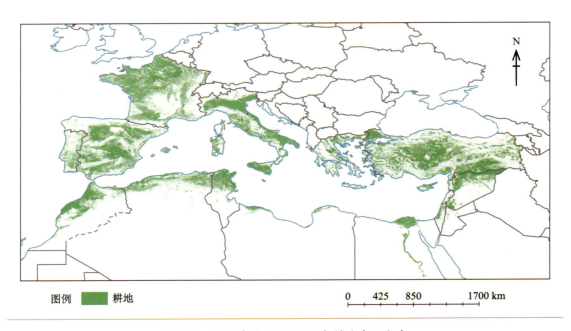

图 2.16　环地中海地区 2020 年耕地空间分布

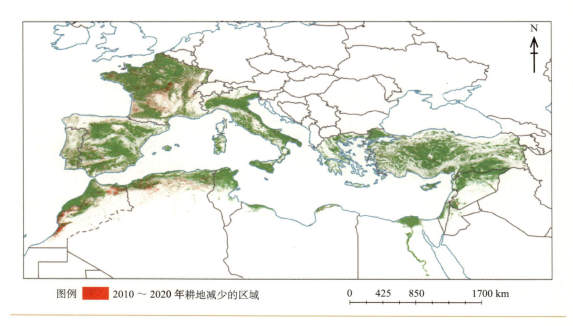

图例 ▉ 2010～2020年耕地减少的区域   0   425   850   1700 km

图 2.17　环地中海地区 2010～2020 年耕地减少的区域空间分布

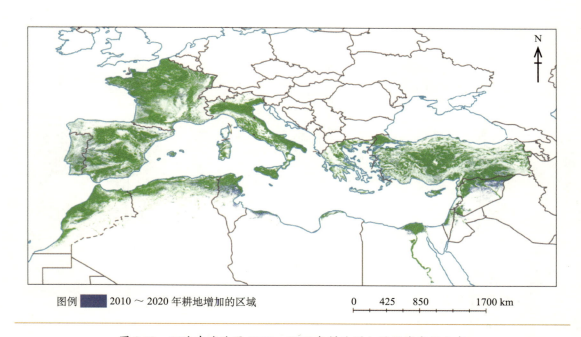

图例 ▉ 2010～2020年耕地增加的区域   0   425   850   1700 km

图 2.18　环地中海地区 2010～2020 年耕地增加的区域空间分布

　　人口的显著增长是 2010～2020 年西亚和北非地区耕地增加的重要原因。西亚和北非地区气候干燥，耕地灌溉保障率较高，2010～2020 年该地区的人口年增速普遍保持在

1.06%～2.52%，是整个环地中海地区人口增长速度最快的区域，要养活新增的人口，必须通过开垦新的耕地、提高粮食产量，来满足新增人口的迫切需求。例如，叙利亚的人口增速高达 2.32%，是环地中海地区人口增长最迅速的国家之一；2010～2020 年，该国的耕地面积显著增长，达 32%。但西亚和北非地区面临着十分严峻的水资源问题，一方面水资源的紧迫状况导致该地区的耕地出现了"开垦—撂荒—弃耕—迁徙再开垦"的退化模式（Zeng et al., 2021）；另一方面，耕地的迅速扩张，显著增加了水资源的消耗，加剧了该地区水资源紧迫的局面。研究表明，西亚和北非地区 2015～2080 年人口还将翻一番（Waha et al., 2017; Mohamed and Squires, 2018），随着人口的进一步增长，未来该地区粮食生产将面临更大的水资源供给压力。

气候变化是导致 2010～2020 年法国、摩洛哥耕地减少的重要原因。摩洛哥的作物以雨养农业为主，2020 年摩洛哥在作物生长季内遭遇大旱，耕地面积缩减，作物单产下滑，粮食产量同比 2019 年减少了约 47%。2020 年，法国在小麦生长季内也遭遇了严重的旱情，耕地面积下降，作物产量下滑，2020 年法国小麦产量同比下降 25%。因此，加强环地中海地区气候变化的适应能力，是提升该地区粮食生产稳定性的关键。

成果亮点

- 绘制了环地中海地区 2010 年、2020 年 30 m 分辨率耕地的空间分布图。
- 人口增长带来的压力是促使北非和西亚耕地面积增长的驱动力。
- 气候变化（特别是干旱）是摩洛哥等国耕地面积减少的重要原因。

讨论与展望

本案例采用地球大数据的方法，综合评估了 2010～2020 年环地中海地区耕地面积的动态变化。2010 年环地中海地区的耕地面积 1.81 亿 hm²，2020 年环地中海地区的耕地面积 1.78 亿 hm²，比 2010 年缩减了 0.03 亿 hm²。人口增长和气候变化是导致该地区 2010～2020 年耕地面积变化的重要原因。气候变化引起的大范围干旱对该地雨养农业生产的稳定性构成重大的威胁，提升农业应对气候变化的适应性，是该地区雨养农业实现增产、稳产亟须解决的问题。人口的迅速增长是西亚和北非地区耕地迅速扩张的原因，而这些地区水资源不足，未来水资源的可持续利用和粮食增产导致的耕地扩张引发的耗水增加的矛盾将愈发凸显。

2.5　亚非沙漠蝗灾情监测

对应目标

SDG2.4　到2030年，确保建立可持续粮食生产体系并执行具有抗灾能力的农作方法，以提高生产力和产量，帮助维护生态系统，加强适应气候变化、极端天气、干旱、洪涝和其他灾害的能力，逐步改善土地和土壤质量

 案例背景

　　粮食安全是人类生存、社会稳定和全球可持续发展的基石。在气候变化背景下，虫害发生范围、发生等级及扩散危害程度有明显扩大和增强的趋势。蝗虫是世界范围内的重大迁飞性害虫，其中沙漠蝗被认为是世界上最具破坏力的蝗虫之一，具有食量大、繁殖能力强、飞行距离远等特点。实现沙漠蝗的监测对减少化学农药施用、保障粮食安全和生态环境安全、建立可持续粮食生产体系具有重要的战略意义。

　　自2018年起，异常气候致使沙漠蝗在阿拉伯半岛南部沙漠边缘地区不断繁殖，并逐步席卷非洲之角和西南亚各国。2020年，沙漠蝗继续在非洲之角、阿拉伯半岛南部及红海沿岸不断繁殖、扩散，索马里、埃塞俄比亚、肯尼亚沙漠蝗灾情依然较为严重，多个区域成为沙漠蝗新增繁殖区。2021年，虫群数量虽然有所下降，但依然在非洲之角活动，并部分扩散危害至坦桑尼亚东北部，东非沙漠蝗灾情仍需世界关注。FAO向全球发出预警，希望各国高度戒备蝗灾，采取多国联合防控措施以防虫害入侵国家出现严重的粮食危机。传统目测手查单点监测方法和有限站点气象预测方法只能获取"点"上的虫害发生发展信息，不能满足"面"上对虫害的大面积监测和及时防控需求。遥感能够高效、客观地在大尺度上对虫害的发生和发展状况进行连续的时空监测。近年来，遥感对地观测技术的快速发展为蝗虫的大范围监测提供了有效技术手段，对大面积、快速指导虫害高效科学防控和保障粮食安全具有重要意义。此外，不断更新加密的气象站点数据，以及由遥感、气象数据耦合形成的面状气象参数产品可为蝗虫发生动态监测提供更为丰富的信息来源。

　　本案例以中高分辨率卫星影像为主要遥感数据源，结合土地利用/覆盖数据、气象数据、地面调查数据等，针对沙漠蝗的发生、发展特点，以及发展扩散过程和环境影响因素，构建了虫害监测模型；通过数字地球科学平台大数据分析处理，对肆虐非洲之角和西南亚多国的沙漠蝗繁殖、迁飞的时空分布，以及重点危害国家的灾情监测开展定量分析。本案例开展了洲际蝗灾监测并将相关结果提供至FAO，以支持多国联合防控，保障虫害入侵国

家的农牧业生产安全及区域稳定。

所用地球大数据

◎ 遥感数据：2000 年至今亚非区域 MODIS（500 m 分辨率，来源：https://ladsweb.modaps. eosdis.nasa.gov/search/）、Landsat 数据（30 m 分辨率，来源：https://earthexplorer.usgs.gov/）、Sentinel 数据（10 m 分辨率，来源：https://scihub.copernicus.eu/），重点危害国家典型区域的 Planet（3 m 分辨率）、Worldview（0.5 m 分辨率）数据；2010 年至今的 SMAP 土壤湿度数据（0.25° 分辨率，来源：https://earthdata.nasa.gov/）；2000 年至今亚非区域植被绿度数据（来源：http://iridl.ldeo.columbia.edu/maproom/Food_Security/Locusts/Regional/greenness.html）和 GSMap 降雨数据（来源：https://sharaku.eorc.jaxa.jp/GSMaP/）。

◎ 气象数据：2000 年至今国际气象站点长时间序列完整气象资料、2018 年至今印度洋和阿拉伯海区域的热带气旋数据和气象数值预报产品（来源：http://data.cma.cn/），以及亚非区域的 ECMWF 气候同化数据（来源：https://www.ecmwf.int/en/forecasts/datasets）。

◎ 基础地理信息：全球 10 m 和 30 m 分辨率土地利用数据（来源：http://www.nmc.cn/publish/typhoon/totalcyclone.htm）、全球数字高程模型（DEM）数据、亚非区域主要作物（小麦、水稻、玉米等）种植区（来源：https://ipad.fas.usda.gov/ogamaps/cropcalendar.aspx）、各国行政区划数据（来源：https://tianditu.gov.cn）等。

◎ 其他数据：FAO 发布的沙漠蝗地面调查数据（来源：https://locust-hub-hqfao.hub.arcgis.com/）、农作物种植日历（来源：https://ipad.fas.usda.gov/ogamaps/cropcalendar.aspx）等。

方法介绍

本案例以沙漠蝗为研究对象，首先，针对与沙漠蝗繁殖发育及迁飞密切相关的要素（虫源、寄主、环境等）进行遥感定量提取及其时序变化分析，构建用于沙漠蝗遥感监测的指标体系，并构建生境适宜性模型，在地理信息系统（geographic information system，GIS）空间分析、地统计学、时空数据融合等技术手段辅助下，结合全球土地利用数据、地面观测数据等多源数据，实现大面积蝗虫繁殖区监测。其次，融合地面调查数据、农作物种植日历及区域分布、全球土地利用数据等多源信息与蝗虫发生扩散动力学模型，实现蝗虫迁飞路径的定量分析。再次，结合灾害模型，分析近 20 年各重点危害国家植被生长曲线，提取蝗虫危害信息进而划定蝗灾危害空间范围和面积。最后，针对蝗虫危害热点国家和地区开展精细尺度的灾害遥感监测，包括危害植被类型（农田、草地和灌丛）、危害空间分布、危害面积等。

结果与分析

　　2020 年底，东非及西南亚沙漠蝗主要分布在红海沿岸（苏丹和厄立特里亚东部沿海、沙特阿拉伯和也门西部沿海）、阿拉伯半岛中部和非洲之角（埃塞俄比亚东部、索马里北部和肯尼亚北部）等地区。此外，也门西部、伊朗西南部、肯尼亚东南部及东南沿海也有零星分布。2021 年 1 月，受气旋风暴"加蒂"（Gati）影响，索马里北部蝗虫不断产卵繁殖并成熟，蝗群向埃塞俄比亚和索马里两国的南部及肯尼亚入侵；同时，继续向南入侵坦桑尼亚东北部；索马里西北部和埃塞俄比亚中部蝗群向北入侵吉布提和厄立特里亚，也门西部蝗群沿红海沿岸向北扩散至沙特阿拉伯西部沿海。2 月，非洲之角的蝗群向西迁飞至肯尼亚西北部的图尔卡纳湖附近，沙特阿拉伯西部红海沿岸的蝗群向东迁飞至中部沙漠地区；肯尼亚南部蝗群向南入侵坦桑尼亚北部，沙特阿拉伯西部和中部蝗群继续向东迁飞至与科威特交界处。3 月，随着地面控制行动的进行，埃塞俄比亚和索马里的沙漠蝗数量不断减少，厄立特里亚蝗群沿红海沿岸向北扩散至苏丹东部沿海，沙特阿拉伯中部地区蝗群随强烈的东风入侵科威特，并跨过波斯湾入侵伊朗西南部。4 月，随着地面控制行动的继续进行，非洲之角各国的沙漠蝗群数量持续下降；沙特阿拉伯中部和西部沿海的蝗虫随南风不断向约旦和叙利亚扩散，到达伊拉克境内与叙利亚交界的幼发拉底河河谷；约旦境内蝗虫随南风进一步蔓延至西部和中部地区，并向北进入叙利亚西部，越过前黎巴嫩山脉进入黎巴嫩；因地面控制行动的进行，三个国家蝗虫的规模和数量均较小。5 月，非洲之角的沙漠蝗不断产卵、孵化并形成蝗蝻带，沙特阿拉伯中部春季繁殖区的蝗虫不断形成未成熟成虫，并向南部也门方向迁移，同时，也门中部和南部地区出现了部分散居型成虫。大部分地区的蝗虫均在进行春季繁殖，受地面控制行动的影响，沙漠蝗数量和规模较 2020 年同期显著降低。随着伊朗蝗群的产卵繁殖和成熟，2021 年 6～7 月蝗群向东扩散至巴基斯坦；随着地面控制行动的进行及干燥的气候条件，沙特阿拉伯北部内陆地区的蝗蝻带逐渐减小，部分蝗虫向南迁飞至也门境内进行繁殖；同时，非洲之角受降雨影响，埃塞俄比亚东部和索马里北部蝗虫不断产卵繁殖并成熟，8～9 月蝗虫扩散至埃塞俄比亚东北部进行繁殖（图 2.19）。2021 年 6～9 月，各国迎来粮食作物的重要生长季或收获季，沙漠蝗的持续肆虐会导致亚非国家的农牧业生产和国民生计受到严重威胁。

　　特别地，自 2020 年 6 月起，非洲之角的索马里、埃塞俄比亚、肯尼亚三国受蝗灾危害仍较为严重。截至 2021 年 3 月，索马里累计新增植被损失面积约为 357.29 万 hm^2，危害区主要位于与埃塞俄比亚交界处的沙漠区域，沙漠蝗在该区域进行了大量多代繁殖，尤其北部的穆杜格州和托格代尔州（图 2.20）。截至 2021 年 4 月，埃塞俄比亚累计新增植被损失面积约为 697.20 万 hm^2，东非大裂谷沿线及其南北两端受灾最为严重，东部与索马里交界处和南部与索马里、肯尼亚两国交界处植被危害面积也较大；截至 2021 年 5 月，肯尼亚累计新增植被损失面积约为 338.98 万 hm²，受灾区域主要位于东北部和西北部的沙漠蝗冬春繁殖区及中部广阔的成熟蝗群扩散区域，裂谷省、东部省等省份受灾面积较大。

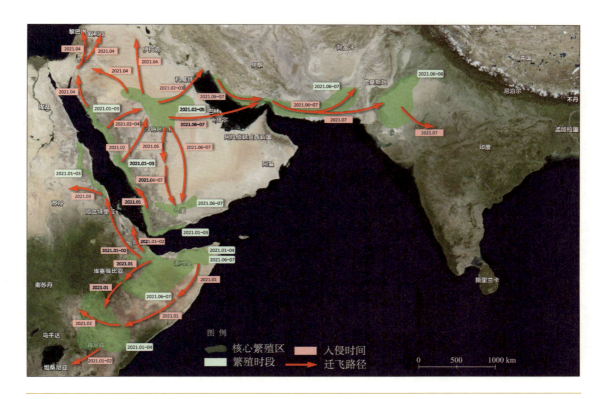

图 2.19　亚非区域沙漠蝗主要繁殖区和迁飞路径监测（2021 年 1～9 月）

成果亮点

- 绘制了亚非区域 2021 年 1～9 月 500 m 分辨率的沙漠蝗主要繁殖区和迁飞路径监测的空间分布图。

- 分析发现 2020 年 6 月至 2021 年 5 月，亚非区域仍受蝗灾危害，其中非洲之角的索马里、埃塞俄比亚、肯尼亚受蝗灾危害较为严重。

- 实现亚非各国的沙漠蝗灾害遥感监测，并对其危害动态进行持续更新，为蝗灾应急响应提供了重要信息支持。

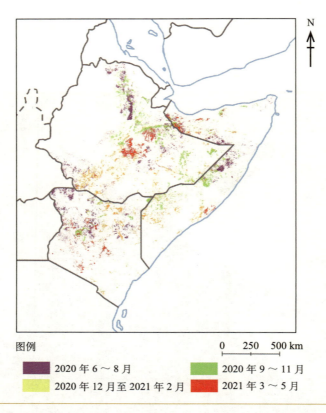

图例

■ 2020 年 6 ～ 8 月　　　　■ 2020 年 9 ～ 11 月

■ 2020 年 12 月至 2021 年 2 月　　■ 2021 年 3 ～ 5 月

图 2.20　2020 年 6 月至 2021 年 5 月索马里、埃塞俄比亚、肯尼亚沙漠蝗灾情监测

讨论与展望

　　在技术创新方面，本案例利用国际共享遥感数据集，通过数字地球科学平台大数据分析处理，对大尺度沙漠蝗繁殖区提取、蝗虫迁飞路径长时序定量监测预测、蝗灾定量监测进行了系统研究，实现了亚非各国的沙漠蝗灾害遥感监测，并对其危害动态进行持续更新，有助于保障农牧业生产和粮食安全，为蝗灾应急响应提供了重要信息支持。

　　在应用推广方面，本案例提供了 2020 ～ 2021 年亚非沙漠蝗核心繁殖区与蝗虫迁飞路径监测，以及三个位于非洲的重点危害国家（包括索马里、埃塞俄比亚、肯尼亚）灾情监测成果，被 FAO（http://www.fao.org/）和全球生物多样性信息设施（GBIF，https://www.gbif.org/）等多个国际机构采纳，为多国联合防控虫害以保障农牧业生产提供信息支持。

2.6　微生物资源《生物多样性公约》惠益分享全球数据追踪

对应目标

SDG 2.5　到2020年，通过在国家、区域和国际层面建立管理得当、多样化的种子和植物库，保持种子、种植作物、养殖和驯养的动物及与之相关的野生物种的遗传多样性；根据国际商定原则获取及公正、公平地分享利用遗传资源和相关传统知识产生的惠益

案例背景

　　SDG 2.5 是 SDGs 的重要目标之一。微生物资源是经济社会可持续发展的基石，也是国家生态安全的重要保障。由于环境破坏等因素，生物遗传资源的生存受到威胁。由于缺少健全的获取与惠益分享制度，生物遗传资源的非法搜集活动导致生物资源流失严重。为了防止生物资源的滥用，1992 年《生物多样性公约》（Convention on Biological Diversity，CBD）第一次明确了生物遗传资源具有国家主权，规定了获取生物遗传资源必须征得提供国的事先知情同意，并在共同商定条件下，与生物遗传资源提供方公平公正地分享利用此生物遗传资源所产生的惠益。为了使"获取与惠益分享"原则具有可操作性，《生物多样性公约》各缔约方于 2010 年达成了《〈生物多样性公约〉关于获取遗传资源和公平公正分享其利用所产生惠益的名古屋议定书》（简称《名古屋议定书》）。

　　加强生物资源的获取和惠益分享管理，保护和利用生物多样性，对微生物实物资源从采集、保藏、跨国转移、学术和商业应用以及利益分享的各个环节进行追踪，可以为我国履约提供技术与信息支持，也可为全球生物遗传资源的跨国转移和惠益分享提供经验借鉴。

　　本案例应用已经建立的生物遗传资源大数据平台，汇聚了来自 51 个国家 141 家合作伙伴的 52 万株微生物实物资源数据，整合了 1953 年至今全球微生物领域的微生物资源、组学、文献、专利等数据，并持续更新，形成领域知识库，开发数据挖掘工具，实现对微生物资源利用信息的监控与追踪，形成超过 40 亿条数据的知识库；实现了生物遗传资源知识库与菌种信息平台数据关联，根据《生物多样性公约》规定的"公正、公平地分享利用遗传资源和相关传统知识"，对微生物遗传资源产生的文章、专利等进行挖掘与分析，支持惠益共享。

所用地球大数据

◎ 世界微生物数据中心（World Data Centre for Microorganisms）数据库：全球微生物菌种

保藏中心保藏微生物数据。

◎ 生物遗传资源知识库（Analyzer of Bio-Resources Citation）：2001～2020 年中国微生物遗传资源产生的期刊论文数据。

◎ 生物医学信息检索平台（PubMed）：美国国家生物技术信息中心（NCBI）开发的生物医学信息检索系统的 2001～2020 年期刊论文数据。

◎ 世界知识产权组织知识产权统计数据中心（WIPO IP Statistics Data Center）：2001～2019 年中国专利微生物保藏数据。

方法介绍

　　为全球微生物菌种保藏中心以及其学术界和企业界用户，在《名古屋议定书》的利益共享机制的框架内，建立获取和利用微生物资源信息平台。利用自主开发的生物资源引用分析技术，对微生物资源跨国转移监控平台的微生物资源的全球使用情况进行挖掘和统计，为我国履约提供技术与信息支持，也为全球生物遗传资源的跨国转移和惠益分享提供经验借鉴。通过对使用中国普通微生物菌种保藏管理中心（CGMCC）、中国典型培养物保藏中心（CCTCC）和广东省微生物菌种保藏中心（GDMCC）三大国际保藏机构的微生物遗传资源在 2001～2020 年于国内外发表的英文期刊论文进行挖掘与分析，反映出中国微生物资源的全球惠益利用现状。

结果与分析

　　据世界微生物数据中心统计，截至 2021 年 6 月，共有 78 个国家和地区的 805 个微生物菌种保藏机构保藏了各类微生物 330 万余株。截至 2020 年，中国普通微生物菌种保藏管理中心、中国典型培养物保藏中心和广东省微生物菌种保藏中心共保藏微生物菌种 116 875 株。在专利微生物的保藏方面，我国呈现稳步增长态势，2001～2019 年专利微生物累计保藏量为 31 386 株（图 2.21），占全球专利微生物保藏量的 39.86%。2008～2019 年，我国专利微生物年新增保藏量连续 12 年保持世界第一位。

　　根据世界微生物数据中心生物遗传资源知识库统计数据，2001～2020 年，全球 55 个国家和地区使用中国三大微生物资源国际保藏机构的微生物资源共发表科研论文 3223 篇（图 2.22）。总体上来说，亚洲、北美洲和欧洲国家对中国微生物资源利用程度较高（图 2.23）。在发文量前十位的国家中，美国、韩国、德国、英国、日本、印度、西班牙、沙特阿拉伯和荷兰发文数量占总发文量的 24.75%。

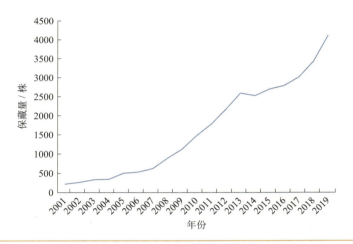

图 2.21　2001～2019 年中国专利微生物保藏情况

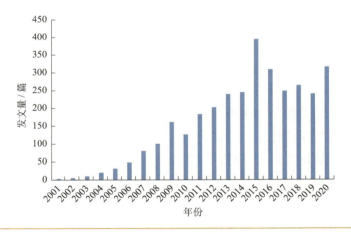

图 2.22　2001～2020 年全球利用中国微生物资源年度发文情况

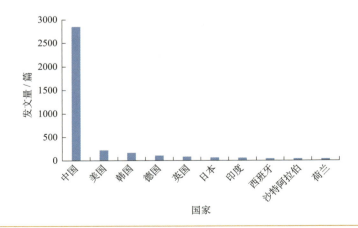

图 2.23　2001～2020 年利用中国微生物资源发文量居前十位的国家

成果亮点

- 中国微生物资源保藏量居于世界前列。在专利菌的保藏方面，2008 年至 2019 年间，我国专利菌种年新增保藏量连续 12 年保持世界第一位。

- 中国微生物资源近 20 年的惠益共享数据显示，亚洲、北美洲和欧洲国家对中国微生物资源利用程度较高。中国的微生物资源惠益共享案例为我国《生物多样性公约》的履约提供技术与信息支持，也为全球生物遗传资源的跨国转移和惠益分享提供经验借鉴。

讨论与展望

　　本案例使用生物遗传资源大数据平台，实现了微生物资源的采集、保藏、跨国转移、学术和商业应用以及利益分享的各个环节的跟踪监测，对我国微生物资源的全球利用情况进行评估，为我国《生物多样性公约》的履约提供信息了支持。

　　本案例选取中国 3 个权威的微生物资源国际保藏机构作为主要分析对象，虽然这 3 个机构并不能代表中国所有的微生物资源保藏机构，但其案例结果对国家尺度微生物资源惠益分享的情况具有重要参考作用。数据表明，我国的微生物资源的保藏量丰富，体现了我国高度重视微生物资源的采集和保藏；但在全球共享利用上体现为以本国为主，亚洲、北美洲和欧洲国家次之，这说明我国微生物资源的运行模式还有待改进，在资源的获取、鉴定、研发和共享方面的服务水平还有待提高。

　　另外，本案例基于使用微生物资源发表的学术论文视角对微生物资源的公平、公正分享利用进行了分析。微生物产业作为战略性新兴产业，在社会经济中的地位不断凸显，未来可以考虑基于专利、微生物资源数字序列信息等多来源数据对全球微生物资源的跨国转移和全球使用情况进行挖掘，为全球微生物资源的惠益共享提供借鉴。

2.7　亚欧非主要区域食物安全状况与农业可持续性

对应目标

SDG 2.1　到2030年，消除饥饿，确保所有人，特别是穷人和弱势群体包括婴儿，全年都有安全、营养和充足的食物

SDG 2.2　到2030年，消除一切形式的营养不良，包括到2025年实现5岁以下儿童发育迟缓和消瘦问题等相关国际目标，解决青春期少女、孕妇、哺乳期妇女和老年人的营养需求

SDG 2.4　到2030年，确保建立可持续粮食生产体系并执行具有抗灾能力的农作方法，以提高生产力和产量，帮助维护生态系统，加强适应气候变化、极端天气、干旱、洪涝和其他灾害的能力，逐步改善土地和土壤质量

案例背景

本案例中的亚欧非主要区域是指涉及东亚、东南亚、南亚、中亚、西亚北非和中东欧65个国家在内的区域（具体见本小节文后的附表1）。该区域是世界人口的主要分布区，其中大多为发展中国家和新兴经济体，社会经济发展水平相对落后，生态环境比较脆弱，饥饿和营养不良问题比较严重，食物安全形势不容乐观。如何保障和促进该地区的食物安全和农业可持续性、消除饥饿和改善营养不良问题成为该区域和区域内各国面临的共同任务，这也是高质量共建"一带一路"不可或缺的重要组成部分。尽管 FAO 等国际机构每年对世界的食物安全形势、饥饿和营养不良等方面进行监测、评估和预警，然而目前尚缺乏对亚欧非主要区域相关领域的整体性、综合性的认识和研究。因此，厘清该区域饥饿和营养不良现状、全面了解食物安全形势、预测未来食物需求趋势、评估粮食的增产潜力、识别农业可持续性制约因素并寻求相应的有效对策，对加强和深化中国与该区域国家农业领域的交流和合作、推动该地区零饥饿目标实现、改善营养不良状况以及促进农业可持续发展和高质量发展等均具有重要意义。本案例旨在利用遥感土地覆盖数据和多源统计数据，对欧亚非主要区域的食物安全（包括饥饿和营养不良状况）、未来的食物需求趋势、粮食的增产潜力、农业可持续性制约因素等方面开展综合分析和评估，并在此基础上提出相应的对策建议。

所用地球大数据

◎ 欧洲空间局 1992～2018 年土地覆盖数据（CCI-LC）。

◎ 欧洲空间局 2001～2018 年土地覆盖数据（MODIS）。

◎ 2019 年世界食物安全与营养状况数据（FAO et al., 2020）。

◎ 1961～2019 年农业产量相关数据（来自 FAOSTAT 数据库）。

◎ 1960～2019 年人口、国内生产总值（Gross Domestic Product, GDP）等数据（World Bank Open Data 数据库）。

方法介绍

在亚欧非主要区域食物安全分析中，主要采用营养不良人口的数量和营养不良人口发生率两个基本指标来衡量该地区的饥饿或营养不良状况。其中营养不良人口发生率指标通过密度函数估算，即

$$POU = \int_{x<MDER} f(x|\theta)dx$$

式中，$f(x)$ 为参数性概率密度函数，用以反映个体平均日常能量摄入水平的概率分布；POU 指日常饮食能量摄入量（x）低于最低饮食能量需求（minimum dietary energy requirement，MDER）的累积性概率；θ 是描述 $f(x)$ 的参数向量，具体详见 FAO 等（2019）。

亚欧非主要区域未来食物需求预测则按照公式 $F_d = \sum_{j=1}^{n} P_j W_j$ 计算，其中 F_d 为未来某一年食物需求总量，P_j、W_j 分别为第 j 个国家或地区未来某一年的人口预测数和预计的人均食物需求量；人口预测基于联合国经济和社会事务部 2019 年的数据（United Nations Department of Economic and Social Affairs, 2019）；人均食物需求参数来自世界银行的 Alexandratos 和 Bruinsma（2012）根据不同区域八种食物类型（包括谷类、根茎类、糖、豆类、菜油和油籽产品、肉、奶和其他食物）消费变化趋势预测进行汇总而来。

粮食增产潜力分析主要采用粮食单产和可达单产等指标衡量。粮食单产变化趋势分析采用线性回归模型 $y_i = ax_i + b$ 拟合并通过检验，其中 y_i 为某年粮食单产，x_i 为年份。可达单产采用类似气候带的高产区来确定，具体见 Mueller 等（2012）对全球尺度作物产量评估，其中包括玉米、小麦、水稻、小米等 10 余种作物类型。本案例采用主要作物当前实际单产与可达单产的差距来反映粮食增产潜力，两者在口径上是一致的。

在农业可持续性制约因素分析和诊断中，主要采用文献计量分析的知识图谱法和多指标评价法相结合的方法。首先通过文献计量识别出国内外农业可持续性研究的主要热点和

影响因素，然后结合数据的可得性，遴选与农业可持续性密切相关的耕地资源、土地退化、气候状况（干旱区分布）、水资源、化肥和农药施用量等指标来进行分析和判断。

　　本案例的地球大数据分析方法主要体现在把遥感解译数据和多源统计数据进行集成，来综合开展亚欧非主要区域食物安全状况与农业可持续性相关宏观分析和诊断。

结果与分析

　　亚欧非主要区域是世界营养不良/饥饿人口的主要分布区（图 2.24）。2019 年，该区域有近 4 亿营养不良/饥饿人口，占全球营养不良人口/饥饿人口总量的 58% 左右，约占本区域总人口的 8.2%。同时，该区域还有约 11 亿人面临中度以上的食物不安全问题，占世界相应人口的 55% 左右，其中面临食物严重不安全人数约占世界的 59%。此外，该区域还有约 1370 万新生儿体重过轻、3470 万儿童消瘦、8330 万儿童发育迟缓、3.23 亿成人肥胖、4.55 亿育龄妇女贫血等。2005～2019 年，在经历数十年的营养不良人口稳定下降之后，亚欧非主要区域的营养不良/饥饿人口总量从 2017 年开始呈现增加态势。其中，西亚自 2010 年以来、北非自 2015 年以来基本保持增加态势，东南亚自 2017 年以来保持上升态势，中亚则一直呈总体下降趋势，南亚则呈现先降后升再降的发展变化趋势。特别是 2020 年以来，受新冠肺炎疫情和东非蝗灾的影响，该区域的营养不良/饥饿人口数还在明显上升，食物安全形势比较严峻。

　　未来 10～30 年，伴随着人口的增长和人口消费水平的不断提高，亚欧非主要区域的食物需求仍将呈现出较明显的上升势头（图 2.25）。预计到 2030 年和 2050 年，除中东欧地区外，亚欧非主要区域的食物总需求或将在 2015 年基础上分别增长 18% 和 33% 以上，届时该区域食物需求总量分别占世界食物总需求的 59% 和 57% 左右。由于粮食作物是食物能量需求的主要来源之一，如果按照世界平均食物消费比例结构（2015 年、2030 年和 2050 年来自植物的能量占食物提供总能量的 80%、78% 和 75%）估算，该区域来自农作物的粮食需求可能将比 2015 年分别增长 15% 和 25% 以上。这种食物需求态势将对该地区农业生产系统产生更大的压力。

　　与此同时，亚欧非主要区域在全球粮食生产中的地位不断上升。2019 年，该区域生产了世界 59.1% 的谷物，包括 65.7% 的小麦、41.2% 的玉米、88.0% 的水稻、42.6% 的大麦、50% 的谷子、52.2% 的黑麦、15.8% 的高粱。该区域主要粮食生产的世界地位不断提升：小麦产量占世界的份额从 1961 年的 55.4% 上升到 2019 年的 65.7%，玉米产量占世界的份额从 31.2% 上升到 41.2%，稻米产量占世界的份额从 81.2% 上升到 88.0%。

　　亚欧非主要区域的粮食单产总体上呈不断上升趋势（图 2.26）。其谷物单产从 1961 年的 1.15 t/hm² 增长到 2019 年的 4.19 t/hm²，增长幅度明显快于世界平均水平，但各国粮食单产存在明显的空间分异（图 2.27）。但是，在人均耕地面积不断下降的刚性趋势下，要满足或保障 2050 年该区域 55 亿左右人口的基本食物需求或粮食安全，就需要作物产量（尤其是粮食产量，包括单产）有较大幅度的提高。以 2016 年为转折点，该区域的谷物单产水平从长期低于世界平均水平到开始反超（图 2.26）。

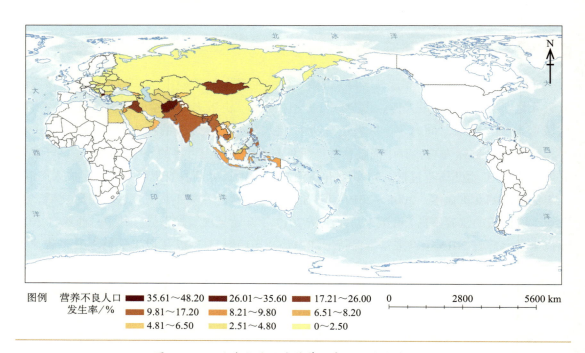

图 2.24　亚欧非主要区域营养不良人口发生率分级

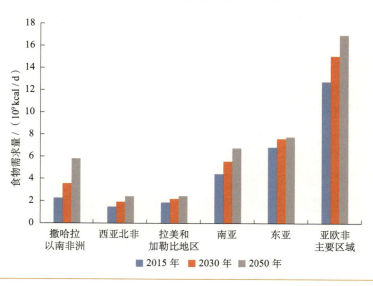

图 2.25　2015～2050 年世界主要区域食物需求预测

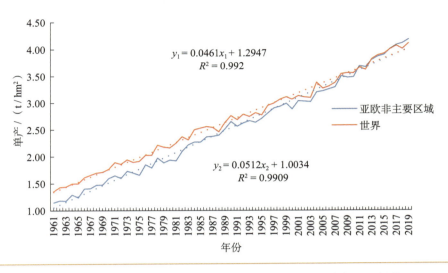

图 2.26　1961～2019 年亚欧非主要区域与世界谷物单产变化趋势

亚欧非主要区域农作物仍有较大的增产潜力。以该区域三大农业作物——小麦、玉米和稻米为例。在三大农作物单产中，该区域的小麦和玉米单产低于世界平均水平，稻米产量高于世界平均水平。目前，该区域三大农作物单产分别达到了其潜在或可达单产的 74%、76% 和 87%（表 2.2），还有较大的提升空间。如果该区域的三种粮食作物单产都能达到其潜在或可达的单产水平，那么其小麦、玉米、稻米总产量可在 2015 年基础上分别增加46%、48% 和 20% 左右。

表 2.2　2019 年世界及主要区域粮食单产和可达单产的差距比较

（单位：t/hm²）

区域	小麦		玉米		稻米	
	单产	可达单产	单产	可达单产	单产	可达单产
世界	3.55	4.64	5.82	7.39	4.66	5.65
亚欧非主要区域	3.45	4.68	5.79	7.64	4.87	5.61
东欧中亚	3.35	4.42	6.64	9.65	6.92	9.37
中东北非	2.76	4.43	7.78	8.60	6.45	7.87
南亚	3.09	4.46	3.53	3.81	4.30	4.84
东亚	5.56	5.24	6.29	8.94	4.17	7.72
东南亚	1.86	3.80	4.69	3.77	6.14	5.09

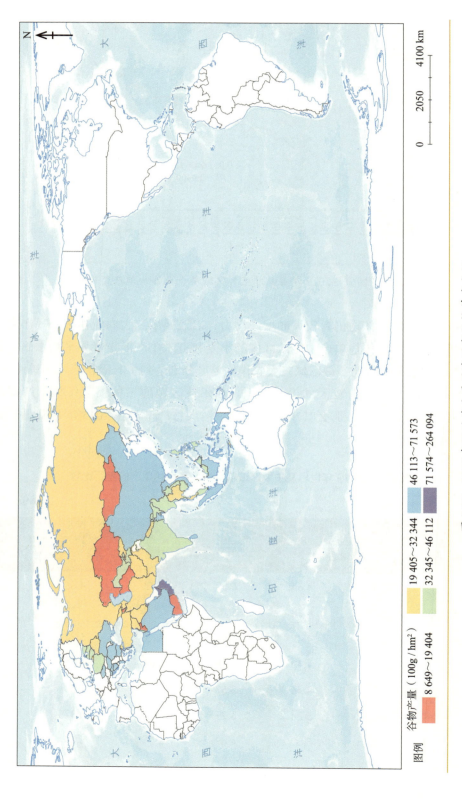

图 2.27　2019 年亚欧非主要区域国家谷物单产分级

综合分析表明，亚欧非主要区域农业可持续发展受到耕地资源、水资源、农业投入、土地退化、气候变化等多种自然和社会经济因素的影响。例如，该区域人均耕地资源面积低于世界平均水平且呈连续下降态势，人地矛盾比较尖锐；大部分地区处于干旱、半干旱、半湿润区，水资源比较紧缺，人均水资源量低于世界平均水平且不断下降，而人均用水量却超过世界平均水平，水资源利用方式粗放，浪费严重，加剧了该地区水资源供求矛盾；化肥农药使用量大、强度高，引发潜在的生态环境等风险；受干旱化、土壤侵蚀（水蚀）、植被下降、土壤有机碳丧失和土壤盐碱化等土地退化因素的影响，耕地退化比较严重；该地区升温幅度超过全球平均水平，气候变化对农业生产力和作物产量的负面影响逐渐凸显等，这将对该区域的粮食安全、营养不良和社会公平等方面构成较大威胁。

促进亚欧非主要区域消除饥饿、保障粮食安全、改善营养状况、实现农业可持续发展，需要综合施策、加强合作和协同应对。包括：积极发展生态或有机农业，促进农业绿色转型；加大节水灌溉技术和产品的研发和应用；改进化肥农药施用技术和方式，促进化肥农药高效利用，降低环境潜在风险；加大旱区粮食增产技术的研发和应用，不断提高粮食生产力；改善饮食方式和食物消费结构，减少肉食消费；提高农业的气候适应和抗灾能力，包括发展节水灌溉技术、选育耐旱和抗逆性强的作物品种、改进耕作制度等；针对不同亚区域特征和需求加强粮食安全或农业领域的经济技术合作和援助力度；促进农业可持续领域相关经验和模式的交流与推广，包括发掘传统农业遗产；加强农业生态保护力度，推进退化生态系统修复治理，包括治理水土流失、提高土壤质量和生态系统稳定性；促进农产品贸易领域绿色化等。

成果亮点

- 亚欧非主要区域未来食物安全形势非常严峻。预计到 2030 年和 2050 年，除中东欧地区外，亚洲和北非地区的食物总需求或将在 2015 年基础上分别增长 18% 和 33% 以上，其中来自农作物的粮食需求可能分别增长 15% 和 25% 以上。

- 亚欧非主要区域农作物产量仍有较大提升空间。该区域的三种粮食单产能达到其可达的单产水平，那么小麦、玉米、稻米总产量可在 2015 年基础上分别增加 46%、48% 和 20% 左右。该区域农业受到自然、社会和经济的多重不利因素影响，需要综合施策、加强合作和协同应对。

讨论与展望

本案例围绕亚欧非主要区域粮食安全包括饥饿和营养问题，开展了相关的现状分析，对该区域 2030 年、2050 年食物需求包括粮食需求进行预测，指出了粮食增产的潜力所在，并结合农业可持续性因素诊断，提出了该区域保障粮食安全、改善营养状况和促进农业可持续发展的政策建议，以便为该区域实现 SDG 2 提供重要信息支持。本案例研究结果表明，作为世界饥饿／营养不良人口主要分布区，亚欧非主要区域饥饿／营养不良人口近几年来不降反升，食物安全形势非常严峻；未来 10～30 年，该区域的食物需求仍将保持上升势头；该区域是世界农作物包括粮食作物的主产区，生产了世界近 60% 的谷物，谷物单产总体上不断增长，超过世界平均增幅；该区域农作物产量仍有较大的增产潜力等。本案例融合遥感解译和多源统计数据于一体，采用模型分析、多指标统计、文献计量等多种手段以及纵向和横向比较相结合的方法，从时空尺度上不仅反映了该区域在世界发展格局中所处的地位和作用，而且揭示了该区域粮食安全、需求和生产相关领域的动态变化情况，包括取得的进展、存在的主要问题和挑战，从而获得了较为全面、完整的认识。但是，本案例主要从宏观角度侧重区域层面开展分析研究，线条相对较粗，至于具体亚区域和国家层面的针对性分析以及所采用的研究方法、手段还有待于进一步细化、深化、改进和完善。

附表 1　亚欧非主要区域国家列表

国家	国家
阿富汗（Afghanistan）	拉脱维亚（Latvia）
阿尔巴尼亚（Albania）	摩尔多瓦（Moldova）
阿联酋（United Arab Emirates）	马尔代夫（Maldives）
亚美尼亚（Armenia）	北马其顿（North Macedonia）
阿塞拜疆（Azerbaijan）	缅甸（Myanmar）
孟加拉国（Bangladesh）	黑山（Montenegro）
保加利亚（Bulgaria）	蒙古国（Mongolia）
巴林（Bahrain）	马来西亚（Malaysia）
波黑（Bosnia and Herzegovina）	尼泊尔（Nepal）
白俄罗斯（Belarus）	阿曼（Oman）
文莱（Brunei Darussalam）	巴基斯坦（Pakistan）
不丹（Bhutan）	菲律宾（Philippines）
中国（China）	波兰（Poland）
捷克（Czech）	卡塔尔（Qatar）

续表

国家	国家
埃及（Egypt）	罗马尼亚（Romania）
爱沙尼亚（Estonia）	俄罗斯（Russia）
格鲁吉亚（Georgia）	沙特阿拉伯（Saudi Arabia）
克罗地亚（Croatia）	新加坡（Singapore）
匈牙利（Hungary）	塞尔维亚（Serbia）
印度尼西亚（Indonesia）	斯洛伐克（Slovak）
印度（India）	斯洛文尼亚（Slovenia）
伊朗（Iran）	叙利亚（Syrian）
伊拉克（Iraq）	泰国（Thailand）
以色列（Israel）	塔吉克斯坦（Tajikistan）
约旦（Jordan）	土库曼斯坦（Turkmenistan）
哈萨克斯坦（Kazakhstan）	东帝汶（Timor-Leste）
吉尔吉斯斯坦（Kyrgyzstan）	土耳其（Turkey）
柬埔寨（Cambodia）	乌克兰（Ukraine）
科威特（Kuwait）	乌兹别克斯坦（Uzbekistan）
老挝（Lao PDR）	越南（Vietnam）
黎巴嫩（Lebanon）	巴勒斯坦（Palestine）
斯里兰卡（Sri Lanka）	也门（Yemen）
立陶宛（Lithuania）	

本章小结

实现"零饥饿"目标是全球可持续发展的基础及重要议题，在联合国"2030年可持续发展议程"中被列为第二大目标。然而，受地区冲突、气候变化、经济衰退等因素影响，"零饥饿"目标的实现面临巨大挑战，特别是在人口众多、经济发展相对落后的亚非地区。数据是发现目标进程、提出决策建议的基础，但突发的新冠肺炎疫情给数据的及时获取带来了前所未有的困难。地球大数据技术为解决这一问题提供了新的思路与途径。

本章主要聚焦亚非地区发展中国家，将营养结构中日益重要的畜牧业纳入研究，分别从种植业和畜牧业角度开展了从基础数据生成到决策建议提出的一系列研究，研究结果表明：

（1）1990～2018年，全球畜禽肉类产量增加了将近1倍，全球猪肉、禽肉的饲料利用效率整体呈增加趋势；其中，中国畜牧业生产力快速增加，对全球畜牧业生产力提升的贡献最大。

（2）近年来，北非、西亚、南非赞比西河流域耕地均呈现增长态势，人口增加是主要驱动因素；但近年来的亚非沙漠蝗肆虐使得多地的农牧业损失严重，特别是东非和西亚等国。

（3）作为世界农作物包括粮食作物的主产区，亚欧非主要区域生产了世界59.1%的谷物，但要满足2050年人口的基本食物需求或粮食安全，粮食产量仍需要有较大幅度的提高。

亚非发展中国家的粮食安全是实现全球"零饥饿"目标的关键所在。未来，将基于地球大数据技术，围绕SDG 2的多指标综合，一方面通过已有技术方法集成，另一方面针对指标评估开展方法创新，聚焦粮食安全的重要敏感区，开展反映零饥饿目标进程监测与实现方案建议的全面综合研究。

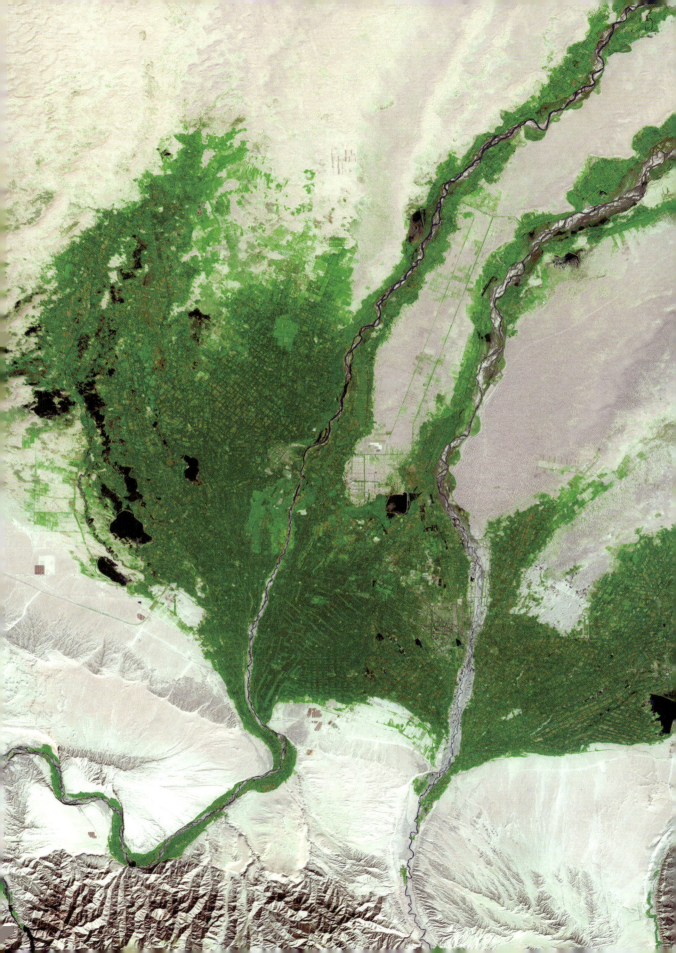

第三章

SDG 6 清洁饮水和卫生设施

背景介绍

　　根据联合国水机制（UN-Water）发布的最新评估报告，在新冠肺炎疫情暴发之前，世界就已经偏离了 SDG 6 的实现（UN-Water, 2021）。全球 22 亿人（29%）没有安全管理的饮用水；42 亿人（55%）没有安全管理的卫生设施；30 亿人（40%）没有基本的洗手设施；参与评估的 75 个国家中，生活污水被安全处理的比例不到 50%；由于水质数据的短缺，有超过 30 亿人面临着水资源健康未知的风险；关于 SDG 6.4，尽管自 2015 年以来，全球水资源利用效率提高了 4%，但仍有 23 亿人生活在水资源紧张的国家；在水资源综合管理方面，有 129 个国家没有走上可持续管理水资源的轨道；只有 22 个国家与邻国有关于跨界河流、湖泊和含水层的合作协议；世界上有 1/5 的流域内的地表水正在经历快速变化；2015～2019 年，对水务部门的官方发展援助承诺增加了 11%，但支出仅增加了 3%；在 109 个国家中，只有 14 个国家的社区管理机构高度参与水和卫生决策。

　　为了解决水和卫生目标实现过程中的现存问题，并重新带领世界走上实现可持续水资源管理应用目标的道路，联合国提出了包括融资、数据和信息、能力发展、创新和治理在内的加速行动计划，其中，数据和信息是指通过数据生产、验证、标准化和信息交换，包括利用连贯一致的数据、创新的方法和工具来优化涉水监测和评估。

　　近年来，以空间对地观测为代表的地球大数据技术正在支撑 SDG 6.1、SDG 6.3、SDG 6.4、SDG 6.5、SDG 6.6 和 SDG 6.a 的监测与评估。这些技术手段通过远程感知、定期重访、快速信息提取来实现高时空分辨率的监测，可以节省资金、节约时间，同时提供更为准确和全面的评估结果。

　　近年来，中国开展了大量地球大数据技术支撑 SDG 6 监测与评估研究实践，为全球落实 SDG 6 在数据产品、模型方法和决策支持等方面做出了贡献。本章围绕改善水质（SDG 6.3）、提高用水效率（SDG 6.4）、水资源综合管理（SDG 6.5）和保护和恢复与水有关的生态系统（SDG 6.6）4 个具体目标，评估了亚欧地区典型城市黑臭水体分布、全球大型湖泊水体透明度、全球农作物水分利用效率、全球湿地保护优先区和澜湄国家水资源综合管理及水压力情况。本章中各案例研究数据成果是对联合国 SDG 数据库系统的有益补充，相关的评估结论对了解全球 SDG 6 实现进展具有重要的参考价值。

主要贡献

　　本章 6 个案例的主要贡献重点体现在数据产品、方法模型和决策支持三个方面，数据产品贡献包括亚欧地区典型城市黑臭水体分布数据集、全球大型湖泊水体透明度数据集、非洲湖泊水体透明度数据集和全球湿地保护优先区分布数据等；在方法模型方面，主要是发展了全球尺度基于多源遥感数据并结合作物生长过程的农作物水分利用效率评估方法；在决策支持方面，主要是在依托研究中发展的数据集产品，了解全球，特别是共建"一带一路"合作国家，水环境和水生态状况的基础上，为未来我国与相关国家开展水环境治理和水生态保护相关合作提供决策依据（表 3.1）。

表 3.1　案例名称及其主要贡献

指标 / 具体目标	指标层级	案例	贡献	
SDG 6.3.2 环境水质良好的水体比例	Tier I	亚欧地区典型城市黑臭水体变化	数据产品：	华沙、开罗、卡拉奇、内比都和潘切等欧亚城市黑臭水体分布位置、类型和面积数据集（2015 年、2020 年，空间分辨率 1～2 m）
			决策支持：	为我国与其他共建"一带一路"合作国家开展水生态环境保护与治理合作提供数据支撑
SDG 6.3.2 环境水质良好的水体比例	Tier I	全球大型湖泊水体透明度时空动态监测与评价	数据产品：	全球大型湖泊水体透明度遥感监测数据集（2010 年、2015 年、2020 年，空间分辨率 500 m）
			决策支持：	为全球湖泊水生态的保护与恢复工作提供基础数据和科学评估结果参考
SDG 6.3.2 环境水质良好的水体比例	Tier I	1985～2020 年非洲湖泊水体透明度变化	数据产品：	非洲湖泊水体透明度遥感产品（1985 年、1990 年、1995 年、2000 年、2005 年、2010 年、2015 年、2020 年，空间分辨率 30 m）
			决策支持：	为中国与非洲各个国家相关环境保护部门合作开展湖泊生态环境保护或治理提供数据支撑
SDG 6.4.1 按时间列出的用水效率变化	Tier I	全球农作物水分利用效率变化评估	方法模型：	全球尺度基于多源遥感数据并结合作物生长过程的农作物水分利用效率评估方法
			数据产品：	2001～2019 年全球农作物水分利用效率空间分布数据集（每年，空间分辨率 1 km）

续表

指标／具体目标	指标层级	案例	贡献
SDG 6.5.1 水资源综合管理实施程度（0～100）	Tier Ⅰ	澜湄国家水资源综合管理及水压力对比分析	决策支持：为中国了解澜湄国家开展水资源综合管理情况及开展相关领域合作提供科学依据
SDG 6.6.1 与水有关的生态系统范围随时间的变化	Tier Ⅰ	全球湿地保护优先区划分	数据产品：全球湿地保护优先区（2020 年，空间分辨率 1 km） 决策支持：为全球湿地保护区的确定提供数据支撑

案例分析

3.1　亚欧地区典型城市黑臭水体变化

对应目标

SDG 6.3 到2030年，在全球范围内减少污染、消除危险化学品和物质的倾倒并将其排放降到最低、将未经处理的废水比例减半以及大幅提高循环利用和安全再利用

案例背景

黑臭水体的研究可以追溯到20世纪30年代，从20世纪60年代开始国内外研究逐渐增多。城市黑臭水体是指城市建成区内呈现令人不悦的颜色和（或）散发令人不适气味的水体（住房和城乡建设部，2015）。随着城市化的快速发展，大量生活污水和工业废水被排放至城市河道中，河道中有机污染负荷增大且河流的自净能力不足，造成城市河流水质的日益恶化。

在黑臭水体排查和治理阶段，传统的监测方法费时费力，并且难以实现长时间大范围的连续监测。随着遥感技术的发展，其大范围的同步观测、连续、便捷的优势逐渐弥补了传统方法的劣势。利用卫星遥感可以筛查城市黑臭水体空间分布，并可以对黑臭水体的治理过程进行动态监测，以及对其治理成效进行评价。这对监管部门具有重要的意义。

SDG 6.3.2（环境水质良好的水体比例）这一指标，进一步表明当前面临的饮用水短缺问题形势比较严峻。应对饮用水短缺问题，治理黑臭水体，使其转变为清洁水体，保护有限的水资源，应增强国际合作，充分发挥中国遥感力量，为共建"一带一路"合作国家大范围监测黑臭水体提供技术力量。

本案例综合城市水量丰富程度和"高分"（GF）数据覆盖情况，选择亚欧地区5个国家的5个城市：波兰的华沙、埃及的开罗、巴基斯坦的卡拉奇、越南的潘切和缅甸的内比都作为研究区，基于2015年、2020年1～2 m空间分辨率的"高分"影像，利用遥感技术对城市河流进行识别，并进一步对黑臭水体信息进行提取。研究成果不仅有助于当地政府掌握黑臭水体的空间分布，进而进行有效的监管，对于促进中国技术在全球的推广及全球可持续发展也都具有重要意义。

所用地球大数据

◎ 研究范围：研究区矢量范围由可持续发展大数据国际研究中心提供。

◎ 数据使用情况：亚欧地区 5 个典型城市 2015 年和 2020 年共使用 79 景"高分"数据，其中 2015 年 41 景，2020 年 38 景（表 3.2）。"高分"数据源包括 GF-1、GF-1C、GF-1D、GF-2、GF-6，由于多源数据传感器相同，波段设置、光谱响应函数相似性很强，这里采用的预处理方式和黑臭水体模型是一致的。

表 3.2　各个城市"高分"系列数据使用情况表

城市	监测日期 （年 – 月 – 日）	"高分"（GF） 产品	产品序列号	空间分辨率 /m
开罗	2015-09-04	GF-2	1020931、1020930、 1021029、1021028	0.8
	2015-09-23	GF-1	1056379、1056274	2
	2020-09-02	GF-6	1120049541	2
	2020-09-30	GF-2	5100370、5100368、 5100358、5100393、 5100386	0.8
卡拉奇	2015-10-01	GF-2	1072960、1072959、 1072958	0.8
	2015-10-06	GF-2	1085789、1083137、 1083136、1083134	0.8
	2020-10-13	GF-1	5134850	2
	2020-10-22	GF-2	5159387、5159392、 5159386	0.8
	2020-10-27	GF-2	5229010	0.8
华沙	2015-03-24	GF-2	1086737、716655	0.8
	2015-08-04	GF-2	961207、1086095	0.8
	2020-04-05	GF-1C	102156602	2
内比都	2015-04-13	GF-1	745851、745850	2
	2015-05-05	GF-2	789383、789382	0.8
	2020-12-09	GF-2	5297100	0.8
	2020-10-11	GF-2	5128994、5128995	0.8

续表

城市	监测日期 （年 – 月 – 日）	"高分"（GF） 产品	产品序列号	空间分辨率 /m
	2015-01-27	GF-1	617399	2
潘切	2015-10-07	GF-2	1084858、1084413	0.8
	2020-02-13	GF-1D	125669931、125669933	2

方法介绍

典型城市黑臭水体识别的技术路线图见图 3.1。

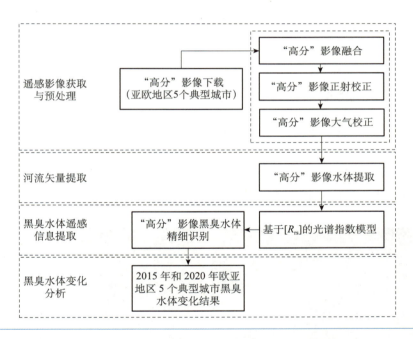

图 3.1　典型城市黑臭水体识别的技术路线图

1."高分"数据预处理

对"高分"系列（GF-1、GF-1C、GF-1D、GF-2、GF-6）图像预处理过程包括融合、正射校正、大气校正等步骤。其中，融合主要是对全色和多光谱影像进行融合（所使用的软件融合处理模块从配准和融合两方面着手，可以保证融合前后光谱形状和数值基本不变）；正射校正可以保证几何绝对定位精度和影像之间相对定位精度；大气校正以城市中不变地物（包括亮目标和暗目标）进行相对辐射归一化，计算输出遥感反射率（remote sensing reflectance，表示为 R_{rs}，单位为 sr^{-1}，是指刚好在水表面以上的离水辐亮度与下行辐照度的比值）（图 3.2）。

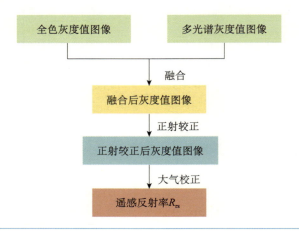

图 3.2　"高分"系列数据预处理流程

2. 城市河流识别提取

由于黑臭水体一般以面状的形式存在，所以本案例选择以河流中心线的水质情况来代替河面的水质是合理的。根据大气校正后的"高分"影像，目视判别并人工勾画河流中心线矢量。河流中心线提取方法不仅能有效避开阴影、水华、水草、桥梁、太阳耀光等可能被误判为黑臭水体的干扰因子，还能极大地提高工作效率（图 3.3）。

图 3.3　水体中心线

注：图中绿色线条为水体中心线，水面发白区域是太阳耀光

3. 黑臭水体遥感信息提取

利用在绿光波段到红光波段之间，一般水体的遥感反射率变化较快而黑臭水体变化不明显（图 3.4）这一光谱特征差别，选择绿光波段与红光波段的反射率差值作为分子，采用可见光三个波段作为分母，提出了一种改进后的归一化比值模型——黑臭水体指数（black and odorous water index，BOI）：

$$\mathrm{BOI} = \frac{R_{\mathrm{rs(Green)}} - R_{\mathrm{rs(Red)}}}{R_{\mathrm{rs(Blue)}} + R_{\mathrm{rs(Green)}} + R_{\mathrm{rs(Red)}}} \leqslant T$$

其中，$R_{\mathrm{rs（Blue）}}$ 为蓝光波段的遥感反射率，$R_{\mathrm{rs（Green）}}$ 为绿光波段的遥感反射率，$R_{\mathrm{rs（Red）}}$ 为红光波段的遥感反射率，T 为阈值。

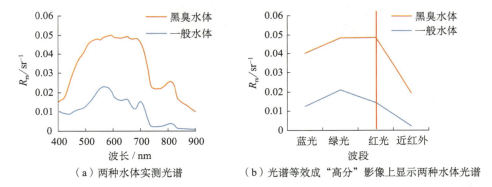

（a）两种水体实测光谱   （b）光谱等效成"高分"影像上显示两种水体光谱

图 3.4　黑臭水体和一般水体的 R_{rs} 光谱对比

注：（b）图中的红线之间的差异即为两者不同

在阈值选取中，华沙、开罗、卡拉奇、潘切和内比都的 BOI 阈值数值小于或等于 0.05，用 BIO 提取的内比都的部分黑臭水体如图 3.5 所示。

图 3.5　BOI 提取的内比都的部分黑臭水体分布图

　　为了证明该方法的准确性，本案例研究采用谷歌地球（Google Earth）查看 BOI 提取的黑臭水体是否正确。通过查看谷歌地球影像的水体颜色是否异常，与 BOI 提取的黑臭水体进行对比，发现 BOI 提取的结果与影像上的水体颜色异常结果大多数比较一致。对比结果如图 3.6 所示。

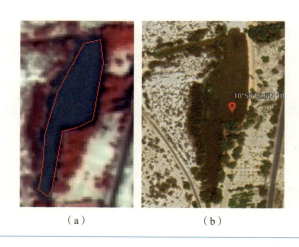

（a）　　　　　　　　　（b）

图 3.6　"高分"影像 BOI 识别的 2020 年潘切黑臭水体图（a）
和 2020 年潘切谷歌地球影像水体颜色图（b）对比

结果与分析

　　2015 年和 2020 年亚欧地区 5 个典型城市黑臭水体分布位置、类型和面积结果表分别见图 3.7、图 3.8、表 3.3、表 3.4。可以看出：①华沙，2015 年和 2020 年均未识别出黑臭水体；②开罗，将 2015 年识别出的 3 处黑臭水体（总面积 10 800 m^2）和 2020 年识别出的 7 处黑臭水体（总面积 25 100 m^2）进行对比，可以发现 2015 年的 14 号黑臭水体和 2020 年的 8 号黑臭水体是同一个坑塘，整体来看异常水体面积增大；③卡拉奇，2015 年识别出 12 处黑臭水体（总面积 99 400 m^2），2020 年识别出 3 处黑臭水体（总面积 9000 m^2），将二者进行对比，发现异常水体面积和数量减少；④内比都，2015 年识别出 12 处黑臭水体（总面积 14 500 m^2），2020 年识别出 8 处黑臭水体（总面积 24 500 m^2），对比发现 2020 年识别出的黑臭水体全为新增，总体异常水体面积增大；⑤潘切，2015 年共识别出 4 处黑臭水体（总面积 37 000 m^2），2020 年识别出 5 处黑臭水体（总面积 51 000 m^2），将两年进行对比，发现 2015 年的 28 号、29 号、31 号黑臭水体分别和 2020 年的 19 号、20 号、21 号黑臭水体是同一个坑塘，总体异常水体面积有所增加。以上识别出的水体类型均为坑塘水体，因此具体坑塘名称无法明确给出。

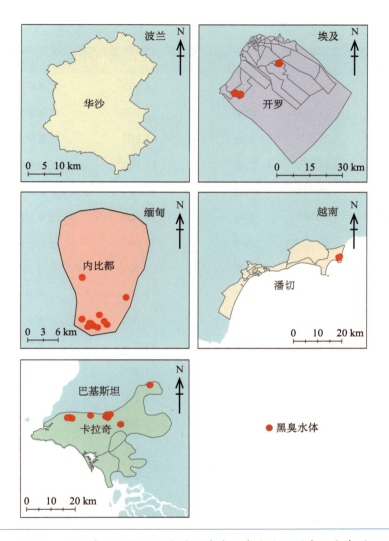

图 3.7　2015 年亚欧地区 5 个典型城市黑臭水体识别空间分布图

表 3.3　2015 年亚欧地区 5 个典型城市黑臭水体识别情况统计表

序号	经度	纬度	类型	黑臭水体面积 /m²	所在国家	所在城市
1	67.080°	25.234°	坑塘	2 300	巴基斯坦	卡拉奇
2	66.960°	25.051°	坑塘	3 200	巴基斯坦	卡拉奇
3	66.954°	25.046°	坑塘	10 700	巴基斯坦	卡拉奇
4	66.946°	25.044°	坑塘	1 300	巴基斯坦	卡拉奇
5	66.946°	25.039°	坑塘	700	巴基斯坦	卡拉奇

续表

序号	经度	纬度	类型	黑臭水体面积 /m²	所在国家	所在城市
6	66.944°	25.034°	坑塘	4 500	巴基斯坦	卡拉奇
7	66.955°	25.034°	坑塘	3 100	巴基斯坦	卡拉奇
8	66.876°	25.015°	坑塘	1 200	巴基斯坦	卡拉奇
9	66.800°	24.974°	坑塘	17 600	巴基斯坦	卡拉奇
10	66.788°	24.973°	坑塘	22 700	巴基斯坦	卡拉奇
11	66.780°	24.969°	坑塘	10 500	巴基斯坦	卡拉奇
12	67.023°	25.026°	坑塘	21 600	巴基斯坦	卡拉奇
13	31.438°	30.061°	坑塘	1 300	埃及	开罗
14	31.400°	29.818°	坑塘	9 000	埃及	开罗
15	31.373°	29.806°	坑塘	500	埃及	开罗
16	96.072°	19.701°	坑塘	1 200	缅甸	内比都
17	96.077°	19.652°	坑塘	1 800	缅甸	内比都
18	96.085°	19.643°	坑塘	1 200	缅甸	内比都
19	96.086°	19.647°	坑塘	1 300	缅甸	内比都
20	96.087°	19.648°	坑塘	800	缅甸	内比都
21	96.088°	19.647°	坑塘	1 200	缅甸	内比都
22	96.090°	19.645°	坑塘	1 200	缅甸	内比都
23	96.096°	19.643°	坑塘	1 000	缅甸	内比都
24	96.106°	19.647°	坑塘	1 400	缅甸	内比都
25	96.103°	19.651°	坑塘	2 000	缅甸	内比都
26	96.126°	19.682°	坑塘	900	缅甸	内比都
27	96.097°	19.658°	坑塘	500	缅甸	内比都
28	108.337°	10.971°	坑塘	12 000	越南	潘切
29	108.336°	10.968°	坑塘	15 000	越南	潘切
30	108.333°	10.967°	坑塘	9 000	越南	潘切
31	108.331°	10.97°	坑塘	1 000	越南	潘切

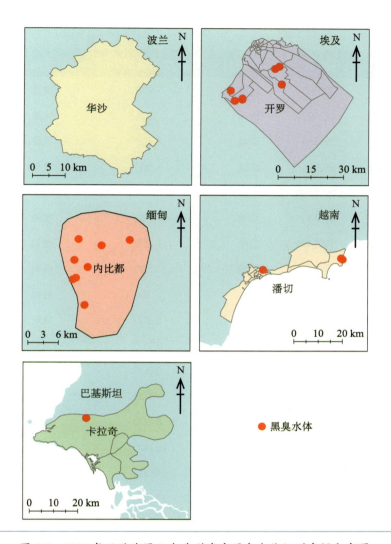

图 3.8 2020 年亚欧地区 5 个典型城市黑臭水体识别空间分布图

表 3.4 2020 年亚欧地区 5 个典型城市黑臭水体识别情况统计表

序号	经度	纬度	类型	黑臭水体面积 /m²	所在国家	所在城市
1	67.025°	25.123°	坑塘	1 000	巴基斯坦	卡拉奇
2	66.849°	25.001°	坑塘	3 000	巴基斯坦	卡拉奇
3	66.795°	24.977°	坑塘	5 000	巴基斯坦	卡拉奇
4	31.428°	30.058°	坑塘	900	埃及	开罗
5	31.419°	30.036°	坑塘	400	埃及	开罗

续表

序号	经度	纬度	类型	黑臭水体面积 /m²	所在国家	所在城市
6	31.509°	30.000°	坑塘	900	埃及	开罗
7	31.319°	29.809°	坑塘	300	埃及	开罗
8	31.400°	29.818°	坑塘	7 400	埃及	开罗
9	31.402°	29.815°	坑塘	9 600	埃及	开罗
10	31.377°	29.786°	坑塘	5 600	埃及	开罗
11	96.122°	19.753°	坑塘	1 700	缅甸	内比都
12	96.090°	19.744°	坑塘	1 500	缅甸	内比都
13	96.063°	19.748°	坑塘	500	缅甸	内比都
14	96.058°	19.724°	坑塘	1 100	缅甸	内比都
15	96.076°	19.717°	坑塘	5 300	缅甸	内比都
16	96.060°	19.702°	坑塘	5 200	缅甸	内比都
17	96.063°	19.703°	坑塘	8 300	缅甸	内比都
18	96.076°	19.672°	坑塘	900	缅甸	内比都
19	108.337°	10.971°	坑塘	8 000	越南	潘切
20	108.336°	10.968°	坑塘	10 000	越南	潘切
21	108.331°	10.970°	坑塘	4 000	越南	潘切
22	108.331°	10.974°	坑塘	27 000	越南	潘切
23	108.118°	10.947°	坑塘	2 000	越南	潘切

成果亮点

- 在城市黑臭水体遥感识别研究中，利用了在绿光波段到红光波段之间，一般水体遥感反射率变化较快而黑臭水体遥感反射率变化不明显的光谱特征差别，提出了一种改进后的归一化比值模型——黑臭水体指数。

- 根据城市水量丰富程度和"高分"数据覆盖情况，选择亚欧地区的 5 个城市——华沙、开罗、卡拉奇、潘切和内比都作为典型城市。提取 2015 年和 2020 年城市黑臭水体遥感信息，并对比黑臭水体变化。为共建"一带一路"合作国家城市黑臭水体监测和可持续发展提供方法参考。

讨论与展望

　　本案例研究了亚欧地区 5 个典型城市黑臭水体时空分布情况，通过对这 5 个典型城市进行黑臭水体监测，获取各个城市的黑臭水体分布，为城市黑臭水体治理溯源提供便利，为城市环境保护提供有力的技术支撑。

　　由于"高分"数据为国产高分辨率卫星数据，因此中国范围内的"高分"数据较多。由于需要一定的数据需求才能获取国外地区的"高分"数据，因此国外的"高分"数据量不足，导致部分监测区域面积较小，存在一定的不足。未来，将继续收集相关数据并完成其他年份的黑臭水体遥感监测，以及对其他的水质参数进行定量计算，并进一步扩大研究区域获取其他典型城市的遥感监测结果，完成 SDG 6.3 指标的可持续发展综合评估，最终实现对共建"一带一路"合作国家和地区的 SDG 6 实现的动态评估。

3.2　全球大型湖泊水体透明度时空动态监测与评价

对应目标

SDG 6.3　到2030年，在全球范围内减少污染、消除危险化学品和物质的倾倒并将其排放降到最低、将未经处理的废水比例减半以及大幅提高循环利用和安全再利用

案例背景

　　湖泊和水库水体为人类社会发展提供了重要的水资源、渔业资源、娱乐活动场所以及生态价值，在人类生存发展中发挥着重要作用（Woolway and Merchant, 2019）。过去的 100 年中，在土地利用和气候变化因素驱动下，全球范围内的大型湖泊环境发生了迅速的变化，水体出现了富营养化、水华暴发、透明度下降，以及水资源和食物供应能力下降等一系列问题（Shi et al., 2018）。水体透明度，通常用塞氏盘深度（Secchi-Disk depth）方法测量，是指示水体清澈程度的综合水质参数，也是衡量湖泊营养状态和初级生产力的重要指标，因此透明度是环境保护部门最关注的水质参数之一（Lee et al., 2015）。对湖泊水体透明度持续有效的监测，对水资源的科学管理与保护具有重要意义，对人类社会的可持续发展至关重要（Palmer et al., 2015）。

　　在联合国 2015 年提出的 SDGs 中，SDG 6.3.2 的定义为"每个国家的环境水质良好的地表水体占地表水体总数的比例"。但是，能够监测到连续常规水质监测的水体只占全球地表水体总量的很小一部分，传统的野外站点监测手段不能满足大范围地表水体水质监测的需求。随着新一代卫星遥感数据空间分辨率、光谱分辨率的提高以及重返周期的缩短，卫星遥感数据将成为最重要且低成本的大范围地表水质监测数据来源。本案例依托地球观测大数据技术，以水体透明度作为湖泊水质监测的指标，基于卫星遥感分析 2010 年、2015 年和 2020 年面积大于 25 km^2 的全球大型湖泊透明度时空变化趋势，为全球实现 SDG 6.3.2 提供全新的全球大型湖泊水体透明度遥感监测数据集。

所用地球大数据

◎ 卫星遥感数据：2010 年、2015 年和 2020 年全球范围的 500 m 空间分辨率的 MODIS Terra 数据。

◎ 水体实测数据：中国湖泊水体实测透明度数据集（Wang et al., 2020）、国家地球系统科学数据中心和中国湖泊科学数据库中的实测透明度数据集、欧洲多湖调查（European Multi Lake Survey，EMLS）共享数据集，以及美国 AquaSat 共享数据集。

◎ 基础地理信息：全球海岸带矢量数据。

方法介绍

本案例以 MODIS 地表反射率产品为主要数据源，首先，利用二次大气校正计算水体离水反射率，利用自动双峰谷值法对湖泊水体进行掩膜提取（Zhang et al., 2018）；其次，构建基于 RGB（红光、绿光、蓝光）三波段的水体颜色参量计算方法提取水体颜色指数和色度角；再通过分析水体颜色参量与透明度之间的相关关系，构建了基于水体颜色指数和色度角的湖泊水体透明度反演模型（Wang et al., 2020），并收集全球典型湖泊水体实测数据集对透明度反演模型进行验证与标定，经检验，透明度反演模型精度约为 70%；基于 MODIS 生产全球面积大于 25 km^2 的大型湖泊水体的 2010 年、2015 年和 2020 年透明度产品；在此基础上通过阈值分级法判断水质等级（Stephens et al., 2015），分析了全球大型湖泊水体透明度变化趋势。

利用透明度阈值分级法，将水体透明度（Z_{SD}，单位为 m）分为六个等级：Ⅰ级水体：$Z_{SD} > 4$ m；Ⅱ级水体：2 m $< Z_{SD} \leq 4$ m；Ⅲ级水体：1 m $< Z_{SD} \leq 2$ m；Ⅳ级水体：0.5 m $< Z_{SD} \leq 1$ m；Ⅴ级水体：0.25 m $< Z_{SD} \leq 0.5$ m；Ⅵ级水体：$Z_{SD} \leq 0.25$ m。其中，Ⅰ级和Ⅱ级为高度清澈，Ⅲ级和Ⅳ级为一般清澈、Ⅴ级和Ⅵ级为浑浊水体，Ⅰ级、Ⅱ级、Ⅲ级和Ⅳ级合称为清澈程度良好水体。

本案例整体方法流程如图 3.9 所示。

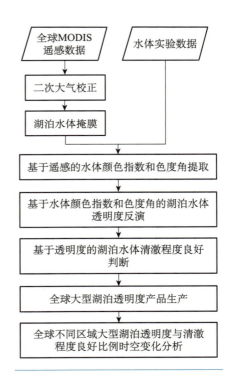

图 3.9　全球大型湖泊透明度时空变化动态监测方法流程图

结果与分析

2010 年、2015 年和 2020 年全球大型湖泊夏季水体平均透明度如图 3.10 所示。经对比分析，2010 年、2015 年和 2020 年全球大型湖泊水体透明度空间格局无显著差异。按照大洲（南极洲除外）对水体透明度进行统计，得到六大洲大型湖泊水体平均透明度、清澈程度良好水体比例如图 3.11 所示。对六大洲水体透明度分析得到：①亚洲，高度清澈水体主要分布在中部（尤其是青藏高原）和东南部部分地区，一般清澈水体分布范围较为广泛，浑浊水体主要分布在东部和西南部；清澈程度良好水体数量和面积比例分别为 80% 和 96%。②欧洲，高度清澈水体主要分布在欧洲北部，清澈程度良好水体数量和面积比例分别为 90% 和 95%。③非洲，清澈程度良好水体主要分布在东南部，浑浊水体主要分布在北部和撒哈拉沙漠以南地区的中部；清澈水体数量和面积比例分别为 60% 和 85%。④北美洲，高度清澈水体主要分布在北部，一般清澈水体主要分布在中部，浑浊水体主要位于南部；清澈水体数量和面积比例分别为 80% 和 97%。⑤南美洲，高度清澈水体主要分布在南端的巴塔哥尼亚高原以及亚马孙河流域上游地区，一般清澈水体主要分布在中部，浑浊水体主要分布在东南部；清澈程度良好水体数量和面积比例均为 65%。⑥大洋洲，高度清澈水体主要分布在东南部的新西兰及附近岛屿，一般清澈水体主要分布在大陆沿岸；清澈程度良好水体数量和面积比例分别为 60% 和 80%。全球大型湖泊水体透明度空间分布格局与全球大型湖泊富营养化空间分布格局相关研究结果基本一致（Wang et al., 2018）。地势较低、水深较浅且受人类活动影响较大的湖泊一般比较浑浊；地势较高、水深较深、受人类活动影响较小的湖泊一般较为清澈。

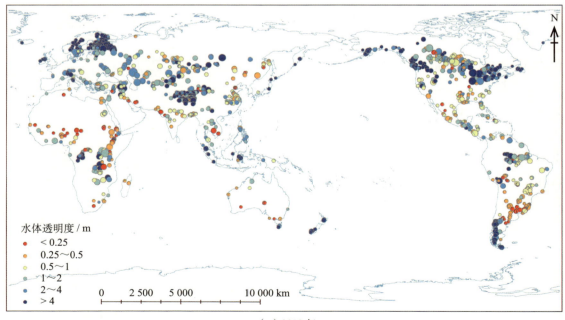

（a）2010 年

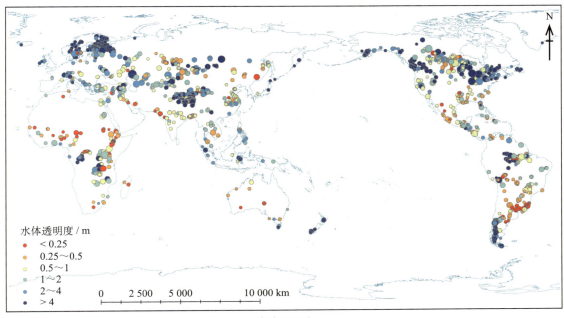

水体透明度 / m
- < 0.25
- 0.25~0.5
- 0.5~1
- 1~2
- 2~4
- > 4

0 2 500 5 000 10 000 km

（b）2015 年

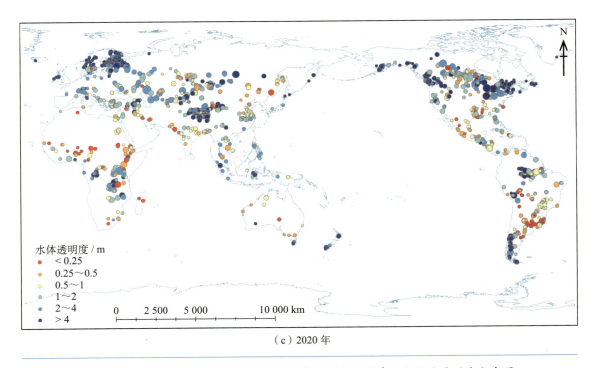

水体透明度 / m
- < 0.25
- 0.25~0.5
- 0.5~1
- 1~2
- 2~4
- > 4

0 2 500 5 000 10 000 km

（c）2020 年

图 3.10 2010 年、2015 年和 2020 年全球大型湖泊夏季水体平均透明度分布图

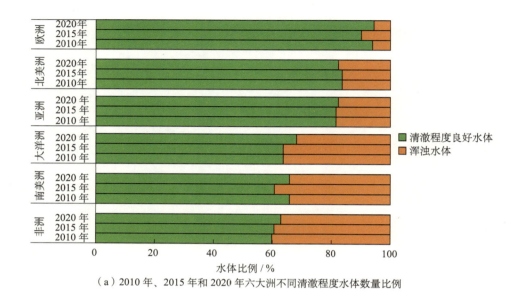

（a）2010 年、2015 年和 2020 年六大洲不同清澈程度水体数量比例

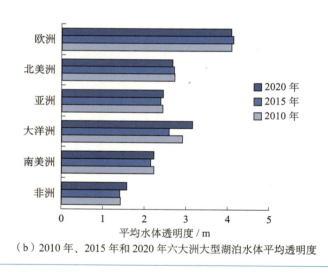

（b）2010 年、2015 年和 2020 年六大洲大型湖泊水体平均透明度

图 3.11　2010 年、2015 年和 2020 年六大洲不同清澈程度水体数量比例及大型湖泊水体平均透明度

2010～2020 年全球大型湖泊夏季水体平均透明度年变化率如图 3.12 所示，分析近 10 年全球大型湖泊水体透明度随时间的变化得出：① 2010～2020 年全球大型湖泊水体透明度总体呈波动上升趋势，全球 1257 个大型湖泊中有 51.1% 的水体透明度上升，在 6 个大洲中非洲水体透明度上升最为明显；②近 10 年全球大型湖泊水体透明度上升明显的区域包括亚洲中部和东部、欧洲北部、非洲中南部、北美洲北部以及南美洲中部和南部；③近 10 年全球大型湖泊水体透明度下降明显的区域在全球分布较分散。

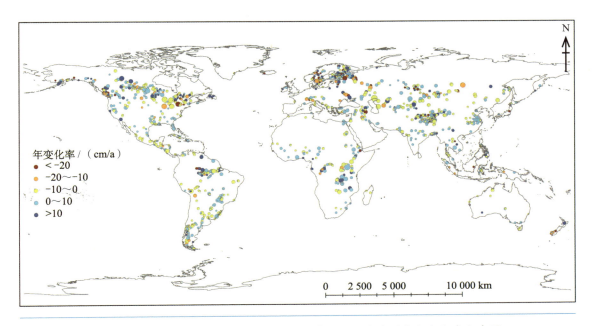

图 3.12　2010～2020 年全球大型湖泊夏季水体平均透明度年变化率分布图

成果亮点

- 发展并验证了基于卫星遥感的全球湖泊水体透明度反演模型，在此基础上针对 SDG 6.3.2 提供全球湖泊水体清澈程度良好比例信息。

- 首次生产了 2010 年、2015 年和 2020 年全球大型湖泊水体透明度空间分布产品。

- 证实 2010～2020 年全球大型湖泊水体透明度总体呈微弱上升趋势。

讨论与展望

　　本案例采用基于水体颜色参量的湖泊水体透明度反演方法，以卫星遥感数据为主要数据源，以国内外地面实测数据为辅助数据，进行全球大型湖泊水体透明度模型构建和验证，利用透明度指示湖泊水体清澈程度良好情况，以实现全球范围的 SDG 6.3.2 指标监测。以大洲为单位进行分析，指出了不同大洲湖泊水体透明度和清澈程度良好水体比例的差异，以及相对 2015 年基准年的水质变化情况；为实现 SDG 改善水质的目标提供了重要的信息和决策支持。

目前，通过遥感手段监测的湖泊水体水质参数主要仍为光学水质参数，如本案例中的湖泊水体透明度监测。未来工作中，将进一步探索建立光学水质参数与 SDG 6.3.2 中生物化学指标的水质参数之间的联系，使湖泊水体水质遥感监测与 SDG 6.3.2 指标能够进一步紧密结合。在提高数据处理效率的基础上，达到大范围长时序连续动态监测，进一步完善面向 SDG 6.3.2 指标的湖泊水体水质监测，为各级环境监测和管理部门以及公众提供多尺度水质信息和决策支撑。

3.3　1985～2020 年非洲湖泊水体透明度变化

对应目标

SDG 6.3 到2030年，通过以下方式改善水质：减少污染，消除倾倒废物现象，把危险化学品和材料的排放减少到最低限度，将未经处理废水比例减半，大幅增加全球废物回收和安全再利用

案例背景

　　湖泊是地球上最重要的淡水资源之一，具有水产、灌溉、调蓄、旅游和生态平衡等多种功能，其水质状况直接关系到人类的生存与社会的发展。联合国 SDGs 中指标 SDG 6.3.2 定义为"环境水质良好的水体比例"，该指标重点关注各类水体水质状况，是 SDG 6（为所有人提供水和环境卫生并对其进行可持续管理）的 11 个具体指标之一。受气候变化和人类活动影响，非洲许多湖泊水质不断恶化，制约着非洲社会经济的健康发展。水体透明度反映了水体的清澈程度，是能够直观反映水质的指标。与其他几个大洲相比，非洲经济社会发展较为落后，湖泊水质评估受限于其有限的野外监测能力。与传统的船载或原位平台等野外测量方式相比，卫星遥感宏观、大尺度、花费少、可追溯的优点在监测非洲湖泊水体透明度方面具有不可替代的作用。

　　本案例将 R_{BRG} 模型（Song et al., 2022）应用于非洲长时间序列 Landsat 影像上，实现了 30 m 分辨率非洲湖泊水体透明度遥感反演制图，生产了第一个非洲 1985～2020 年基准年（1985 年、1990 年、1995 年、2000 年、2005 年、2010 年、2015 年、2020 年）30 m 空间分辨率的湖泊水体透明度遥感产品。基于透明度反演结果，对非洲湖泊富营养化状态进行了评估，生成了非洲"富营养化严重湖泊"清单。

所用地球大数据

◎ GEMStat 共享实测透明度数据集。

◎ 文献 Meta 分析透明度数据集。

◎ 1985～2020 年基准年（1985 年、1990 年、1995 年、2000 年、2005 年、2010 年、2015 年、2020 年）Landsat-5、Landsat-7、Landsat-8 影像。

方法介绍

本案例构建了基于谷歌云主机与谷歌地球引擎遥感大数据云平台结合的影像处理系统，用于进行非洲长时间序列 Landsat 影像的处理。针对每一个基准年每一个 Landsat 行列号，首先进行影像云量的评估，仅保留云量小于 60% 的影像。对于保留的影像，根据太阳高度角、方位角以及全球 60 m 空间分辨率高程数据基于 Hill Shadow 算法进行山体阴影的掩膜，根据 Fmask 算法进行云覆盖、云阴影以及冰雪覆盖掩膜，得到不受二者影响的 Landsat 天顶反射率产品。

Ludwig 等（2019）的研究结果表明，单独使用归一化水体指数（NDWI）和改进型归一化水体指数（MNDWI）进行水体分布的提取都存在大量的漏提和误提等现象，而通过取 NDWI 和 MNDWI 的平均值可以规避这两个指数的缺点，有效提取水体分布信息。通过对比发现，当 NDWI 和 MNDWI 的平均值大于 0.15 时可以提取非洲湖泊水体分布区域，而不容易混淆湿土等信息。本案例采用该方法得到了非洲湖泊水体边界每年的结果。

本案例使用可以服务于全球尺度湖泊透明度反演的 R_{BRG} 模型（Song et al., 2022）用于非洲湖泊水体透明度的估算，R_{BRG} 模型应用于 Landsat-5、Landsat-7 和 Landsat-8 时，计算公式分别为

$$\text{Landsat-5: } \mathrm{Ln}\,(SDD) = -3.22 \times R_{(Red)}/R_{(Blue)} + 2.63 \times R_{(Red)}/R_{(Green)} + 3.26$$

$$\text{Landsat-7: } \mathrm{Ln}\,(SDD) = -2.35 \times R_{(Red)}/R_{(Blue)} + 2.99 \times R_{(Red)}/R_{(Green)} + 2.26$$

$$\text{Landsat-8: } \mathrm{Ln}\,(SDD) = -2.27 \times R_{(Red)}/R_{(Blue)} + 3.50 \times R_{(Red)}/R_{(Green)} + 1.52$$

式中，$R_{(Blue)}$、$R_{(Green)}$、$R_{(Red)}$ 分别为 Landsat 蓝光波段、绿光波段和红光波段天顶反射率数据。通过上式可得到 Landsat 单景水体透明度反演结果。对单景反演结果进行进一步的检查，去除受耀斑、光学浅水区域、薄云、冰雪影响的像元，保留不受其影响的水体透明度反演结果。将一年内所有单景水体透明度反演结果取平均值，得到湖泊年平均水体透明度。根据遥感监测结果和应用需求，对水体透明度年平均结果按照栅格格式进行输出。

在非洲大陆范围内通过实际采样测量和文献检索获取了湖泊实测水体透明度数据。以实地采样和卫星过境时间小于等于 14 天为时间窗口，构建了 Landsat（包括 Landsat-5、Landsat-7 和 Landsat-8）"天顶反射率–实测水体透明度"星地匹配数据集，共有 220 个样点。R_{BRG} 模型在非洲大陆取得了较好的估算精度，估算值与实测值较为均匀地分布在 1∶1 线两侧，平均相对误差（MAPE）为 33.60%，集合均方根误差（RMSE）为 0.99 m，决定系数（R^2）为 0.79（图 3.13）。

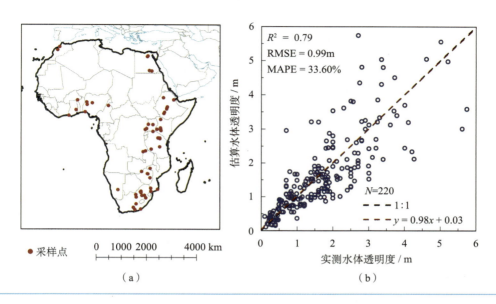

图 3.13　非洲湖泊水体透明度星地匹配数据空间分布（a）以及水体透明度估算精度验证结果与分析（b）

结果与分析

　　非洲湖泊 1985～2020 年基准年年平均水体透明度为 0.46～0.77 m。非洲中部地区、非洲南部地区、马达加斯加岛东部地区，以及非洲北部沿海地区分布着许多水体透明度相对较高（＞1 m）的湖泊（如坦噶尼喀湖、马拉维湖和维多利亚湖等），这些湖泊大部分为深水湖泊。其他地区大部分湖泊水体透明度低于 1 m。从时间变化趋势来看，1985～2020 年非洲湖泊水体透明度年平均值呈显著上升的趋势（$y = 0.03x - 65.41$，$R^2 = 0.60$，$p < 0.01$），约每年增加 3 cm，表明近 35 年来，非洲湖泊水质状况在逐步改善。从湖泊类型来看，1985～2020 年非洲大型湖泊（湖泊面积＞100 km^2）水体透明度变化不明显，部分中小湖泊有增加的趋势（图 3.14～图 3.16）。

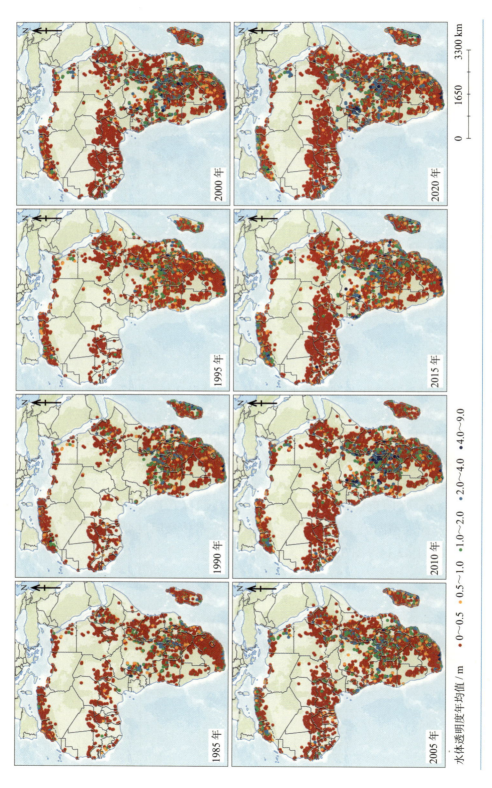

图 3.14 非洲不同基准年湖泊水体透明度年平均值（点状矢量）

水体透明度年均值 / m ● 0~0.5 ● 0.5~1.0 ● 1.0~2.0 ● 2.0~4.0 ● 4.0~9.0

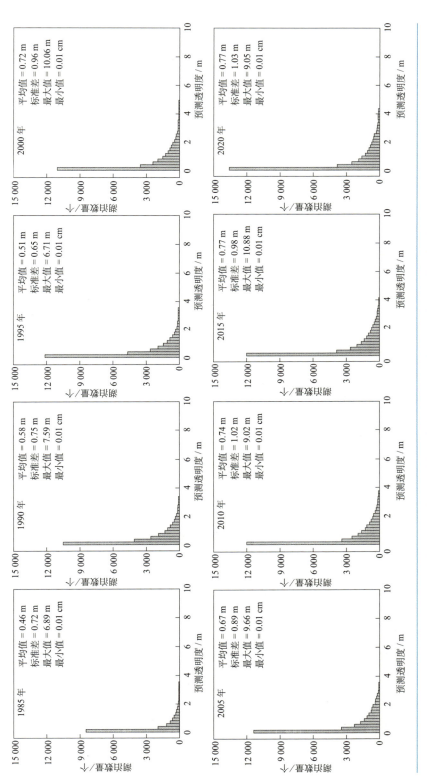

图 3.15　非洲不同基准年湖泊水体透明度年平均值频率分布图

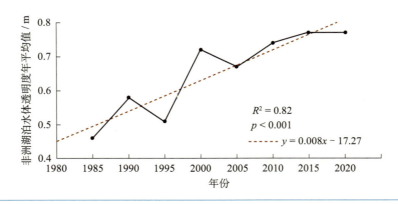

图 3.16　非洲湖泊水体透明度年平均值变化趋势

基于卡尔森（Carlson）指数将 2020 年湖泊水体透明度年平均值转为营养状态指数（TSI_{SDD}）来评估非洲湖泊水体营养状态现状：

$$TSI_{SDD} = 10 \times (5.118 - 1.94 \times \ln(SDD))$$

虽然非洲湖泊水体透明度总体呈显著增加的趋势，但是 2020 年非洲仍然有 72.17% 的湖泊处于富营养化状态（$TSI_{SDD} > 50$）。在这些富营养化湖泊中，79.80% 的富营养化湖泊处于重度富营养状态（$TSI_{SDD} > 70$）。非洲仅有 27.83% 的湖泊处于贫营养或中营养状态，湖泊富营养化问题仍然非常严重。湖泊富营养化的常见表现为蓝藻水华的频繁发生。蓝藻水华发生时会释放大量的藻毒素进入水体。居民或野生动物接触或饮用了含有高浓度藻毒素的湖水则会对其健康产生影响。本案例基于自适应归一化蓝藻水华指数（AFAI）（Fang et al., 2018）对 2020 年非洲湖泊是否发生蓝藻水华进行了遥感判别。AFAI 中 $R_{rc(Red)}$，$R_{rc(NIR)}$，$R_{rc(SWIR)}$ 分别为红光波段、近红外波段以及短波红外波段去瑞利散射反射率，当水体像元 AFAI > 0 时，则判断该像元发生了水华。

$$AFAI = R_{rc(NIR)} - R_{rc(Red)} + (R_{rc(SWIR)} - R_{rc(Red)}) \times 0.5$$

假如湖泊为重度富营养化湖泊（$TSI_{SDD} > 70$）或发生过蓝藻水华，则将其定义为"富营养化严重湖泊"，从而生成了非洲"富营养化严重湖泊"清单（表 3.5）。该清单中包含了富营养化严重湖泊的名称、经纬度坐标等信息，可以为中国与非洲各个国家相关环境保护部门合作开展"富营养化严重湖泊"保护或治理提供依据和参考。

表 3.5 非洲富营养化严重湖泊清单

湖泊名称	纬度	经度	国家	卡尔森指数	是否发生藻华
Boteti	−21.228300	24.859300	博茨瓦纳	206.73	是
Gnagna	12.617600	−0.126634	布基纳法索	198.80	是
Lac de Sian	13.101300	−1.208420	布基纳法索	198.36	是
Kadiogo	12.129200	−1.323610	布基纳法索	180.29	是
Sanmatenga	13.067800	−0.984088	布基纳法索	178.90	是
Seno	13.950800	0.292395	布基纳法索	170.12	是
Gourma	12.186700	0.323407	布基纳法索	168.55	是
Lake Dadin Kowa	10.537700	11.500200	尼日利亚	167.16	是
Aberdeen Plain	−32.546700	24.712100	南非	166.36	是
Unilorin lake	8.461530	4.669670	尼日利亚	163.55	是
Kaya	13.095100	−1.070480	布基纳法索	162.62	是
Sanmatenga	12.836600	−1.027080	布基纳法索	161.33	是
Victoria West	−31.406200	23.097000	南非	159.13	是
Lake Dem	13.199900	−1.143950	布基纳法索	157.90	是
Sokoto	13.534300	5.929790	尼日利亚	153.04	是
Kadiogo	12.303500	−1.331260	布基纳法索	152.32	是
Guma Lake	8.365930	−13.203800	塞拉利昂	151.29	是
Tera	14.022900	0.729371	尼日尔	147.43	是
Namentenga	12.625800	−0.275947	布基纳法索	143.99	是
Chad	13.077083	14.527083	乍得	＜70	否
Tanganyika	−5.91118	29.185417	刚果民主共和国	＜70	否
Malawi	−14.417702	35.236458	马拉维	＜70	否
Kivu	−2.48862	28.892849	卢旺达	＜70	否
Mai-Ndombe	−2.715432	18.177779	刚果民主共和国	＜70	否
Bangweulu	−11.430955	29.8145	赞比亚	＜70	否
Chilwa	−15.297917	35.714583	马拉维	＜70	否
Ntwetwe Pan	−20.938467	25.633917	博茨瓦纳	＜70	否
Sua Pan	−20.939583	25.952083	博茨瓦纳	＜70	否
Great Bitter	30.413404	32.363542	埃及	＜70	否

成果亮点

- 生成了首个非洲 30 m 分辨率的湖泊水体透明度状况"一张图"。

- 厘清了 1985～2020 年非洲湖泊水体透明度变化情况。

- 基于遥感技术对非洲湖泊水环境质量进行了评价，生成了非洲富营养化严重湖泊清单。

讨论与展望

　　水体透明度是描述水体光学特性的基本参数之一，能直观反映水体清澈和浑浊程度，是评价水体富营养化、衡量水质优劣的一个重要指标。本案例将具有全球普适性的 R_{BRG} 模型应用于非洲长时间序列 Landsat 影像上，实现了 30 m 分辨率非洲湖泊水体透明度遥感反演制图，生产了非洲第一个 1985～2020 年基准年湖泊透明度产品。非洲湖泊水体透明度总体呈显著增加的趋势，意味着湖泊水质状况具有改善的趋势。但是非洲仍然有 72.17% 的湖泊处于富营养化状态，非洲湖泊的水质安全仍然面临很大的挑战。与其他几个大洲相比，非洲经济社会发展较为落后，湖泊水质评估受限于其有限的野外监测能力。基于遥感技术进行非洲湖泊水质监测具有重要的研究意义和应用价值，但是由于 Landsat 时间分辨率较低，基于 Landsat 往往仅能实现年际尺度湖泊水质评估。在以后的研究中，需采用更高时间分辨率的遥感数据，实现季度、月、旬尺度的湖泊水质监测，更好地服务于非洲湖泊的水质评估、预警工作。

3.4 全球农作物水分利用效率变化评估

对应目标

SDG 6.4 到2030年，所有行业大幅提高用水效率，确保可持续取用和供应淡水，以解决缺水问题，大幅减少缺水人数

案例背景

SDG 6.4 的二级指标 SDG 6.4.1 提出"按时间列出的用水效率变化"，旨在衡量各个国家水资源利用效率的变化，助力解决 SDG 6.4 的经济活动部分所面临的问题。该指标涵盖农业、工业、服务业等行业的用水效率，其中，农业用水量大，耗水量高（消耗于蒸散发），仅节约一小部分便可显著缓解其他行业的缺水压力，因此，提高农业用水效率是实现水资源可持续开发利用的一项重要措施。

常用农业用水效率评价指标之一是农作物水分利用效率（water use efficiency，WUE），指单位水量所生产的生物量，能够从产出方面反映水的利用效率。基于多源遥感等地球大数据结合模型获取全球农业区的农作物水分利用效率时间序列，可以为农业用水效率及其时间序列变化评估提供空间数据支持，其时空覆盖范围、时效性及更新频率优于基于统计数据的评估方法。本案例为弥补当前评估农业用水效率数据不足问题，研究替代指标用于评价全球不同区域农作物用水效率随时间的变化。

所用地球大数据

◎ 遥感数据：2001～2019 年不同时空分辨率的 MODIS 及全球陆表特征参量（global land surface satellite, GLASS）产品的地表反照率、归一化差值植被指数、叶面积指数（leaf area index, LAI）、植被覆盖度、雪盖和土地覆盖/利用分类数据，中国科学院空天信息创新研究院研制的全球动态水体面积，全球降水测量（global precipitation measurement, GPM）数据，欧洲空间局气候变化倡议（European Space Agency-Climate Change Initiative, ESA-CCI）的土壤水分和土地覆盖/利用分类数据，哥白尼全球土地服务（copernicus global land service, CGLS）计划的光合有效辐射吸收比例数据（fraction of absorbed photosynthetically active radiation, FAPAR），美国国家航空航天局（NASA）和国防部国家测绘局联合测量的航天飞机雷达地形测绘任务（shuttle radar topography mission，SRTM）DEM 数据（2000 年）。

◎ 大气驱动及其他空间数据：2001～2019 年欧洲中心第五代大气再分析资料（ERA5）大气驱动数据、土壤属性数据。

◎ 全球地面通量塔农田站潜热通量及 CO_2 通量或总初级生产力（gross primary productivity, GPP）观测数据，用于验证蒸散发及 GPP 的估算结果。

方法介绍

农作物水分利用效率可表达为作物净初级生产力（net primary productivity, NPP）与蒸散发（evapotranspiration, ET）之间的比值。利用各类数据结合模型估算农作物水分利用效率的方法如下。

（1）蒸散耗水量采用 ETMonitor 模型（Hu and Jia, 2015; Zheng et al., 2019a）及多源遥感数据和大气再分析数据 ERA5 为驱动进行计算，综合考虑影响蒸散发的能量平衡、水分平衡和植被生理等主要物理过程。

（2）作物净初级生产力（NPP）＝作物总初级生产力（GPP）−R（即维持呼吸和生长呼吸），其中 GPP 采用改进的光能利用率模型进行估算（Du et al., 2022），在已有模型（Field et al., 1995; Zwart et al., 2010）基础上做了两方面的改进：①引进土壤水分胁迫因子以提高土壤干旱条件下对 GPP 的估算精度；②利用全球通量塔农田站观测获取的 GPP 优化光能利用率模型中的最大光能利用率及温度胁迫和水汽压差胁迫因子的参数。年尺度生长呼吸与GPP 成比例，逐日维持呼吸通过与叶面积指数相关的函数计算得到并累积到年尺度值。

（3）利用通量塔农田站观测得到的 ET 及 GPP 验证估算结果，发现估算的 ET 精度优于现有同类遥感产品，改进后的光能利用率模型显著提高了作物 GPP 的估算精度。

（4）利用以上方法得到的 NPP 及 ET 估算农作物水分利用效率，最终得到精度较高的2001～2019 年全球年尺度 1 km 分辨率农作物水分利用效率的时间序列。

结果与分析

2001～2019 年全球农作物水分利用效率随时间变化趋势存在一定空间差异。其中，亚洲、美洲、大洋洲农作物水分利用效率整体呈现一致的提升趋势；欧洲和非洲虽然以提升为主，但个别国家和区域表现出下降趋势；中国及加拿大农作物水分利用效率呈最显著的增加趋势（图 3.17）。统计分析可知，近 20 年来全球农作物水分利用效率平均提升了16.4%。基于 ESA-CCI 土地覆盖／利用分类数据将全球农田分为雨养农田和灌溉农田，近20 年来二者的农作物水分利用效率分别提高了约 16.0% 和 20.2%，灌溉农田水分利用效率

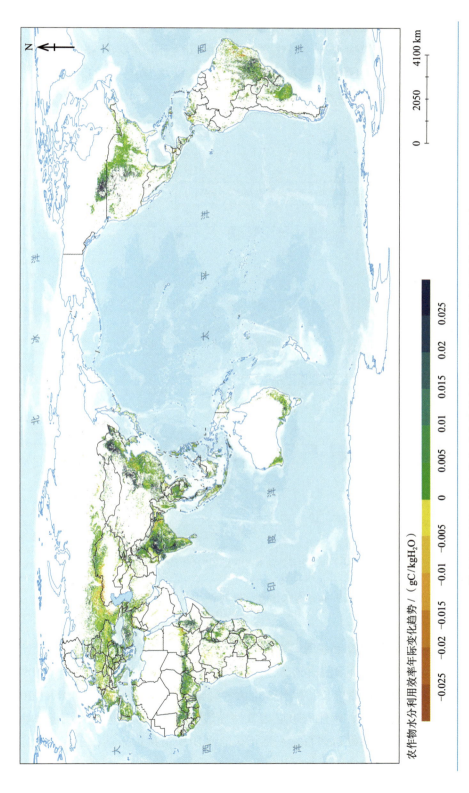

图 3.17　2001～2019 年全球农作物水分利用效率年际变化趋势空间分布

的提升幅度明显高于雨养农田（图 3.18）；近些年，全球农田农作物水分利用效率提升幅度加大，而且灌溉农田农作物水分利用效率的提升拐点早于雨养农田［表现为图 3.18（b）中前者正距平早于后者］。这是技术进步、经济社会发展以及一定程度的气候变化等因素导致的作物生物量增加和耗水量减小所引起的。

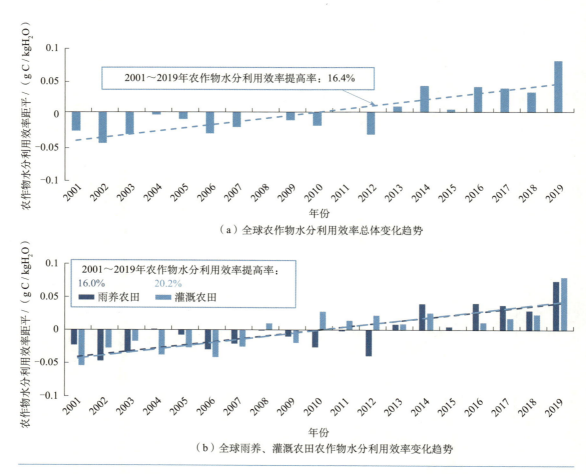

（a）全球农作物水分利用效率总体变化趋势

（b）全球雨养、灌溉农田农作物水分利用效率变化趋势

图 3.18　2001～2019 年全球农作物水分利用效率年际变化趋势统计分析

　　在全球农作物水分利用效率整体呈增加趋势的过程中，2015 年出现明显的下降，这可能是受 2015 年发生的全球性的超强厄尔尼诺事件（起止时间为 2014 年 10 月至 2016 年 4 月）影响所致。该次事件具有生命史长、累计强度大、峰值强度高三个重要特点，是 20 世纪以来最强的厄尔尼诺事件之一。超强厄尔尼诺事件导致的区域性干旱事件会引起作物生物量显著降低。例如，东亚的朝鲜遭遇百年一遇干旱，稻田秧苗接近干枯；东南亚的印度尼西

亚由于严重旱灾导致农田大火频发；非洲多国遭遇严重旱灾，埃塞俄比亚、津巴布韦、马达加斯加等国出现粮食危机；北美洲加拿大粮食主产区严重的干旱导致部分作物绝收，耕地种植比例下降；欧洲西部、欧洲中部及俄罗斯西部粮食主产区受到降水严重短缺的影响，作物长势总体较差（李加洪等，2017）。由于全球农作物水分利用效率的年际动态变化与其生物量一致，因而也呈现出显著下降趋势。

成果亮点

- 创新发展了全球尺度基于多源遥感数据并结合作物生长过程的农作物水分利用效率评估方法，构建了 2001～2019 年全球农业区农作物水分利用效率数据集，为全球一致、空间可比的全球农业区 SDG 6.4.1 指标的监测评估提供方法模型和数据。

- 近 20 年来，全球农业区的农作物水分利用效率呈增加趋势，全球农作物水分利用效率平均提升 16.4%，这主要由技术进步、经济社会发展及气候变化等因素导致的作物生物量增加和耗水量减小所引起。

讨论与展望

本案例发展了基于多源遥感数据并结合作物生长过程的农作物水分利用效率评估方法，以全球一致、空间可比的遥感蒸散发和净初级生产力数据产品为基础，提取并分析了 2001～2019 年全球农作物水分利用效率及其年际变化，对准确掌握全球农作物水分利用效率历史过程及现状水平具有重要意义。

需要指出的是，作物净初级生产力高并不意味着粮食产量高。受农业气象灾害的影响，存在着基于作物净初级生产力计算的农作物水分利用效率与基于粮食产量计算的作物水分生产力时空动态变化不一致的情况。由作物净初级生产力转化为粮食产量的影响因素复杂，尤其是作物不同生长发育阶段对农业气象灾害的敏感性也不同。当前面临农业气象灾害的形势仍较为严峻，未来应进一步提高农田管理水平，提升由作物净初级生产力转化为粮食产量的转化率（收获指数），以争取在 2030 年实现更高水平的粮食安全与水资源安全。

3.5　澜湄国家水资源综合管理及水压力对比分析

对应目标

SDG 6.5　到2030年，在各级实施水资源综合管理，包括酌情开展跨界合作

对应指标

SDG 6.5.1　水资源综合管理实施程度（评分0～100分）

案例背景

　　澜沧江-湄公河流域（简称澜湄流域）涉及中国、缅甸、老挝、泰国、柬埔寨、越南共六个国家，是最先接受我国共建"一带一路"倡议和"命运共同体"理念的地区。2016年3月，澜湄合作首次领导人会议正式启动了"澜沧江-湄公河合作"进程，水资源合作是五个优先合作领域之一。澜湄流域正处于经济发展和减贫的重要时期，经济快速发展使得粮食、能源等方面供应加大，给区域水资源、环境和生态系统带来压力。与此同时，气候变化的影响也在水资源系统中被放大，增加了水资源的变异性，并导致澜湄流域出现更为频繁和极端的洪水和干旱事件。为了维持经济社会可持续发展，缓解愈发严峻的水压力状态，迫切需要改进使用和管理水的方式。澜湄国家有必要实施、完善水资源综合管理，平衡相互竞争的社会、经济和环境需求以及对水资源的影响，努力实现更广泛的SDGs和提高抵御气候变化的能力。清晰认识澜湄国家当前的水资源管理和水压力水平，共享各国水资源管理经验，找到不足和未来发展方向，是澜湄国家水资源合作的重要内容，有助于提升澜湄国家水治理能力，促进流域国家间关系的发展，同时也有利于加强中国与东盟的关系，也符合共建"一带一路"的发展理念。"清洁饮水和卫生设施"（SDG 6）是联合国17个SDGs之一，SDG 6.5.1为水资源综合管理实施程度，通过扶持环境、机构和参与、管理工具、财政投入四个方面进行评估。世界资源研究所（World Resource Institute，WRI）将"水压力"定义为总取水量与可用地表水量的比值（Gassert et al., 2013），是一个可以综合反映水风险的指标，用以评估用水户之间的用水竞争程度。本案例以澜湄国家为对象，通过对澜湄国家的水资源综合管理实施程度和水压力的分析与对比，提取水资源综合管理的经验，探究二者之间的关联性，结合未来水压力预测情况对澜湄国家水资源综合管理提出建议，以促进流域水资源的可持续利用。

所用地球大数据

◎ 2017 年、2020 年澜湄国家 SDG 6.5.1 水资源综合管理实施程度评估结果（UN-Water SDG 6 数据平台：https://www.sdg6data.org/ ）。

◎ 澜湄国家基准水压力以及 2020 年、2030 年、2040 年水压力预测结果（世界水资源研究所网站：www.wri.org/data/water-stress-country ）。

方法介绍

SDG 6.5.1 即水资源综合管理（integrated water resources management，IWRM）实施程度，为四个维度得分的平均分，分别是：扶持环境（支撑 IWRM 的政策、规划和法律）、机构和参与（执行 IWRM 的机构状况）、管理工具（支持 IWRM 实施的管理工具状况）、财政投入（水资源开发和管理的融资状况）。各国采用联合国环境规划署《SDG 6 的综合监测指南——指标 6.5.1 分步骤监测法》推荐的调查问卷法，参照水资源综合管理评估指标体系，制定调查问卷表（包括 4 个大类 8 个小类 33 个项）并发放给利益攸关方，统计各方指标打分并经过磋商、分析得到最终评分。评分范围为 0～100 分，分为 6 个等级：0～10 分（非常低）；11～30 分（低）；31～50 分（中等偏低）；51～70 分（中等偏高）；71～90 分（高）；91～100 分（非常高）。本案例研究采用了联合国发布的 2017 年和 2020 年的 SDG 6.5.1 水资源综合管理实施程度评价结果。

世界资源研究所定义水压力为总取水量与可用地表水量的比值，是一个可以综合反映水风险的指标。水压力越高意味着用水户之间存在的用水竞争越大。这种计算方法没有包含更多的主观因素，如水资源治理、投资或以水资源可用性为重点的保护工作的影响。水压力分值为 0～5 分，分为 5 个等级：低（0～1 分，水压力比值＜10%）；中等偏低（1～2 分，水压力比值 10%～20%）；中等偏高（2～3 分，水压力比值 20%～40%）；高（3～4 分，水压力比值 40%～80%）；极高（4～5 分，水压力比值＞80%）。本案例研究采用世界资源研究所 2013 年对全球基准水压力的评估结果，以及 2015 年基于 IPCC 第五次评估报告对 2020 年、2030 年、2040 年全球水压力的预测结果。

结果与分析

1. 澜湄国家水资源综合管理实施程度

2017 年澜湄国家仅有中国、柬埔寨、越南和缅甸参与了水资源综合管理实施程度的评估。其中，中国综合得分75分，是唯一一个综合得分超过全球平均分（49分）的国家；缅甸综合得分最低，为27分。2020年，澜湄国家均参与了水资源综合管理实施程度的评估，除缅甸外，其余5个国家水资源综合管理实施程度均处于中等偏高及以上水平（51分以上）；中国、老挝、柬埔寨综合评分超过全球平均水平（54分），分别为80分、62分、59分；泰国、越南综合评分接近全球平均水平，分别为53分、52分；缅甸得分最低，为33分。分项指标中，管理工具方面，落后全球平均水平的国家（如越南、缅甸、泰国）较多；其他指标，除缅甸均不及全球平均水平，其他国家基本都能超过全球平均水平。

中国是澜湄流域水资源综合管理实施程度最高的国家，尤其在财政投入和管理工具方面遥遥领先，这与中国一直重视水利基础设施建设投入，不断完善覆盖全域的水资源管理系统，推进水资源管理数字化和智能化息息相关。柬埔寨、越南、泰国、老挝综合得分接近，扶持环境方面得分相对较高，主要是这4个国家对水资源管理工作比较重视，有基本的水资源综合管理政策法规，但还有进一步完善的空间；受经济水平和社会意识的限制，这4个国家对水资源开发和管理的财政投入有限，水利基础设施建设滞后，多层级的水资源管理机构体制建设薄弱，缺少覆盖全域的、综合的、先进的水资源管理工具。缅甸与其他国家差距悬殊，主要是其国内政治局势不稳定导致的。

2017～2020年澜湄国家水资源综合管理实施程度得分均有不同程度的提高。根据联合国发布的水资源综合管理进展，缅甸取得适度进展，老挝、柬埔寨、越南取得重大进展，中国已经接近实现SDG 6.5目标。2017年、2020年均有评估的4个国家中，越南综合得分增幅最大，由38分增加到52分，增幅达37%。分项指标中，中国、柬埔寨、越南增幅最大的均为财政投入，3个国家该指标增幅分别为14%、63%、68%。这说明对政治局势稳定的一般国家而言，增加各级水资源管理投资是实施水资源综合管理中最易实现的指标。缅甸增幅最大的分项指标是扶持环境，增幅达到了141%，主要是缅甸成立了国家水资源委员会并制定了第一部综合性水资源政策。其次，各国的机构和参与指标得分增幅较大，柬埔寨、越南、缅甸该指标增幅分别为39%、31%、48%。这与近年来澜湄国家完善水资源管理的体制机制建设，越发重视水资源利益攸关方的参与有关。此外，各国所有分项指标中，仅有缅甸的财政投入得分下降，从45分降到23分，降幅达到了49%。主要是由于缅甸国内政治环境不稳定，水资源管理方面的财政投入被迫减少，这也将在一定程度上延缓其2030年实现SDG 6.5.1的进度。2017年、2020年澜湄各国水资源管理实施程度具体结果见图3.19、图3.20。

2. 澜湄国家水压力

从空间尺度上看，除中国外，其他国家基准水压力均处于较低水平（2分以下），水压力较小；中国基准水压力为2.94分，接近高水压力状态（3分以上）。未来澜湄各国家压力

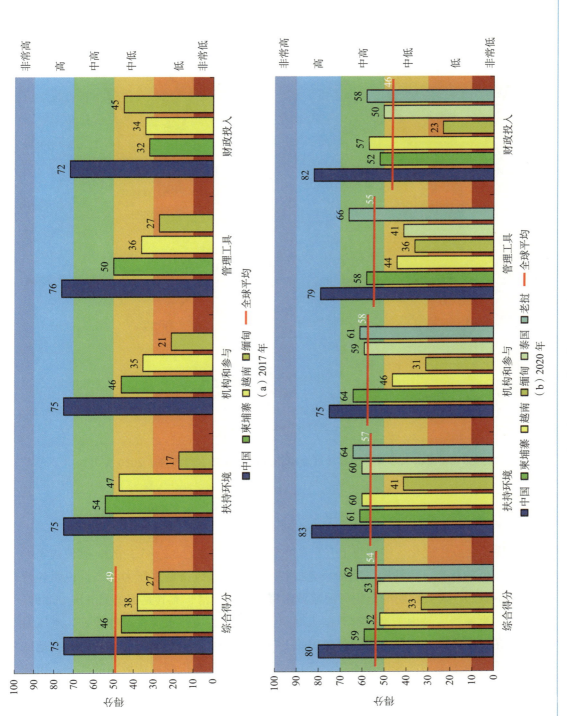

图 3.19 澜湄国家水资源综合管理实施程度（2017 年、2020 年）

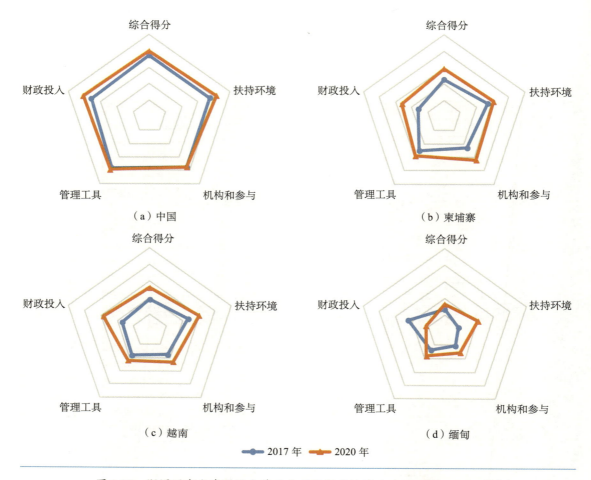

图 3.20　澜湄国家水资源综合管理分项指标实施情况（2017 年、2020 年）

紧张程度排序不会发生变化，中国将上升至高水压力状态（达到 3.2～3.3 分），其他国家水压力仍处于较低的状态。柬埔寨、缅甸、老挝各水平年一直维持低水压力状态，说明各行业用水竞争不激烈。需要说明的是，澜湄流域水资源比较丰富，尤其是湄公河五国（缅甸、老挝、泰国、柬埔寨、越南）绝大部分国土面积都处在该流域，水资源条件较好，水压力较小。中国在澜湄流域面积仅占全国总面积的 1.7%，全国水资源分布极为不均，北方地区缺水非常严重。由于采用的是国家水压力评估成果，并非只评价澜湄流域内的部分，因此中国整体水压力明显高于其他国家。

　　从时间尺度上看，未来中国、泰国、老挝水压力呈现逐渐增加的趋势，其他国家水压力呈现稳定或下降趋势。澜湄国家不同水平年水压力预测结果见图 3.21。

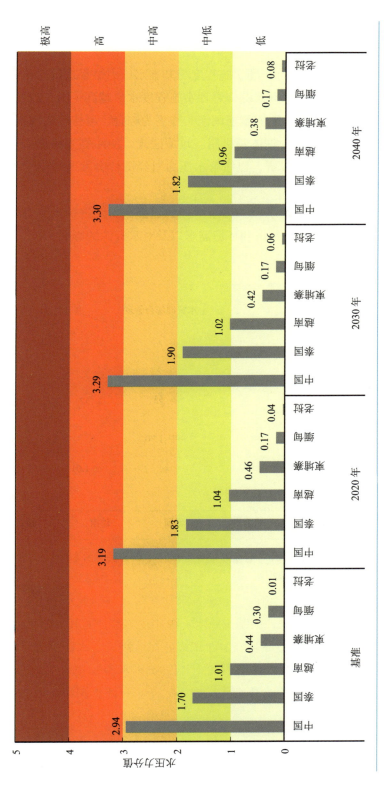

图 3.21 澜湄国家不同水平年水压力预测结果对比

3. 水资源综合管理实施程度与水压力关系分析

将澜湄国家2020年水资源综合管理实施程度与基准水压力结果进行对比分析，结果明显呈现出：水压力越大的国家，水资源综合管理实施程度水平越高（图3.22）。这一现象反映了，更高的水压力在一定程度上能够倒逼国家实施更为综合、可持续的水资源管理措施。国家希望通过改进、完善水资源管理体制机制、政策法规，使用更为科学、有效、客观的管理工具和手段，增加水利基础投资，以缓解水压力对经济社会发展的制约和对生态环境的影响。

未来，中国、泰国、老挝呈现水压力逐渐增加的趋势，需要进一步完善、落实水资源综合管理，平衡相互竞争的社会、经济和环境需求以及对水资源的影响。

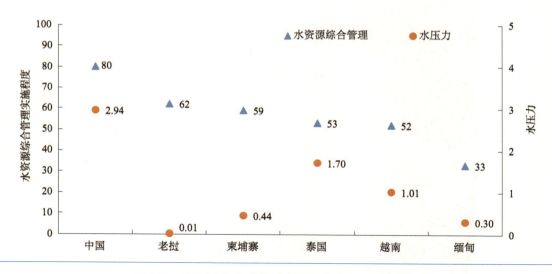

图 3.22　澜湄国家水资源综合管理与水压力关系分析

成果亮点

- 对澜湄国家水资源综合管理实施程度及水压力状态进行分析对比。水资源综合管理实施程度方面，2017～2020 年进展较大，目前除缅甸处于中等偏低水平外，其他各国均处于中等偏高及以上水平；水压力方面，除中国处于高压力状态外，其他各国水压力较低。

- 本案例研究结果总体显示，国家水压力越大，水资源综合管理实施程度越高，说明高水压力会倒逼国家改进、完善水资源综合管理。预测未来中国、泰国、老挝水压力呈增加趋势，需进一步提高水资源综合管理水平。

讨论与展望

　　本案例对比了澜湄国家不同年份水资源综合管理实施程度和水压力状态。2017～2020年澜湄国家水资源综合管理实施程度进展较大，目前除缅甸外，其他各国均处于中等偏高及以上水平；除中国外，其他各国水压力较低。中国处于高水压力状态，其水资源综合管理实施水平也最高，已经接近实现 SDG 6.5，尤其是财政投入和管理工具方面领先较多，为澜湄国家提升水资源综合管理提供了宝贵的经验。缅甸水资源综合管理虽然得到了一定的进展，但是由于政治环境不稳定，在澜湄国家中处于最低水平。

　　为推进水资源综合管理，澜湄国家未来需要继续通过宣传和沟通加强水资源综合管理的政治意愿，将水资源综合管理作为长期的重点工作来实施；完善多层级的水资源管理机制体制建设，加强与水有关的部门和利益攸关方之间，以及国家、地方和流域层面之间协调统一以及机构合作；开发国家级水资源综合管理的在线信息系统，提高水资源管理工具科学性、客观性、时效性，加强澜湄国家之间关于水资源的信息交流、数据共享与技术合作；制定或更新法律，以反映循序渐进、协调一致的水资源管理办法；增加中央政府关于水资源开发利用与保护的直接资金投入，增加由传统和非传统的水和生态系统服务产生的收入。

3.6　全球湿地保护优先区划分

对应目标

SDG 6.6　到2020年，保护和恢复与水有关的生态系统，包括山地、森林、湿地、
　　　　　河流、地下含水层和湖泊

　案例背景

SDG 6.6"保护和恢复涉水生态系统"是 SDGs 的重要目标之一（United Nations，2015）。其中，湿地是涉水生态系统中最重要的组成部分，享有"地球之肾"和"全球碳汇"的美誉（Qu et al., 2021）。研究显示，自 1900 年以来，全球湿地已经减少 50%，如果从 1700 年开始计算，则湿地丧失率已高达 87%（Davidson, 2014）。尽管人类做出了积极努力，但全球湿地消亡和退化趋势并未改变，抢救式保护势在必行。

当前，联合国 SDGs 跨机构专家组（Inter-agency Expert Group on SDG Indicators，IAEG-SDGs）确定了 SDG 6.6 的监测指标体系（框架），但目前尚未有在全球尺度上的、空间明确的全球湿地保护优先区划分结果发布，这与湿地数据获取困难、方法不确定、利益方的敏感性和依赖性高等直接相关。因此，从可持续发展角度，一个符合联合国 SDG 6.6 监测指标体系、全球可比且空间明确的湿地保护优先区划分结果对全球湿地保护和生物多样性保护具有重要的参考意义。

2021 年《保护地球报告》显示：全球自然保护地的覆盖率达到了既定的目标，但质量还有待于提高。全球还有约 1/3 的陆地和淡水区域存在生物多样性保护空缺。学者呼吁将半个地球保护起来（Wilson, 2016）。2021 年 10 月，在中国昆明召开《生物多样性公约》缔约方大会第十五次会议，在国际层面为全球制定"2020 年后全球生物多样性框架"提供平台和机会。2019 年起，中国科学院 A 类战略性先导科技专项"地球大数据科学工程"陆续开展了全球国家公园保护优先性评估、"一带一路"自然保护地生态脆弱性评估（Guo, 2020; Zheng et al., 2021）。持续跟踪湿地保护进程，是保障实现 SDG 6.6 和 SDG 15.1.2 的必要前提。为此，2021 年我们以服务联合国 SDGs、《生物多样性公约》和《国际湿地公约》（Ramsar Convention on Wetlands）为导向，提出了全球湿地保护优先区，并重点指出了全球保护地网络的湿地保护成效、未来努力方向和具体的提升空间。

所用地球大数据

◎ 湿地产品 1：2020 年的全球土地覆盖产品的湿地部分，中国科学院空天信息创新研究院提供，空间分辨率为 30 m。

◎ 湿地产品 2：2000 年的全球湖泊湿地数据库的湿地部分，世界自然基金会提供，空间分辨率为 1000 m。

◎ 湿地产品 3：2015 年的全球潜在湿地分布产品，中国科学院空天信息创新研究院提供，空间分辨率为 1000 m。

◎ 湿地产品 4：2020 年的全球红树林生物量产品，中国科学院植物研究所提供，空间分辨率为 250 m。

◎ 湿地产品 5：2011 年的全球红树林分布产品，世界资源监测中心提供，空间分辨率为 1000 m。

◎ 湿地产品 6：2009 年全球土地覆盖数据的湿地部分，欧洲空间局提供，空间分辨率为 300 m。

◎ 湿地产品 7：2000 年全球地表覆盖数据的湿地部分，马里兰大学提供，空间分辨率为 1000 m。

◎ 湿地产品 8：2015 年的全球湿地遥感制图验证样本库，中国科学院空天信息创新研究院提供，空间分辨率为 2 m。

◎ 全球生物多样性信息网络的水鸟分布数据。

◎ 濒危物种红色名录的极危、濒危、易危和近危 4 类物种，世界自然保护联盟提供。

◎ 生物多样性关键地区数据，世界自然保护联盟提供。

◎ 生物多样性热点地区数据。

◎ 全球荒野地分布图（Locke et al., 2019），空间分辨率为 1000 m。

◎ 全球陆地生态区，世界自然基金会提供。

◎ 2015 年的全球人类住区数据，哥伦比亚大学提供，空间分辨率为 1000 m。

◎ 全球低人类影响区（Jacobson et al., 2019），空间分辨率为 1000 m。

◎ 2021 年 4 月的世界保护区数据库。

◎ 2017 年的全球第六次冰川编目数据。

方法介绍

　　集成全球尺度的 8 套湿地产品、生物多样性和相关环境数据，采用一致的空间参考坐标系和空间分辨率（1000 m）进行大数据融合算法优化和综合集成。构建了包含湿地保护价值和湿地保护成本2个维度6个评估指标的全球湿地保护优先区评估指标体系，并根据专家咨询和层次分析法设置权重（表3.6）。

表3.6　全球湿地保护优先区评估指标体系

目标层	系统层	权重1	指标层	指标计算所用地球大数据	权重2	综合权重
全球湿地保护优先性指数	湿地保护价值指数	83.6%	湿地生态系统重要性	8套湿地产品集成	41.4%	34.6%
			物种重要性	全球生物多样性信息网络的水鸟分布数据，濒危物种名录中的极危、濒危、易危和近危物种数据2套产品集成	28.9%	24.2%
			生态区重要性	生物多样性关键地区、生物多样性热点地区、全球荒野地分布图、全球陆地生态区4套产品集成	29.7%	24.8%
	人类活动强度指数	16.4%	人口密度	全球人类住区数据（GHS_POP）	38.1%	6.2%
			建设用地分布	全球人类住区数据（GHS_SMOD）	30.3%	5.0%
			人类影响程度	全球低人类影响区	31.6%	5.2%

在预处理的基础上，利用重分类、重采样等方法，将所有评估指标归一化，赋值为60、70、80、90和100，利用ArcGIS 10.2运算工具栅格计算器进行空间计算，得到湿地保护优先指数。利用非湿地数据进行掩膜，如冰川、水体等。将湿地保护空缺的等级区间划分如下：背景值为［0，60），中等为［60，70］，高为（70，75］，很高为（75，80］，极高为（80，100］。将全球湿地保护优先区划分结果与世界保护区数据库进行空间叠加，提出全球保护地体系中的湿地保护空缺。

结果与分析

全球8套湿地产品集成结果显示（表3.7、图3.23），全球湿地分布面积30.85×10^6 km^2。从空间重叠度看，多套产品同时覆盖的湿地分布面积为3.47×10^6 km^2，只占全部湿地面积的11.26%。由此说明，全球湿地遥感分类制图难度大、具有很大的挑战性。

表 3.7　全球 8 套湿地产品集成的空间统计结果

空间重叠的湿地产品套数	湿地分布概率	面积 / × 10⁶ km²	占比 / %
1 套	中	27.38	88.74
2 套	高	2.66	8.63
3 套	很高	0.61	1.98
4 套及以上	极高	0.20	0.65
合计		30.85	100.00

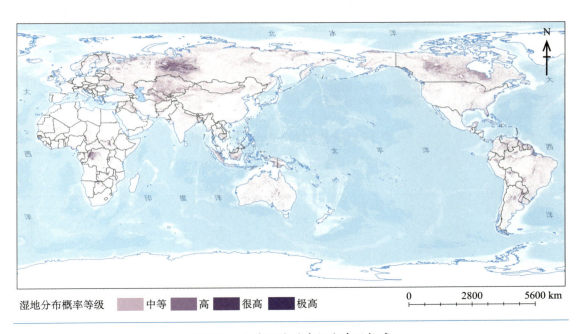

湿地分布概率等级　■中等　■高　■很高　■极高

图 3.23　全球湿地的空间分布及概率

　　进一步集成全球尺度的生物多样性数据和相关环境数据，研究结果显示：全球湿地保护优先区面积为 873 万 km²，占全球湿地分布面积的 28.3%（图 3.24）。湿地保护优先级分别为极高、很高、高和中等，其面积依次为 9.46 万 km²、50.76 万 km²、252.84 万 km² 和 119.97 万 km²（图 3.25）。统计分析可知，湿地保护优先区分布最多的是亚洲（236 万 km²），其次是面积相当的非洲、欧洲和南美洲，分别为 169 万 km²、165 万 km²、164 万 km²，随后是北美洲（93 万 km²），分布最少的是大洋洲，只有 46 万 km²。

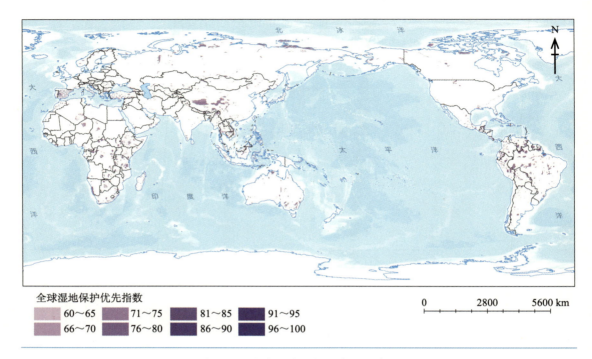

图 3.24 全球湿地保护优先区分布图

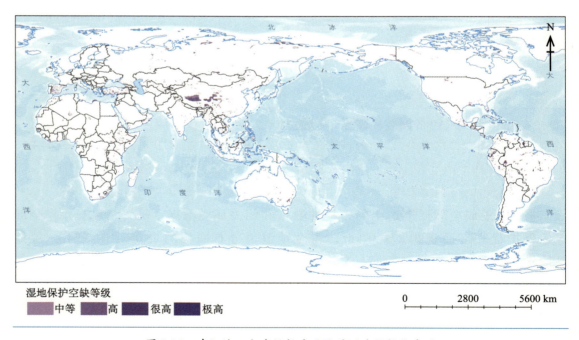

图 3.25 建议纳入全球保护地网络的湿地保护优先区

湿地保护优先区被全球保护地网络所覆盖的面积为 $4.40 \times 10^6\,km^2$，覆盖比例为 50.6%，近一半比例的优先区未被纳入保护地网络。

成果亮点

- 基于全球 8 套湿地产品、生物多样性热点地区和相关环境数据，率先开展了全球一致、空间可比的 1 km 空间分辨率的湿地保护优先区划分工作。

- 全球湿地保护优先区面积为 873 万 km^2，占全球湿地分布面积的 28.3%，50.6% 的优先区被全球保护地网络所覆盖。

讨论与展望

本案例利用国际共享数据集，实现了全球湿地分布概率的空间化监测和全球尺度 1 km 空间分辨率的湿地保护优先区划分；并在全球一致的空间参考坐标系、统一的空间分辨率的数据基础上明确了全球现有自然保护地网络的湿地保护空缺的空间分布和优先性级别，为实现 SDG 6.6 和 SDG 15.1.2 提供了重要信息支撑。

本案例采用了面向全球尺度的可操作性方法，强调符合 IAEG-SDGs 指标体系，结果全球一致并可对比。虽然本案例的研究成果不能代表有关国家 SDG 6.6 的具体实现程度，因为这一尺度考虑的湿地类型与分布特征更为复杂，但并不妨碍我们将其用于总体把握全球尺度的 SDG 6.6 实现进程和努力方向。

需要指出的是，全球尺度的湿地生物多样性热点研究尚处于起步阶段，存在数据空缺的情况，造成了湿地保护优先区遗漏现象。因此，在看到全球湿地保护优先区被保护地网络所覆盖的积极进展的同时，尚需要认识到湿地退化与丧失的形势仍非常严峻。建议联合国确定后 2020 年湿地生物多样性保护目标，依据保护优先等级，结合现场调查结果，将这些湿地保护空缺逐步纳入全球保护地网络。未来应提升湿地监测评估方法体系与能力，加强科学保护、系统治理和生态修复力度，不断优化国土空间布局，以争取尽早实现扭转湿地丧失与退化曲线。

本章小结

　　本章收录了基于地球大数据技术开展全球及亚欧非地区两个尺度上 SDG 6.3、SDG 6.4、SDG 6.5 和 SDG 6.6 监测评估的研究案例成果，包括亚欧地区典型城市黑臭水体分布、全球大型湖泊水体透明度、非洲湖泊水体透明度和全球湿地保护优先区分布等数据集，给出了全球水生态和水环境状况、全球农作物水分利用效率变化情况，以及澜湄国家水资源综合管理和水压力情况。研究结果表明：2015～2020 年，波兰的华沙、埃及的开罗、巴基斯坦的卡拉奇、缅甸的内比都和越南的潘切 5 个亚欧地区典型城市黑臭水体数量和面积均出现下降；全球大型湖泊水体透明度 2010～2020 年总体呈微弱上升趋势；1985～2020 年，非洲大型湖泊（湖泊面积＞100 km^2）水体透明度变化不明显，部分中小湖泊水体透明高难度有增加的趋势；得益于技术进步和经济社会发展，2001～2019 年全球农业区的农作物水分利用效率呈增加趋势；2017～2020 年，澜湄国家水资源综合管理实施程度进展较大，目前除缅甸外，其他各国均处于中等偏高及以上水平。在水压力方面，除中国外，其他各国水压力较低；全球湿地保护优先区面积为 873 万 km^2，占全球湿地分布面积的 28.3%。

　　本章中的 6 个案例例证了基于地球大数据技术开展全球尺度 SDG 6.3.2（环境水质良好的水体比例）、SDG 6.4.1（按时间列出的用水效率变化）、SDG 6.5.1（水资源综合管理实施程度）和 SDG 6.6.1（与水有关的生态系统范围随时间的变化）等指标监测与评估的潜力，未来将综合利用卫星遥感、模型模拟、统计数据和问卷调查等数据和手段，开展全球尺度特别是共建"一带一路"合作国家 SDG 6 全指标监测与评估，继续为全球清洁饮水和卫生设施目标实践提供创新技术和信息支持。

第四章

SDG 11 可持续城市和社区

背景介绍

全球城市化一直处于加速的过程中。尽管城市占全球陆地覆盖面积的比例不到 1%，但其贡献了全球 75% 的 GDP，同时也消耗了 60%～80% 的能源，产生了 75% 的垃圾和碳排放（Elmqvist et al., 2019；Jiang et al., 2021）。快速城市化导致全世界 40 亿的城市人口面临着日益严重的空气污染、基础设施匮乏以及无序的城市扩张等问题（UN, 2020）。新冠肺炎疫情的暴发，使许多城市暴露出严重的社会问题，如住房负担较重、公共卫生系统不够完善以及城市基础设施不足等（United Nations, 2021c）。据统计，超过 90% 的新冠肺炎病例出现在城市地区，新冠肺炎疫情加重了世界上人口稠密的非正规住区和贫民窟的 10 亿居民的困境（UN, 2020）。

针对城市可持续发展问题，联合国提出了 SDG 11 "建设包容、安全、有抵御灾害能力和可持续的城市和人类住区"（United Nations, 2015）这一目标，该目标是实现所有 SDGs 的关键之一（Acuto et al., 2018）。截至 2021 年 3 月 29 日，15 个 SDG 11 指标中的 10 个在监测与评估中存在数据缺失问题（IAEG-SDGs, 2021）。为了应对城市化带来的挑战，以及解决 SDG 11 指标监测与评估中存在的问题，150 个国家提出了国家城市计划。中国在遏制新冠病毒快速传播方面的成功经验表明，中国城市社区在调整适应新规范方面具有很好的弹性和适应性（程瑞等，2021）。综上所述，只有推进大数据驱动的可持续城市和社区发展分析，才能更好地应对未来城市灾害和城市公共卫生事件的发生。

过去 2 年的地球大数据支撑 SDG 11 指标监测与评估案例研究实践，展现了中国在 SDG 11 落实中的数据产品、方法模型、决策支持三个方面的成果与贡献（Guo et al., 2021）。本章在延续 2019 年和 2020 年评估示范的基础上，利用地球大数据方法监测与评估城市住房（SDG 11.1）、城市土地利用效率（SDG 11.3）、自然和文化遗产（SDG 11.4）。本章中各案例研究成果可以丰富和补充联合国可持续发展目标数据库系统，对客观评估 SDG 11 全球落实情况具有重要的示范意义。

主要贡献

　　为应对部分城市面临的住房短缺、用地效率低、自然和文化遗产严重受扰等问题，充分发挥地球大数据的特点和技术优势，案例研究报告主要围绕 SDG 11 中的三个目标和指标开展监测与评估，贡献全球尺度的 SDG 11 指标监测的数据产品、方法模型、决策支持三个方面的成果（表 4.1）。

表 4.1　案例名称及其主要贡献

指标 / 具体目标	指标层级	案　例	贡　献
SDG 11.1.1 居住在贫民窟和非正规住区内或者住房不足的城市人口比例	Tier Ⅰ	共建"一带一路"部分合作区域重要城市棚户区改造监测	数据产品：2010 年、2015 年、2020 年三期高分辨率共建"一带一路"部分合作区域 12 个重要城市主城区棚户区空间范围数据集 方法模型：面向场景的深度学习语义分割模型
SDG 11.3.1 土地使用率与人口增长率之间的比率	Tier Ⅱ	全球大城市土地覆盖变异及其驱动因子（2021 年）	数据产品：全球城市建成区面积大于 100 km^2 的大城市的土地利用变化与人口数据集 方法模型：为全球城市可持续发展监测提供了一种低成本方法
SDG 11.3.1 土地使用率与人口增长率之间的比率	Tier Ⅱ	共建"一带一路"合作国家不同规模城市用地效率分析	数据产品：2020 年"一带一路"339 个城市建成区数据集 决策支持：为不同规模城市宏观发展规划提供用地效率数据评估
SDG 11.4.1 保存、保护和养护所有文化和自然遗产的人均支出总额，按资金来源（公共、私人），遗产类型（文化、自然）和政府级别（国家、区域和地方 / 市）分列	Tier Ⅱ	共建"一带一路"合作国家及其周边国家世界文化遗产地城市化发展综合评估	数据产品：共建"一带一路"合作国家及其周边国家世界文化遗产地城市化发展综合评估数据集 方法模型：针对世界文化遗产地，提出综合性空间化的城市发展综合指数 决策支持：相关成果数据及评估报告提供给联合国教育、科学与文化组织（UNESCO）及"数字丝路"（DBAR）国际合作伙伴

续表

指标 / 具体目标	指标层级	案　例	贡　献
SDG 11.4.1 保存、保护和养护所有文化和自然遗产的人均支出总额，按资金来源（公共、私人），遗产类型（文化、自然）和政府级别（国家、区域和地方 / 市）分列	Tier Ⅱ	世界文化遗产地表干扰度核算与诠析	数据产品：全球首套文化遗产（古迹 / 古建筑类）2015～2020 年地表干扰度测度数据集 方法模型：提出测度文化遗产可持续发展的新指标
SDG 11.4.1 保存、保护和养护所有文化和自然遗产的人均支出总额，按资金来源（公共、私人），遗产类型（文化、自然）和政府级别（国家、区域和地方 / 市）分列	Tier Ⅱ	全球世界自然遗产地保护指标监测与评价	数据产品：自然遗产地人为干预度数据集 决策支持：为全球世界自然遗产地受人类活动干扰程度提供数据支撑

案例分析

4.1 共建"一带一路"部分合作区域重要城市棚户区改造监测

对应目标

SDG 11.1 到 2030 年，确保人人获得适当、安全和负担得起的住房和基本服务，并改造贫民窟

案例背景

世界上许多城市都面临着管理快速城市化的严峻挑战，不仅需要从确保足够的住房和基础设施来支持不断增长的人口，还需应对城市扩张带来的环境影响、增强对灾害的防护响应能力。为应对挑战，152 个国家制定了支持 SDG 11.1.1 的政策，旨在确保所有城市居民都能获得安全和适足的住房、清洁的空气和基本服务，并生活在有复原力和可持续的社区（Sachs et al., 2020）。

在过去 15 年里，各国稳步改善了城市贫民窟，为数百万人提供了足够的住房，使他们摆脱了不合标准的生活条件。虽然居住在贫民窟的世界城市人口比例有所下降，但由于新建住房的建设速度远远落后于城市人口的增长速度，实际居住在贫民窟的人数不降反增，且主要集中在亚洲和非洲。为了分析"一带一路"倡议对城市社区可持续发展的贡献，本案例对 2010～2020 年共建"一带一路"部分合作区域重要城市的棚户区改造进行监测。当前全球非正规住区、贫民窟、棚户区等尚无明确的定义和标准（Wurm et al., 2019）。由于各个国家发展水平、经济文化存在差异，本案例基于联合国对非正规住区的定义并结合当地环境，对各个国家的棚户区定义进行适当调整，具体为：通过选取规范的示范居住区进行对比的方法，选出城市规划区域内，建筑高度相对较低、密度较大，道路窄小、断头路较多，建筑道路规划不规范，使用年限久，配套设施不健全的连续区域。

目前，尚无共建"一带一路"合作区域尺度的城市非正规住区面积和人口数量监测变化等相关成果。因此，我们从共建"一带一路"合作区域尺度出发，从"21 世纪海上丝绸之路"和"丝绸之路经济带"涉及地区的重要城市中选取具有路线指向性的城市，即"21

世纪海上丝绸之路"上的泉州、广州、吉隆坡、科伦坡、内罗毕、雅典 6 个城市和"丝绸之路经济带"上的西安、兰州、乌鲁木齐、德黑兰、伊斯坦布尔、莫斯科 6 个城市，提取了 2010 年、2015 年、2020 年这 12 个城市的棚户区面积及人口数量，评估 10 年间这 12 个城市的棚户区改造成效，从中选取改造效果较好的城市作为参照示范，为其他城市的棚户区改造提供建议，结合地球大数据共同推进全球尺度的棚户区改造。

所用地球大数据

◎ 2010 年、2015 年、2020 年全球人口格网数据，由 WorldPop 发布的 2000～2020 年逐年人口格网数据，空间分辨率为 100 m。

◎ 2010 年、2015 年、2020 年的全球高分辨率遥感卫星 IKONOS 融合影像，空间分辨率为 1 m。

◎ 2015 年、2020 年的全国高分辨率遥感卫星 GF-2 融合影像，空间分辨率为 0.8 m。

方法介绍

　　基于 2010 年、2015 年、2020 年高分辨率遥感影像数据，本案例采用面向场景分类的思想，基于 ResNet-50 构建了共建"一带一路"部分合作区域的主要城市棚户区识别模型。相关国家和城市的地区、经济、文化差异致使棚户区特征不统一，为了更精确地提取各城市棚户区样本，根据国家及城市的不同，从国家尺度建立每个国家的高分辨率遥感影像棚户区样本标签数据集。其中，中国的棚户区样本集覆盖了 5 个城市中不同类型的、房屋低矮的城中村建筑物；其他城市的样本集构建都是基于该城市的建筑规划相对状态来筛选的，即与该城市内部规划有序建筑区相比而言建筑物密集、类型多变、道路规划无序的低矮建筑密集区，视作棚户区。首先，在各个城市样本集的基础上，在 ImageNet 初始模型基础上快速训练，构建各城市的棚户区识别模型，实现棚户区更精准地提取。其次，通过对三期影像数据进行棚户区矢量边界提取，用于裁剪对应年份的 WorldPop 人口数据，统计棚户区内的人口。最后，对比分析三期影像的人口变化和棚户区面积变化，从而选出这 10 年间棚户区改造变化明显的城市（图 4.1）。

结果与分析

　　将基于场景分类思想的棚户区提取方法应用于各城市棚户区的检测中，面向场景的平均分类精度达到 90% 以上，图 4.2 为以广州市为例的模型验证及损失精度和棚户区提取结

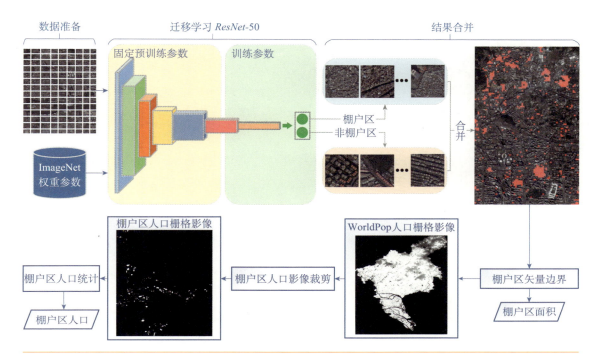

图 4.1　基于场景分类思想的棚户区及人口提取方法流程

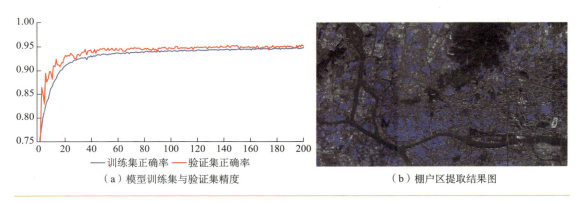

（a）模型训练集与验证集精度　　　　　　（b）棚户区提取结果图

图 4.2　以广州市为例棚户区提取模型结果示意图

果示意图。通过进一步验证，剔除错误提取结果，保障结果的准确性。

在棚户区提取结果的基础上，结合人口栅格数据提取人口分布结果，绘制了 2010～2020 年 12 个重要城市棚户区面积及人口结果图（图 4.3）。结果发现，这 12 个城市主城区棚户区面积及人口总体呈下降趋势。其中，棚户区面积从 2010 年的 153.06 km² 下降至 2020 年的 105.09 km²，年平均棚户区面积下降速率为 3.13%；生活在棚户区的人口从

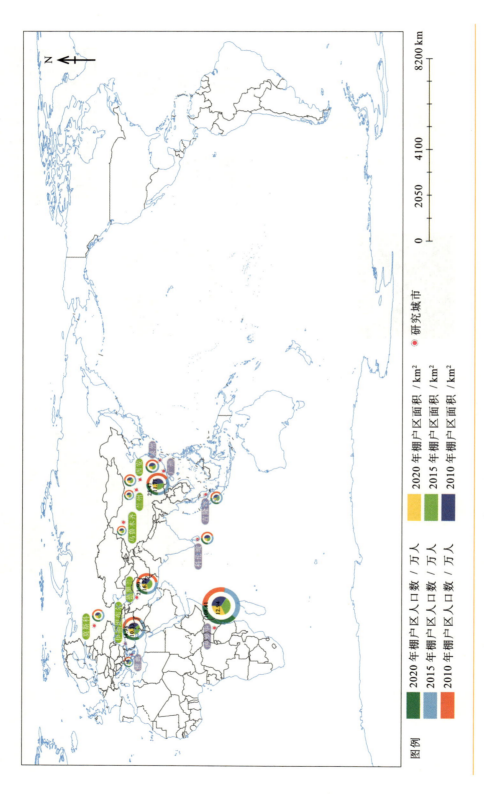

图例

2010～2020 年共建 "一带一路" 部分合作区域重要城市棚户区面积及人口空间分布统计

图 4.3

2010 年的 279.38 万人总体下降至 2020 年的 245.83 万人，仅内罗毕的人口持续增长，其余城市均呈持续下降趋势，年平均人口下降速率为 1.20%。

图 4.4 为 12 个重要城市棚户区面积及人口具体数量。对比分析发现，2010～2015 年和 2015～2020 年，位于"丝绸之路经济带"的 6 个城市和"21 世纪海上丝绸之路"的 6 个城市的棚户区改造面积和人口变化速度相接近。其中，2020 年，"21 世纪海上丝绸之路" 6 个城市的棚户区面积为 48.53 km²，约占 12 个城市棚户区总面积的 46%；棚户区人口为 165.22 万人，约占 12 个城市棚户区总人口的 67%，其中人口占比偏重的主要原因是内罗毕的人口增速偏高；"丝绸之路经济带" 6 个城市棚户区面积为 56.56 km²，约占 12 个城市棚户区总面积的 54% 左右，棚户区人口为 80.62 万人，约占棚户区总人口的 33%。"21 世纪海上丝绸之路" 6 个城市、"丝绸之路经济带" 6 个城市的棚户区相比于 2010 年总面积分别减少了 22.80 km²、25.17 km²，人口减少了 1.34 万人、32.20 万人。其中，中国区域

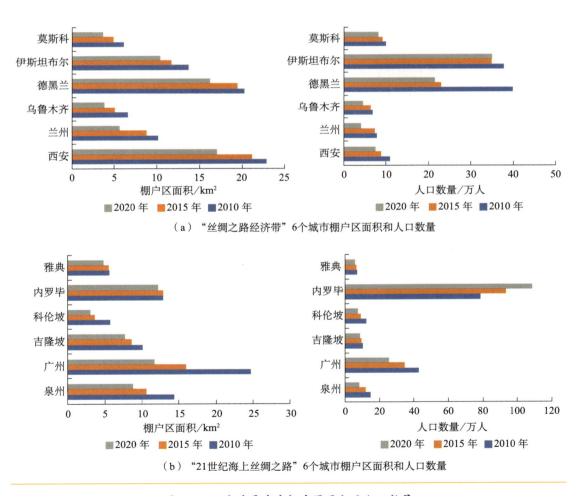

（a）"丝绸之路经济带"6个城市棚户区面积和人口数量

（b）"21世纪海上丝绸之路"6个城市棚户区面积和人口数量

图 4.4　12 个重要城市棚户区面积及人口数量

城市改造力度较大，5 个城市棚户区面积年平均减少速率及人口年平均减少速率在 5% 左右，广州的棚户区面积减少速率最快，约为 7%，兰州的棚户区人口减少速率最快，约为 6.5%。本案例提取的中国区域内的城市棚户区结果与《地球大数据支撑可持续发展目标报告（2020）：中国篇》中展示的中国 2020 年棚户区提取数据相一致，有效地验证了本案例研究结果的可靠性。

成果亮点

- 采用 2010 年、2015 年、2020 年三期高分辨率卫星影像数据与面向场景的深度学习语义分割模型，首次实现了共建"一带一路"部分合作区域 12 个重要城市主城区棚户区空间范围提取与识别。

- 共建"一带一路"部分合作区域重要城市的棚户区改造趋势持续向好，12 个城市 2020 年主城区棚户区面积共计 105.09 km^2，生活在棚户区的人口约有 245.83 万人，相比于 2010 年，棚户区面积和人口年平均减少速率分别为 3.13%、1.20%。其中，位于"丝绸之路经济带"的 6 个重要城市、"21 世纪海上丝绸之路"的 6 个重要城市的棚户区相比于 2010 年总面积分别减少了 22.80 km^2、25.17 km^2，人口减少了 1.34 万人、32.20 万人。12 个城市中仅内罗毕人口持续增长，中国的 5 个城市棚户区改造力度相对较大。

讨论与展望

本案例在共建"一带一路"合作区域尺度上探索了 2010～2020 年的棚户区改造变化状态，可以为 SDG 11.1 实现未来 10 年的棚户区改造提供改造依据。案例基于 2010 年、2015 年、2020 年高分辨率遥感数据与人口栅格数据，采用面向场景的语义分割方法，实现了三个时期共建"一带一路"部分合作区域 12 个重要城市主城区棚户区面积和人口估算。本案例能够根据每个城市的不同场景特色，较为快速、准确地对棚户区进行提取，估算人口数量，从三个时相尺度分析了棚户区面积及人口的变化情况，从而在共建"一带一路"合作区域尺度上完善 SDG 11.1.1 指标。本案例选用的数据精度高，方法可靠，为其他共建"一带一路"合作区域的城市棚户区或非正规区改造提供示范性的案例借鉴。未来将围绕"一带一路"不同区域、不同经济圈的棚户区分布特征进行分析，可更有效地为经济发展程度相似的区域及城市棚户区改造提供更为有效的建议与政策。

4.2　全球大城市土地覆盖变异及其驱动因子（2021 年）

对应目标

SDG 11.3　到 2030 年，在所有国家加强包容和可持续的城市建设，加强参与性、综合性、可持续的人类住区规划和管理能力

对应指标

SDG 11.3.1　土地使用率与人口增长率之间的比率

案例背景

SDG 11.3.1 土地使用率与人口增长率之间的比率（Ratio of Land Consumption Rate to Population Growth Rate, LCRPGR）可用来量化城市用地扩张和人口增长的协调关系。据联合国统计，2000~2014 年，城市占地面积的增长速度是人口增长速度的 1.28 倍（United Nations, 2018）。根据联合国的最新报告，2018 年全球人口为 76 亿，城市人口为 42 亿。到 2050 年，全球人口将达到 97 亿，68% 的人口（约 66 亿人）将居住在城市地区（Sun et al., 2020）。生产和人类消费的物质需求改变了地方和区域的土地利用和覆盖（Grimm et al., 2008）。度量城市人口变化与城市土地扩张之间的关系对城市可持续性发展至关重要。但是 SDG 11.3.1 属于 Tier Ⅱ，急需解决数据缺失的问题，且未考虑经济因素，无法全面衡量土地、人口和经济城镇化之间的协调度，因而需要借助地球大数据方法来准确刻画世界城镇化进程，统筹考虑环境、社会和经济因素，提高评估结果的准确性和科学性（Guo, 2019）。

所用地球大数据

◎ 土地利用数据：MODIS 卫星 MCD12Q1，空间分辨率 500 m。

◎ 人口数据：联合国统计数据 World Urbanization Prospects: The 2018 Revision。全球 1 km 分辨率 Gridded Population of the World, v.4（GPWv4），该数据根据联合国估计的国家人口数量进行了调整。

方法介绍

参考联合国相关规范（United Nations, 2018），将城市不透水面转换为建成区。LCRPGR计算公式如下：

$$\text{LCRPGR} = \frac{\text{LCR}}{\text{PGR}} = \frac{\ln(\text{Urb}_{t+n} / \text{Urb}_t)}{\ln(\text{Pop}_{t+n} / \text{Pop}_t)}$$

式中，Urb_t表示某城市在t年的建成区面积；Pop_t表示该城市在t年的人口数量；n表示年数。LCR、PGR分别表示两个时期之间的土地使用率、人口增长率。在此基础上，通过计算LCRPGR全面衡量土地、人口与经济城镇化之间的协调关系，并从地域分异、人口规模、功能属性等多个角度，对近20年以来世界城镇化进程的可持续性进行综合评估。

结果与分析

本案例采用MODIS卫星的土地利用类型数据和植被指数数据，结合人口和经济数据等，从全球视角对2001～2019年的全球城市化进程中的城市扩张、人口增长和城市环境变化进行了量化分析，筛选出城市建成区面积大于100 km^{2}的大城市，进行此次的分析。

提取562个城市2001年和2019年城市建成区面积，以及2001年和2020年人口数据，计算出城市建成区面积和人口多样性的增量，删除增量为负值的城市数据并取以10为底的对数，剔除差异值后做城市建成区面积增长和城市人口增长的相关性分析。

筛选出的全球大城市中，亚洲有165个城市建成区面积增加，占亚洲城市数量的75.00%，有55个城市建成区面积减小，占亚洲城市数量的25.00%；北美洲有113个城市建成区面积增加，占北美洲城市数量的83.09%，有23个城市建成区面积减小，占北美洲城市数量的16.91%；南美洲有53个城市建成区面积增加，占南美洲城市数量的98.15%，有1个城市建成区面积减小，占南美洲城市数量的1.85%；欧洲有68个城市建成区面积增加，占欧洲城市数量的55.74%，有54个城市建成区面积减小，占欧洲城市数量的44.26%；非洲有22个，大洋洲有8个城市建成区面积均增加（图4.5、图4.6）。在过去20年，世界城市中亚洲城市建成区增量最多。

2000～2020年六大洲土地使用率与人口增长率之比反映世界城镇化进程总体情况如表4.2所示。2000～2020年，随着人口和经济的快速增长，城市用地需求也增加。土地使用率与人口增长率之比在亚洲和非洲最高，用地面积增长都高于其他大洲，城市化进程较快。亚洲和非洲人口增长快于其他大洲，土地使用率与人口增长率之比显示亚洲和非洲人口快速增长可能是建成区面积增加的主因之一。人口城市化进程使房地产行业及其配套设

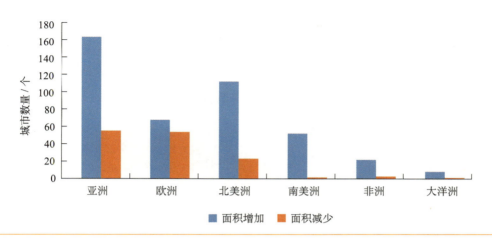

图 4.5　城市建成区面积增加和减小的城市数量

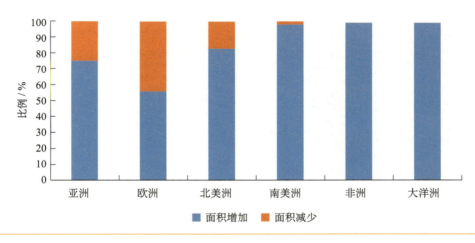

图 4.6　城市建成区面积增加和减小的城市占比

施向城市周边蔓延，导致城市建成区面积增加。城市地区是在多个层面推动环境变化的热点地区。

表 4.2　2000 ~ 2020 年 6 个大洲 LCRPGR 指数

	亚洲	欧洲	北美洲	南美洲	非洲	大洋洲
LCRPGR	1.71 ± 6.33	0.11 ± 0.10	0.31 ± 0.43	0.22 ± 0.78	1.85 ± 2.32	0.16 ± 0.16

从 2001 年到 2020 年，世界六大洲城市建成区面积增加和城市人口增长呈正相关（图 4.7）。城市人口增加是城市用地扩张的主要驱动因素，而城市用地扩张又会将更多的农业人口转换为城市人口，以政府主导的造城运动、以城市面积迅速扩张为主的土地城市化使农业人口向城市聚集。因此，城市人口增加可能是导致城市建成区面积增加的关键因素。

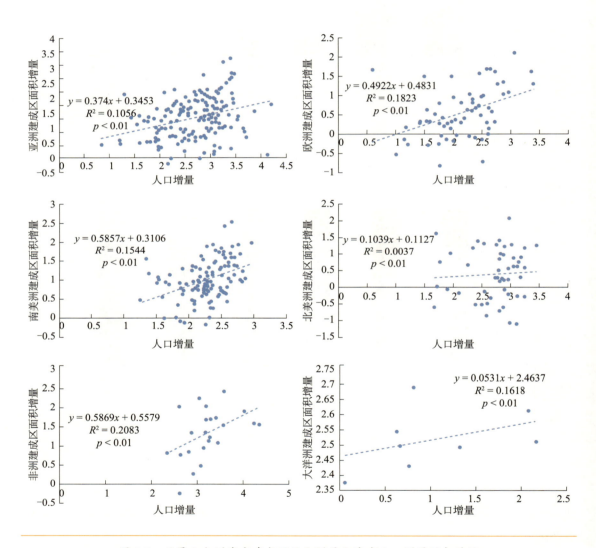

图 4.7　世界六大洲城市建成区面积增量和城市人口增量的相关性

成果亮点

- 采用 MODIS 卫星的土地利用类型数据和植被指数数据，结合人口和经济数据等，首次从全球视角对 2001～2018 年的全球城市化进程中的城市扩张、人口增长和城市环境变化进行了量化分析，揭示全球城市建成区面积大于 100 km² 的大城市的土地利用变化与人口增长的关系。

- 为全球城市可持续发展监测提供了一种低成本方法。21 世纪以来，在没有考虑城市建筑高度的情况下，城市扩张速度落后于人口增长。

讨论与展望

　　本案例的土地利用数据是基于 MODIS 卫星 MCD12Q1 得到的，空间分辨率为 500 m。随着近年来遥感数据和社会经济数据越来越精细，未来更小分辨率的城市土地利用数据和人口数据结合分析将可能更准确地刻画城市土地利用变化与人口增长率之间的关系。

4.3　共建"一带一路"合作国家不同规模城市用地效率分析

对应目标

SDG 11.3 到 2030 年，在所有国家加强包容和可持续的城市建设，加强参与性、综合性、可持续的人类住区规划和管理能力

对应指标

SDG 11.3.1 土地使用率与人口增长率之间的比率

案例背景

　　可持续城市和社区（SDG 11）的主旨是"建设包容、安全、有抵御灾害能力和可持续的城市和人类住区"（UN-Habitat, 2018a），其指标 SDG 11.3.1 定义为土地使用率与人口增长率之间的比率，旨在追踪随着城镇化进程的推进，城市土地如何使用的定量评估，进而从空间、人口和土地等更广泛的维度，为其他 SDG（如零饥饿、良好健康与福祉，以及优质教育等）的实现提供框架（UN-Habitat, 2018b；Parnell, 2016；Mudau et al., 2020）。随着城镇化进程的推进，城市需要不断地实施土地供给以容纳越来越多涌入城市的人口，SDG 11.3.1 可以用于更好地理解城镇化的发展以及城市用地效率信息，进而为合理地规划城市土地以及构建可持续城市提供决策支持（Melchiorri et al., 2019; Schiavina et al., 2019）。

　　由于 LCRPGR 只能从城市整体上描述城市的用地效率状况，本案例引入能够定量描述每个人所占用城市空间的人均土地使用率（LCPC）这一衍生指标，与 LCRPGR 相结合，可以从总建成区、已建城区和新建城区三个角度定量分析城市土地消耗和人口增长的关系，为地方政府及城市规划人员如何构建既具有经济活力又能够保持城市可持续性发展的决策方面提供支持。

所用地球大数据

◎ 人口数据：联合国发布的人口大于 30 万城市的统计人口数据以及 100 m 格网的 WorldPop 人口数据。

◎ 城市建成区数据：基于 2010 年、2015 年、2020 年三期 30 m、10 m 分辨率的不透水面栅格数据经过标准化转换的城市建成区矢量数据。

方法介绍

根据联合国提供的元数据信息，LCRPGR 的计算模型为

$$LCRPGR = \frac{LCR}{PGR} = \frac{\ln(Urb_{t+n} / Urb_t)}{\ln(Pop_{t+n} / Pop_t)}$$

式中，Urb_t 与 Urb_{t+n} 分别代表初期（第 t 年）和末期（第 $t+n$ 年）的城市建成区面积，单位为 km^2；Pop_t 与 Pop_{t+n} 分别代表初期（第 t 年）和末期（第 $t+n$ 年）的城市人口数据。

LCRPGR 并不能解释城市何时或何地变得过于拥挤或过于稀疏，同时存在结果值异常的问题（Mudau et al., 2020; Li et al., 2021）。而 LCPC 用于衡量建成区内每人在给定时间使用空间的多少，有助于理解城市内部变化，是联合国推荐的衍生指标。

$$LCPC = \frac{Urb_t}{Pop_t}$$

LCPC 指标中的用地与居民活动密切相关，包括住房以及用于教育、保健、文化、福利、娱乐和餐饮等基础设施用地。LCRPGR 表征总建成区的土地利用效率，而 LCPC 则可以分别从已建和新建城区的角度，定量描述城市的用地效率。其中已建城区是指变化时段初期的建成区大小，新建城区是指从变化时段初期至末期扩张的城市建成区面积。以阿尔巴尼亚首都地拉那为例，图 4.8 中浅蓝色部分是 2010 年的总建成区，即 2010～2015 年变化时段的已建城区；绿色部分是 2010～2015 年的新建城区；淡蓝色和绿色区域为 2015～2020 年变化时段中的已建城区；橙色区域为 2015～2020 年的新建城区。

结果与分析

利用 LCRPGR 及 LCPC 模型，计算了"一带一路"城市的 LCRPGR 及 LCPC 数值，计算结果如表 4.3 所示。

1. 不同地理分区城市 LCRPGR 统计及其结果分析

案例所用地球大数据分布于中亚（含南亚）、东南亚、西亚、欧洲以及非洲五个地区。各地理分区的城市土地使用率（LCR）、人口增长率（PGR）、土地使用率与人口增长率之间的比率（LCRPGR）如图 4.9 所示。从 2010～2015 年到 2015～2020 年，各地理分区城市

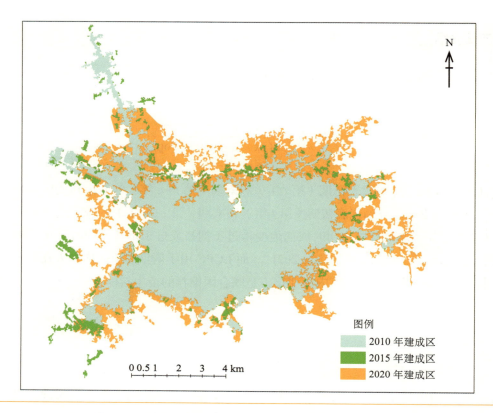

图 4.8　阿尔巴尼亚首都地拉那的三期城市建成区示意图

的 LCR、PGR 和 LCRPGR 的整体趋于降低，如图 4.9 所示。2015～2020 年时段 LCR 的降低主要是由于 2020 年的城市建成区规模相对于 2015 年扩张有限，而 2015 年相比 2010 年城市建成区规模扩张却很明显，使得 2010～2015 年的 LCR 比 2015～2020 年的数值高。与 LCR 趋势相同，各地理分区 PGR 呈现下降的趋势，其中东南亚和欧洲两个地区的下降趋势较缓，其他地区的 PGR 下降趋势陡峭，表明整体的人口增长速度趋于放缓，如图 4.9 所示。

2010～2015 年 LCR 和 PGR 数值最小的区域是欧洲，表明该变化时段欧洲地区城镇化水平相对较高。2015～2020 年 LCR 和 PGR 数值最大的区域为东南亚，表明该变化时段该地区人口及土地的变化幅度最大。

由于表征土地利用效率的 LCRPGR 是 LCR 与 PGR 的比值，因此计算得到的 LCRPGR 变化较 LCR 和 PGR 信息变化趋缓，如图 4.9 所示。

与 2010～2015 年的 LCRPGR 相比，2015～2020 年各地理分区的 LCRPGR 明显降低。其中中亚（含南亚）地区下降幅度最缓，主要是由于与 2015 年相比，2020 年的城市人口增加较少，使得 LCRPGR 值相对较大，所以两个变化时段的 LCRPGR 下降不明显。其他

表 4.3　2015～2020 年时段 LCRPGR、LCPC 模型的计算结果示例

城市	Pop_2015	Pop_2020	Urb_2015	Urb_2020	LCRPGR	LCPC_2015	LCPC_2020	LCPC_2015E	LCPC_2020E	LCPC_2015N	LCPC_2020N
阿尔及尔	2156.13	2767.66	469.71	635.91	1.21	217.85	229.77	177.34	204.65	392.88	351.75
卜利达	340.33	472.73	469.71	635.91	0.92	1380.17	1345.19	1123.53	1198.16	2489.08	2059.36
埃里温	1003.29	1086.28	133.83	144.62	0.98	133.39	133.13	125.69	131.30	252.99	161.00
维也纳	1460.46	1929.94	195.06	249.90	0.89	133.56	129.49	123.44	127.02	170.51	139.09
甘贾	316.52	340.91	58.97	62.68	0.82	186.30	183.86	141.97	178.44	345.63	355.32
吉大港	3621.82	5019.82	61.62	80.93	0.84	17.01	16.12	15.84	15.32	21.93	19.37
迈门辛	393.26	459.98	9.59	11.06	0.91	24.39	24.0539	20.84	22.62	41.63	40.92
拉杰沙希	726.68	907.73	15.40	18.80	0.90	21.19	20.71	18.45	19.62	37.32	27.68
明布尔	316.68	406.96	11.13	14.08	0.94	35.15	34.59	30.93	31.85	52.19	51.22
布列斯特	292.62	358.59	56.77	72.04	1.17	194.00	200.91	164.64	182.10	356.54	326.07
戈梅利	381.83	557.59	58.41	84.77	0.98	152.98	152.02	138.41	143.37	205.94	175.50

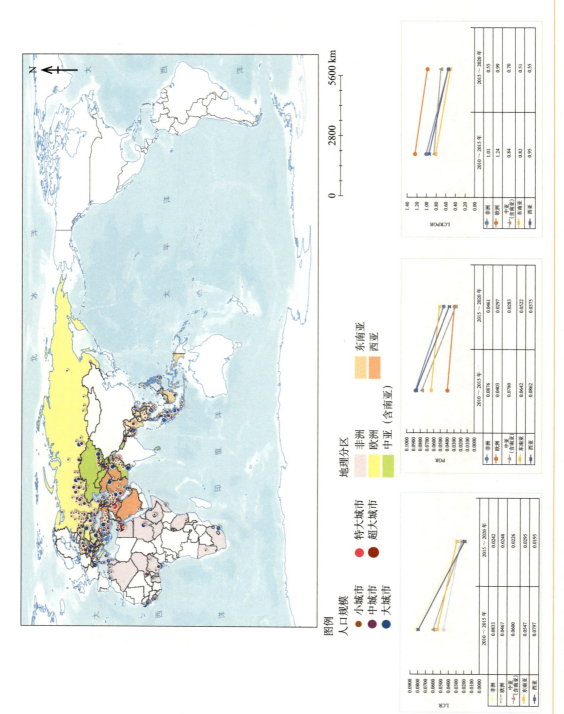

图4.9 本案例所用城市分布及 2010～2015 年和 2015～2020 年两个变化时段各地理分区的 LCR、PRG 及 LCRPGR 变化信息

地区 LCRPGR 下降幅度较大，说明城市土地利用趋于紧凑，对城市土地的可持续性将产生积极影响。

不同规模城市的 LCRPGR 在 2010～2015 年和 2015～2020 年两个时段有明显的下降，其中特大城市的下降幅度较小，其他类型城市 2015～2020 年的 LCRPGR 较 2010～2015 年下降幅度较大，说明与 2010～2015 年变化时段相比，2015～2020 年的城市土地利用效率提升显著，这无疑将会对城市用地的可持续性产生积极影响。

参与各地理分区计算的城市数量及 LCRPGR 如表 4.4 所示。由于空间上的差异以及城市分布的不均衡，各区域城市数量存在一定的差异。非洲的城市数量为 37 个，是所有分区中的最小值。而欧洲的城市数量最多，达 106 个。这表明分区统计的城市用地效率分析具有统计意义。

表 4.4　不同规模城市的数量、LCRPGR 及 LCPC

城市规模	城市数量 / 个	LCRPGR（2010 ~ 2015 年）	LCRPGR（2015 ~ 2020 年）	范围	LCPC		
					2010 年	2015 年	2020 年
超大城市	3	1.29	0.71	总建成区	29.50	31.39	30.14
				已建城区	29.50	26.22	28.39
				新建城区	—	84.67	115.79
特大城市	4	0.64	0.49	总建成区	68.94	62.54	56.70
				已建城区	68.94	60.36	55.58
				新建城区	—	86.27	75.47
大型城市	45	1.06	0.59	总建成区	87.95	88.55	88.11
				已建城区	87.95	80.20	85.33
				新建城区	—	146.33	134.63
中型城市	73	1.12	0.72	总建成区	97.36	97.73	95.95
				已建城区	97.36	90.37	92.98
				新建城区	—	161.21	124.17
小型城市	214	0.95	0.72	总建成区	111.24	109.74	102.05
				已建城区	111.24	100.28	100.71
				新建城区	—	161.14	106.55
全部城市	339	1.00	0.70		—		

不同人口规模的城市数量则差异性明显。其中超大城市和特大城市数量较少，分别只有 3 个和 4 个，大型、中型、小型的城市数量则分别是 45 个、73 个和 214 个，与特大及超大城市相比，大型、中型、小型城市的城市用地效率及变化更具统计意义。

2. 各地理分区城市 LCPC 统计及其结果分析

各地理分区 2010 年、2015 年以及 2020 年三个时期总建成区、已建城区和新建城区的 LCPC 如表 4.5 所示。无论是总建成区还是已建城区，欧洲的 LCPC 趋于平稳，表征该地区的城市化水平趋于稳定。而其他多数地区的 LCPC 则随着时间的变化呈降低的趋势，表明整体上城市土地的利用效率在升高。这与 LCRPGR 的分析结果具有很好的一致性。

表 4.5　各地理分区的城市数量、LCRPGR 及 LCPC

区域	城市数量 / 个	LCRPGR（2010 ~ 2015 年）	LCRPGR（2015 ~ 2020 年）	范围	LCPC		
					2010 年	2015 年	2020 年
西亚	66	0.95	0.55	总建成区	112.38	107.12	96.85
				已建城区	112.38	98.09	95.67
				新建城区	—	142.78	133.28
中亚（含南亚）	43	0.84	0.70	总建成区	104.63	99.62	91.89
				已建城区	104.63	91.85	89.10
				新建城区	—	139.68	142.32
东南亚	87	0.82	0.51	总建成区	78.47	75.62	72.76
				已建城区	78.47	69.34	70.85
				新建城区	—	117.22	88.75
欧洲	106	1.24	0.99	总建成区	118.55	122.59	119.82
				已建城区	118.55	114.44	119.45
				新建城区	—	200.59	92.89
非洲	37	1.01	0.55	总建成区	112.58	115.24	107.62
				已建城区	112.58	97.72	101.09
				新建城区	—	189.38	169.52
全部城市	339	1.00	0.70		—		

在新建城区，除了欧洲 2020 年的 LCPC，其他地理分区 2015 年和 2020 年新建城区的 LCPC 均高于已建成区和总建成区的 LCPC。这表明，从总体上而言，城市扩张地区的人均土地消耗要高于已建城区，即与已建城区相比，城市扩张地区的土地利用存在一定程度的土地利用效率低下的问题。从 2015～2020 年时间变化角度来看，除了中亚（含南亚）地区外，其他地区新建城区的 LCPC 呈下降趋势，表明随着城市化进程的推进，新建城区土地利用效率在增加，无疑将对城市的可持续性产生积极影响。

从城市规模角度来看，各规模类型城市在总建成区和已建城区的 LCPC 随着时间变化趋于稳定，数值变化幅度较小（表 4.5）。LCPC 的数值从超大城市、特大城市、大型城市、中型城市以及小型城市依次升高，表明随着城市规模的增大，城市 LCPC 降低，城市土地利用效率提高。从这个角度来说，城市规模越大，其土地利用效率越高，越有利于城市土地利用的可持续发展。

与不同地理分区的结果相同，各规模类型城市新建城区的 LCPC 均高于已建城区。时间变化方面，除了超大城市新建城区 LCPC 升高外，其他规模城市的 LCPC 均呈下降趋势，表明在城市扩张地区，城市的土地利用效率呈现提高的趋势。

成果亮点

- 在已有 2010 年、2015 年城市建成区数据基础上，更新了共建"一带一路"合作国家 339 个城市 2020 年城市建成区数据。

- LCRPGR 的结果表明，与 2010～2015 年变化时段相比，2015～2020 年的 LCRPGR 整体呈下降趋势，表明城市用地效率有所提升，将对城市的可持续性产生积极影响。

- LCPC 的结果表明，2010 年、2015 年、2020 年，各地理分区及不同规模城市，其已建、新建城区土地使用效率均呈现提升趋势。且随着城市规模的增大，城市土地利用效率提升效果显著。相反，城市规模越小，其城市土地存在非集约化利用的现象则更明显，这说明中小型规模城市土地利用效率需要给予更多关注。

讨论与展望

本案例采用共建"一带一路"合作国家 339 个城市 2010 年、2015 年和 2020 年三年两期的数据对城市用地效率进行了研究，结果表明：

（1）无论是从地理分区的角度，还是从城市规模的角度，这 339 个城市的 LCRPGR 从 2010～2015 年至 2015～2020 年变化时段整体呈下降趋势，表明这些城市的土地利用趋于紧凑，无疑将会对城市土地的可持续利用产生积极影响。

（2）2010～2015 年、2015～2020 年这两个变化时段，无论从地理分区还是城市规模角度，其已建城区、新建城区的 LCPC 总体下降，表明城市土地使用效率呈提升趋势。随着城市规模的增大，城市土地利用效率提升效果显著，表明城市规模越大，其土地的可持续性越高。相反，城市规模越小，其城市土地利用存在非集约化利用的现象则更明显。因此，在城市土地利用的可持续评估方面，除了关注大城市之外，中小型规模城市土地利用效率需要给予更多关注。

上述研究结论的取得均基于统计分析的角度，其背后隐藏的原因及驱动因素分析将会是后续研究的重点。此外，虽然整体上而言，共建"一带一路"合作国家的城市土地可持续性在提高，但其中亦有例外，比如超大城市新建城区的 LCPC 明显高于已建城区且随着时间呈增加的趋势。这些现象的进一步分析及原因挖掘将是本案例下一阶段着力解决的主要问题。

4.4　共建"一带一路"合作国家及其周边国家世界文化遗产地城市化发展综合评估

对应目标

SDG 11.4 进一步努力保护和捍卫世界文化和自然遗产

对应指标

SDG 11.4.1 保存、保护和养护所有文化和自然遗产的人均支出总额，按资金来源（公共、私人），遗产类型（文化、自然）和政府级别（国家、区域和地方/市）分列

案例背景

联合国在 SDG 11.4 中提出"进一步努力保护和捍卫世界文化和自然遗产"，并给出 SDG 11.4.1"保存、保护和养护所有文化和自然遗产的人均支出总额"的指标计算方法，但该指标仅包含对遗产地的资金投入（United Nations, 2015）。不同环境、规模、类型和材质的文化遗产地所需保护力度和方案并不相同，因此应尽可能考虑遗产地的属性特性，合理分配资源、制订方案保护世界文化遗产地。只有通过全面综合地分析世界遗产面临的自然和人为风险，从整体上对世界遗产保护需求做到科学认识，才能够实现有区别、有针对性地开展世界遗产的保护指导与实施（Hadjimitsis et al., 2013; Luo et al., 2019）。

共建"一带一路"合作国家及其周边国家的文化遗产及混合遗产数量占全球的 84.4%，具有重要的研究价值（Guo, 2018）。近几十年来，该区域的城市化进程与文化遗产保护之间的矛盾逐渐显现。一方面，大规模的建筑新建和道路扩建等破坏了历史街区等城市文化遗产的原真性和整体性；另一方面，城市化带来的局地环境与气候变化也对文化遗产造成威胁，加剧了位于城镇地区的文化遗产地面临的压力与风险。基于共建"一带一路"合作国家及其周边国家世界文化遗产的时空分布特征，本案例综合考虑由城市化给文化遗产地造成的潜在的自然与人为风险，提出空间化的综合城市发展指数（comprehensive urban development index，CUDI），作为监测文化遗产地周边城市发展及环境、气候动态的新指标。利用该指标监测遗产地周边城市发展过程中六类与遗产地保护相关的人为和自然因素的强度及其空间分布和时间变化特征，定量刻画和评估了共建"一带一路"合作国家及其

周边国家文化遗产地可能面临的风险。评估结果能够为文化遗产保护的对策和措施提出建议，从宏观层面为 UNESCO 以及相关国家和地区实现"进一步努力保护和捍卫世界文化和自然遗产"这一可持续发展指标提供科学参考。

所用地球大数据

◎ 2010 年、2015 年、2020 年全球人口格网数据，由 WorldPop 发布的 2000～2020 年逐年人口格网数据，空间分辨率为 1000 m。

◎ 2010 年、2015 年、2020 年全球建设用地数据，Landsat-5 TM、Landsat-8 OLI 卫星遥感影像获取的全球建设用地数据产品，空间分辨率为 30 m，整体分类精度优于 90%。

◎ 2012 年、2015 年、2020 年全球夜间灯光数据，由地球观测小组（Earth Observation Group）发布的全球逐年可见红外成像辐射计（VIIRS）VNL V2 数据，空间分辨率为 500 m。

◎ 2010 年、2015 年、2020 年全球 NO_2 柱浓度数据，采用对流层排放监测网（TEMIS）提供的臭氧观测仪（OMI）月均对流层 NO_2 柱浓度数据，空间分辨率在赤道地区为 0.125°。

◎ 2010 年、2015 年、2020 年全球地表温度数据，采用 MODIS 全球 8 天合成地表温度数据，空间分辨率为 1000 m。

◎ 2010 年、2015 年、2020 年全球降水数据，采用 ERA5-Land 再分析数据集中全球月总降水量数据，空间分辨率为 0.1°。

方法介绍

综合考虑遗产地面临的人为和自然风险，选择六类地球大数据产品（人口密度、建设用地、夜间灯光、NO_2 柱浓度、温度和降水）来衡量遗产地周边区域城市发展情况。其中人口密度、建设用地、夜间灯光数据主要表征基础设施开发建设和人类活动等人为风险，NO_2 柱浓度、温度和降水反映城市化带来的气候环境方面的自然风险。基于 2010 年、2015 年和 2020 年地球大数据产品，进行标准化处理和空间分析，以遗产地为中心建立 1000 m、3000 m 和 5000 m 的缓冲区，计算各区域子指标的值，得到遗产地子指标在时间和空间上的变化情况。基于标准化子指标均值，得到遗产地周边区域 CUDI（Lu et al., 2019），计算公式如下：

$$CUDI = \frac{1}{N}\sum_{K=1}^{N}\frac{X_K - \min_K}{\max_K - \min_K}$$

式中，N 表示子指标总数；X_K 表示某一遗产地缓冲区第 K 个子指标的均值；$\min_K$ 和 $\max_K$ 分别表示遗产地中第 K 个指标的最小值和最大值。

最后分析综合指标在不同时间空间上的变化情况，并结合遗产地实际情况分析研究区城市扩张格局、过程和趋势及其对遗产地造成的影响。

结果与分析

本案例选择了 79 处位于共建"一带一路"合作国家及其周边国家城镇居民点附近的文化遗产地，计算其周边区域 2000 年、2015 年和 2020 年的 CUDI，并计算两个 5 年间 CUDI 值的变化率，分析文化遗产地周边城市发展的时间、空间变化特征及对文化遗产地的影响。

共建"一带一路"合作国家及其周边国家世界文化遗产的各子指标和综合指标整体变化如图 4.10 所示。CUDI 均值从 2010 年的 0.325 上升到 2015 年的 0.343，再小幅上升到 2020 年的 0.345，说明这 79 个文化遗产地周边的城市发展活动的强度仍不断增加；人口密度、夜间灯光和建设用地三个指标的均值不断增长，说明整体上遗产地周边城市化程度在不断提高；表征大气污染指标的 NO_2 柱浓度下降明显，表明遗产地周边城市空气质量有所改善，这得益于各国政府对废水废气排放（尤其是工业污染）的管控。

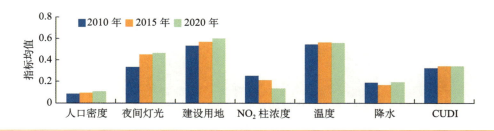

图 4.10　2010 年、2015 年和 2020 年共建"一带一路"合作国家及其周边国家文化遗产地各指标均值

2010～2015 年、2015～2020 年共建"一带一路"合作国家及其周边国家文化遗产地 CUDI 值的空间分布和变化如图 4.11 所示。所选的 79 个文化遗产地中 2010～2015 年 CUDI 高速增长（变化率≥20%）的地区共 14 个，13 个分布在欧洲，主要增长点为夜间灯光指数，另一个是中国的苏州园林，主要增长点为建设用地和 NO_2 柱浓度。2015～2020 年 CUDI 高速增长的地区仅有尼泊尔的加德满都谷地，主要增长点为人口密度和夜间灯光。通过两个时期的对比可以发现 2015～2020 年 CUDI 值的增速显著放缓。

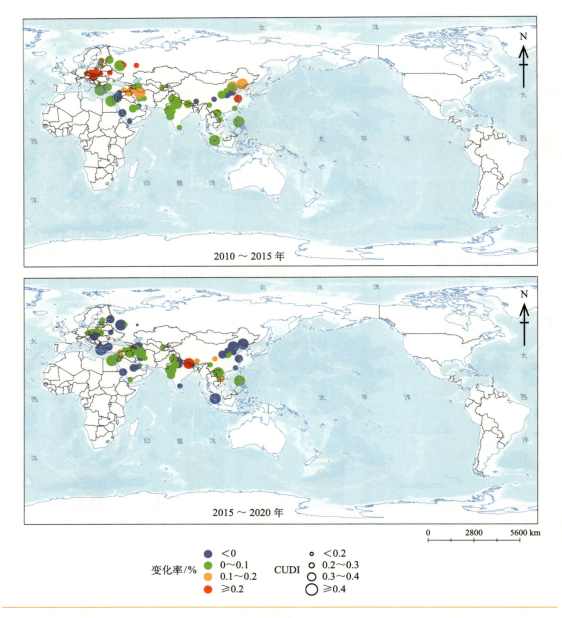

图 4.11　2010～2015 年、2015～2020 年本案例选择的文化遗产地 CUDI 值的空间分布及变化

　　在 2010 年、2015 年和 2020 年 79 个世界文化遗产地中保持高 CUDI 值的地区共 18 个，其中亚太地区有 10 个，阿拉伯地区有 5 个，欧洲地区有 3 个；在 2015 年和 2020 年新增的高 CUDI 值地区有 2 个，都在欠发达地区。因此，在 CUDI 值较高及保持高速增长的文化遗产地（如加德满都谷地）所面对的风险应引起重视，尽早提出相应的保护措施，以避免城市化对文化遗产地造成破坏。

成果亮点

- 数据集：共建"一带一路"合作国家及其周边国家世界文化遗产地城市化发展综合评估数据集。

- 方法特色：针对世界文化遗产地面临的风险，提出综合性空间化的城市发展综合指数。

- 决策支持：相关成果数据及评估报告提供给联合国教育、科学及文化组织及"数字丝路"国际合作伙伴。

- 与可持续发展进展的关系：支撑联合国可持续发展报告 SDG 11.4 部分撰写，为文化遗产地保护提供科学依据。

讨论与展望

随着国际组织的倡导和相关遗产地数据的发布，国家和当地政府的管控力度和要求不断提高，整体上世界文化遗产地周边的不利因素在逐渐消除，但在文化遗产地保护上依然存在不平衡、不充分的问题。在研究区，政治稳定、经济发达的地区具有明显的优势，能快速制定和落实相应保护政策，而部分欠发达地区要面对更多的问题。如何在稳定发展的同时保护世界文化遗产是亟待解决的共同难题。综合考虑城市发展过程中人为建设、生产活动、自然环境及气候变化的影响，选择多种地球大数据获取城市发展综合指数，动态监测世界文化遗产地周边城市发展状况，能够及时发现和预防可能对文化遗产地造成破坏的因素，为相关机构及组织世界遗产地管理和保护政策的制定与加强提供依据，助力文化遗产地的可持续发展。

随着高分辨率卫星影像数据和其他地球大数据产品的出现，更高分辨率和质量的空间数据的采用可以进一步提高城市发展综合指数评估精度。通过结合地面观测、社会经济统计数据等，可以在典型文化遗产地验证和应用地球大数据城市发展指数的评估结果。今后可将该指标应用在全球尺度，为 SDG 11.4.1 这一指标的评估提供有力补充。此外，在未来研究中可以不断丰富子指标，使城市发展综合指数更贴切地反映文化遗产地周边城市化的影响。

4.5　世界文化遗产地表干扰度核算与诠析

对应目标

SDG 11.4　进一步努力保护和捍卫世界文化和自然遗产

对应指标

SDG 11.4.1　保存、保护和养护所有文化和自然遗产的人均支出总额，按资金来源（公共、私人），遗产类型（文化、自然）和政府级别（国家、区域和地方/市）分列

案例背景

　　世界文化遗产是人类的宝贵财富，是全人类公认的具有突出意义和普遍价值的文物古迹，对世界文化遗产进行有效的风险管理和评估具有重要意义。联合国在 2015 年提出要"进一步努力保护和捍卫世界文化和自然遗产"的目标（SDG 11.4）（United Nations, 2015）。该目标在刚提出时属于 Tier Ⅲ，即指标和方法均缺失的状态；2019 年经过重新评估，仍处于 Tier Ⅱ，即数据不完整、方法不完善阶段，亟须发展更完善的定量指标以支持世界文化遗产的可持续发展（Nocca, 2017）。近年来，城市发展迅速、人口增长快、气候环境变化大，对世界文化遗产的赋存环境造成了干扰（Ashrafi et al., 2021）。基于世界文化遗产保护真实性和完整性两大原则，人类活动和自然因素对世界文化遗产地（下文简称为"遗产地"）的干扰行为需要定量评估，以便及时发现潜在的风险。

　　本案例提出了一种针对文化遗产赋存环境地表要素变化的测度指标，该指标定量刻画了在一段时期人类活动和自然因素对文化遗产赋存环境的干扰程度。以全球古迹和古建筑类的世界文化遗产为例，本案例生产了全球亚米级世界文化遗产（古迹/古建筑类）2015～2020 年地表干扰度数据集，为 SDG 11.4 实现提供了定量监测数据。通过进一步研究干扰度指标与遗产地国家人均 GDP 关联印迹，揭示并印证了资金投入对世界文化遗产可持续保护的重要性。

所用地球大数据

◎ 以 2015 年和 2020 年高分辨率的谷歌地球遥感影像作为基准（部分地区的影像在该时间没有数据，因此与基准时相有偏差），超过 90% 的影像为亚米级空间分辨率，分辨率的平均值为 0.43 m。

◎ 286 个古迹 / 古建筑类世界文化遗产地核心区和缓冲区边界矢量数据（根据 UNESCO 世界遗产中心文本图件生产获得），其中约 6% 和 20% 的遗产地分别缺少核心区和缓冲区的范围。

◎ 联合国统计数据库 UNData 提供的 2015 年和 2020 年的 GDP 和人口数据（网址：https://data.un.org/en/index.html）。

方法介绍

　　本案例基于 2015 年和 2020 年两期高分辨率的谷歌地球遥感影像，监测文化遗产地赋存环境的土地类别变化。首先，对双时相图像进行配准和叠加，采用多尺度分割技术，将双时相图像分割成同质图斑；基于变化向量分析得到差分图像，利用 OTSU 算法确定变化 /非变化像素的阈值，得到变化图斑；在变化图斑单元上使用深度学习技术进行分类，得到变化斑块的土地覆盖变化类型。然后，将双时相影像分为五个土地覆盖类别：水体、裸地、建筑用地、农用地和植被。其中，建筑用地和农用地是人类干扰活动的主要因子，水体、裸地和植被主要反映自然因素的影响。深度学习采用的是 ResNet-50 网络结构（He et al.,2016），分类样本来源于谷歌地球影像样本和公开的场景数据集，经数据增强处理后总数超过 6 万张。基于变化检测结果，分别核算变化斑块面积在核心区与缓冲区所占的百分比，该比例定义为世界文化遗产的干扰度指标。最后，将干扰度指标与遗产地所在国家和全球区域的人均 GDP 进行时空诠析，揭示社会发展水平对遗产地可持续发展的影响，从而为文化遗产保护提供第一手科学数据和方法支撑。

结果与分析

　　根据 UNESCO 和世界遗产组织（World Heritage Centre）定义，核心区有严格的管控制度，人类活动的干扰程度要降低到最小；缓冲区是通过限制其使用而为世界文化遗产提供保护的区域（UNESCO, 1988），但提倡对世界文化遗产周边资源的合理利用（UNESCO,2005）。因此，核心区应严格无变化，即干扰度指标越小说明保护力度越好；缓冲区的变化不宜过多过快，对干扰度大的遗产地需要实施长期监测和评估。

图 4.12 和图 4.13 分别显示了各个国家的世界文化遗产（古迹／古建筑类）地在双线范围干扰度指标。核心区研究结果显示：①欧洲国家遗产地核心区干扰度总体位于低值（＜0.33%）到中值（0.67%～1.00%）区间，仍呈现取值分布不均的情况，例如斯洛伐克的遗产地因新增建筑用地，核心区干扰度处于高值（＞2.00%）；②亚洲国家遗产地核心区干扰度处于低值到中值区间，其中中国干扰度处于低值，显示出中国对遗产地核心区保护的严格把控；③美洲大部分国家干扰度较低，但美国世界遗产地核心区因建筑用地的增加，干扰度达 2.00%；④非洲大部分国家遗产地核心区干扰度较低，仅塞内加尔因为新增建筑用地而干扰度较高（1.58%）。

　　遗产地缓冲区干扰度指标相较于核心区呈现明显增强。缓冲区研究结果显示：①欧洲国家遗产地缓冲区干扰度总体分布在低值（＜0.67%），中欧地区的少数国家出现了高干扰度值（＞3.00%），如匈牙利的遗产地大型基础设施建设，干扰度达到了 4.27%。②亚洲国家缓冲区干扰度呈现显著差异性。其中尼泊尔和哈萨克斯坦处于高值区间，同地震灾害和人类扰动双重影响相关；中国的遗产地缓冲区干扰度处在中值水平（1.33%～2.00%），主要变化由环境整治引起。③非洲和美洲国家遗产地缓冲区干扰度分布以低值为主，其中西非国家和中美国家出现了零星中值分布。

　　根据遗产地分布的 72 个国家，将全球划分为 19 个区域，分析遗产地所在国家／全球区域与人均 GDP 社会经济指标的关系（图 4.14 和图 4.15）。按照各国的人均 GDP 水平，将各国分为发达国家、发展中国家和欠发达国家，分析不同发展水平国家干扰度的分布（图 4.16）和相关性（图 4.17）。

　　分析发现，发达地区的遗产地缓冲区干扰度值较低且与 GDP 增长呈现较明显的负相关趋势。以欧洲为代表的发达国家，文化遗产保护利用机制、体制已经完善，人口密度不高且城市化进程基本完成，对建设需求较低，因此表现为对遗产地的扰动较小。但发达国家的核心区也存在少量特例，例如挪威和比利时，由于核心区体量较小，零星的地表要素变化导致了较高的干扰度。欠发达区域呈现两极分化状态：一方面，一些地区（如南美洲）社会经济发展较为缓慢，对文化遗产保护投入资金有限，对遗产地的自然放任间接降低了人类扰动影响；另一方面，受人类活动和自然因素的影响，某些地区（如非洲）对遗产地缓冲区缺乏有效管理，出现了较大比例的高干扰度。发展中国家人口总量大且近年来经济发展较快，城市扩张、旅游开发、环境整治等事项并行推进，使得这些国家遗产地的核心区和缓冲区均出现了中等水平至高水平的干扰度。

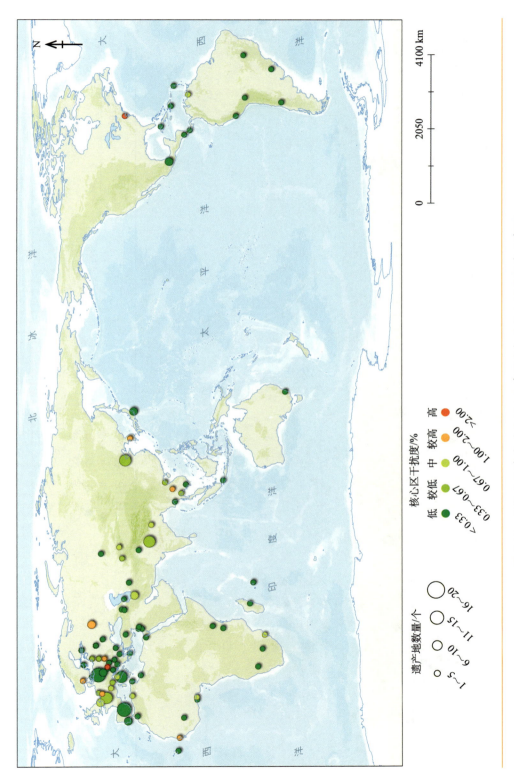

图 4.12　世界文化遗产（古迹/古建筑类）地核心区干扰度分布图

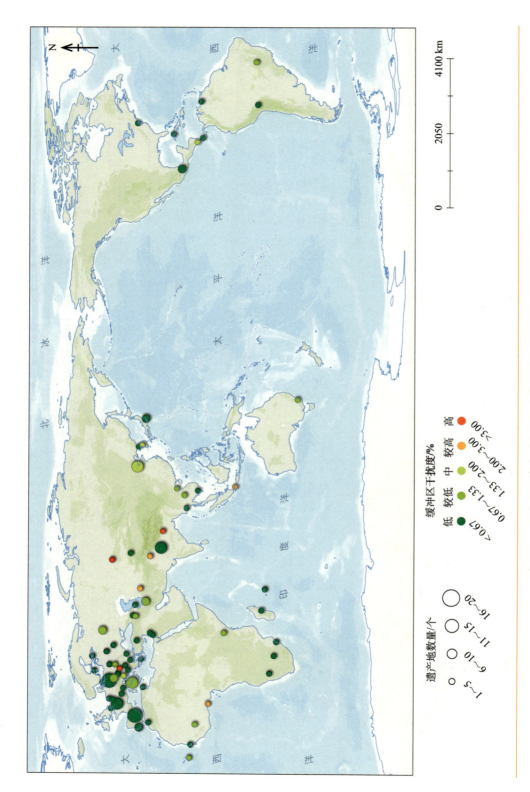

图 4.13　世界文化遗产（古迹 / 古建筑类）地缓冲区干扰度分布图

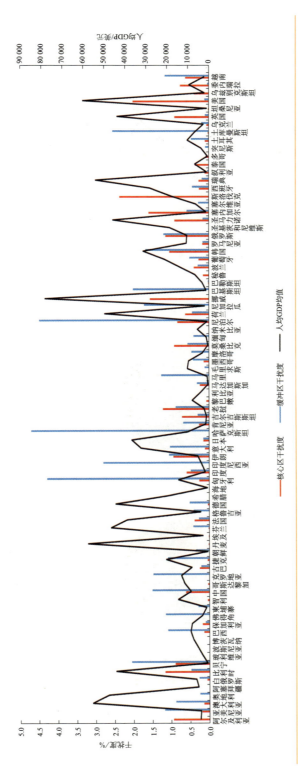

图 4.14　世界文化遗产（古迹／古建筑类）国家干扰度指标与人均 GDP

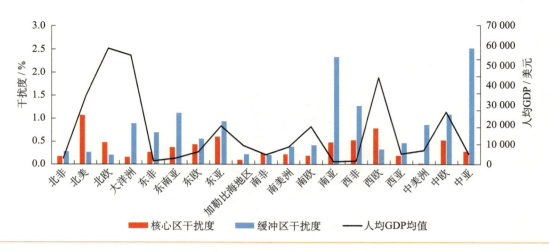

图 4.15　世界文化遗产（古迹 / 古建筑类）全球区域干扰度指标与人均 GDP

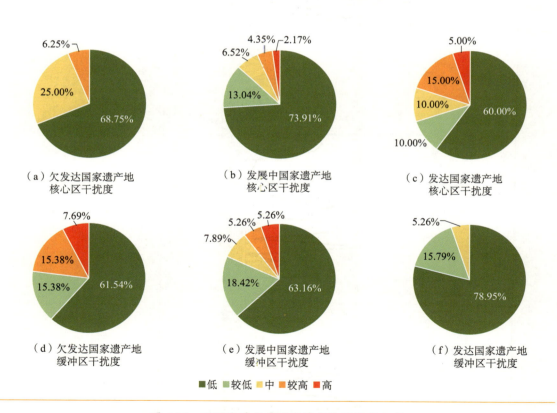

图 4.16　不同发展水平国家遗产地干扰度分布

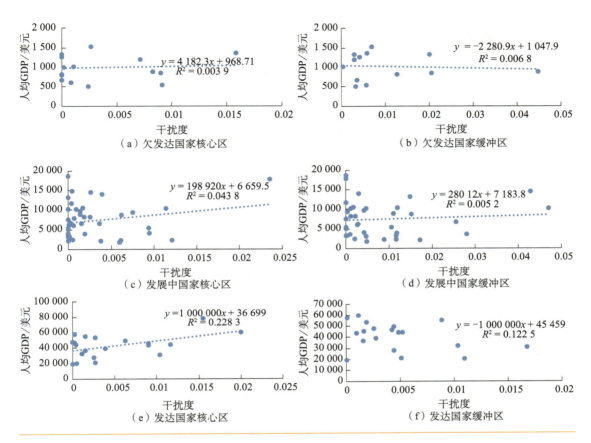

图 4.17 不同发展水平国家遗产地干扰度相关性分析

成果亮点

- 提出测度文化遗产可持续发展的新指标，生产了全球亚米级世界文化遗产（古迹/古建筑类）2015～2020 年地表干扰度测度数据集，解决 SDG 11.4 数据不完整、指标单一的问题。

- 通过各国遗产地干扰度指标和人均 GDP 的时空关联印迹，发现世界文化遗产保护水平与社会经济发展程度的相关性，揭示资金投入对世界文化遗产永续利用的推动作用。

讨论与展望

本案例提出的地表干扰度指标实现了对世界文化遗产的亚米级精细监测，为 SDG 11.4 世界文化遗产监测指标提供了数据和技术支持。该指标可直观地反映地表要素的变化，结合基于云平台的地球大数据高效获取以及智能化的深度学习技术，干扰度指标及其技术方法有望拓展至对其他类型文化遗产（如古遗址、历史城镇、文化景观等）的监测和评估。

得益于高时空分辨率遥感对地观测技术的进步，根据遗产地具体需求，建议实施年度更新的世界文化遗产干扰度测度评估，及时把控保护利用现状和未来发展趋势，为世界文化遗产保护提供空间技术新助力。

4.6　全球世界自然遗产地保护指标监测与评价

对应目标

SDG 11.4　进一步努力保护和捍卫世界文化和自然遗产

对应指标

SDG 11.4.1　保存、保护和养护所有文化和自然遗产的人均支出总额，按资金来源（公共、私人），遗产类型（文化、自然）和政府级别（国家、区域和地方/市）分列

案例背景

　　SDG 11.4 "进一步努力保护和捍卫世界文化和自然遗产"包含 1 个指标，即 SDG 11.4.1 "保存、保护和养护所有文化和自然遗产的人均支出总额"。2020 年以前，国内外基于该指标的研究多停留在理论研究阶段，并提出了多种改进方法。2020 年的"中国 UNESCO 名录遗产地保护指标监测与评价"案例在先前理论研究基础上（Guo，2020），利用中国区域的示范数据对 SDG 11.4.1 改进指标的适用性进行测度，提出了改进指标的适用范围和阈值含义；考虑到原有 SDG 11.4.1 指标仅从资金角度反映遗产保护和发展的现状，该案例提出了基于地表覆被数据的人为干预度指标及其测度方法，丰富和发展了自然遗产 SDGs 测度指标。本案例对提出的人为干预度指标进行全球世界自然遗产测度，检验指标的全球适用性，实现指标测度结果的全球可比性。

　　本案例聚焦 SDG 11.4，利用全球地表覆盖 GlobeLand30 数据，提取 2010 年和 2020 年全球 175 个世界自然遗产地（以下简称遗产地）的人工设施、农田等干预要素数据，分析人类活动干预状况及驱动力，初步实现了人为干预度指标的全球测度，发展了自然遗产（或自然保护地）可持续发展目标评价指标，从而更好地支持遗产地保护、管理与可持续发展。

所用地球大数据

◎ 2010 年、2020 年全球地表覆盖 GlobeLand30 数据，由自然资源部组织制作并发布（http://www.globallandcover.com/）。

◎ 谷歌地球高分辨率卫星影像数据。

◎ 全球自然遗产、混合遗产地边界和属性数据源自 WDPA 数据库，遗产价值，保护政策和现状，有关新闻报道等，数据源自 UNESCO 世界遗产中心官方网站（http://whc.unesco.org/）。

方法介绍

　　GlobeLand30 地表覆盖数据是中国研制的 30 m 空间分辨率全球地表覆盖数据，采用 WGS-84 坐标系。数据研制所使用的分类影像主要是 30 m 多光谱影像，2020 年版数据还使用了 16 m 分辨率"高分一号"（GF-1）多光谱影像。经验证，GlobeLand30 地表覆盖数据分类精度较高，2010 年版的总体精度为 83.50%，Kappa 系数为 0.78；2020 年版的总体精度为 85.72%，Kappa 系数为 0.82。图 4.18 以韩国济州火山岛和熔岩洞为例，展示了 GlobeLand30 地表覆盖数据与谷歌地球历史数据对比情况，可以看出 GlobeLand30 地物分类和面积基本保持准确。

图 4.18　GlobeLand30 地表覆盖数据与谷歌地球历史数据对比（以韩国济州火山岛和熔岩洞为例）

　　因投影拼接、投影导致的裁剪错误、影像无法覆盖等问题，该数据覆盖的世界自然遗产地为 175 个，覆盖率为 72.6%。该数据共包含 10 种地表覆盖类型，即农田、林地、草地、灌木地、湿地、水体、苔原、人工设施、裸地、冰川和永久积雪地物，其中人工设施和农田被作为人为干预度（human intervention degree，HID）计算的关键参数。根据遗产地的地表覆盖要素监测结果，并引入类型权重和功能区权重，计算遗产地 HID，模型表示为

$$HID = \frac{a_1 b_1 x_{11} + a_2 b_2 x_{22} + \cdots + a_i b_j x_{ij}}{x} \times 100\%$$

式中，x 为遗产地核心区和缓冲区面积总和，其中缓冲区面积为边界两侧各 2 km 空间范围。x_{ij} 为 i 类干预要素在 j 功能区的面积；a_i 为农田或人工设施等干预要素对遗产地干预程度的权重（简称类型权重），案例确定农田和人工设施的类型权重分别为 0.4 和 0.6；b_j 为每类干扰要素类型所在的功能区（核心区、缓冲区）的影响权重（简称功能区权重），这里核心区和缓冲区的人为干预权重分别确定为 0.7 和 0.3。

最终，将人为干预度计算结果按照自然间断点分级法分为五个级别，分别是人为干预明显减弱、轻微减弱、基本维持稳定、轻微增强和明显增强。

结果与分析

按照人为干预度变化的大小顺序对遗产地进行编号，制作 2010～2020 年全球世界自然遗产人为干预度动态变化图（图 4.19），结果显示：10 年间全球世界自然遗产人为干预度值整体变化不大（基本维持在 ±2% 以内），但存在一定空间差异。

人为干预基本维持稳定的世界自然遗产占比 76%，人为干预减弱占比 8%，人为干预增强占比 16%。其中，状态稳定的世界自然遗产数量较多，但受到人为干预增强的遗产数量远远超过人为干预减弱的遗产数量，变化幅度也更大，这些遗产未来应予以格外关注。

（a）人为干预度变化率统计　　　（b）人为干预度变化状态的比例分布

图 4.19　2010～2020 年全球世界自然遗产人为干预度变化图

从 2010～2020 年全球世界自然遗产人为干预度变化的空间差异看（图 4.20），人为干预度加强的世界自然遗产主要集中于欧洲南部、亚洲东部、南部以及非洲南部国家。

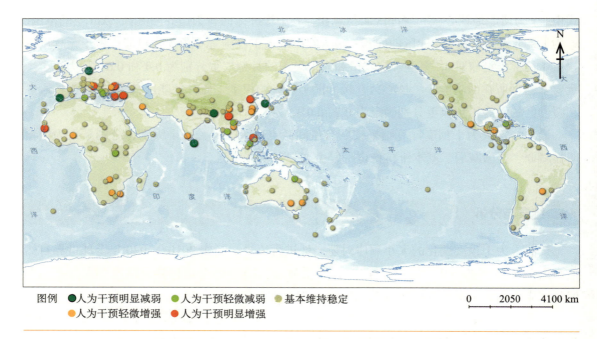

图例　● 人为干预明显减弱　● 人为干预轻微减弱　● 基本维持稳定
　　　　● 人为干预轻微增强　● 人为干预明显增强

0　　2050　　4100 km

图 4.20　2010～2020 年全球世界自然遗产人为干预度变化的空间差异

　　从人为干预要素时空分布图（图 4.21）可以看出，各个遗产地人工设施变化主要集中于边界区域和内部的游览区域，反映出遗产地遗产保护和当地社区发展之间的冲突与压力。

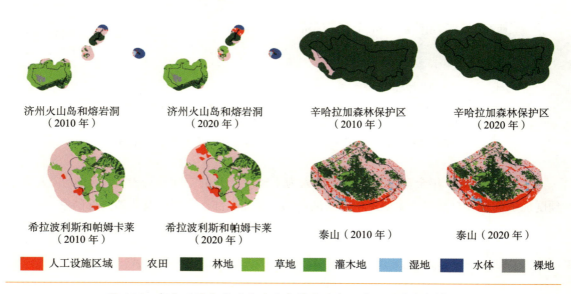

| 济州火山岛和熔岩洞（2010 年） | 济州火山岛和熔岩洞（2020 年） | 辛哈拉加森林保护区（2010 年） | 辛哈拉加森林保护区（2020 年） |

| 希拉波利斯和帕姆卡莱（2010 年） | 希拉波利斯和帕姆卡莱（2020 年） | 泰山（2010 年） | 泰山（2020 年） |

■ 人工设施区域　　■ 农田　　■ 林地　　■ 草地　　■ 灌木地　　■ 湿地　　■ 水体　　■ 裸地

图 4.21　部分世界自然遗产地地表覆盖（含人为干预要素）情况

其中，韩国的济州火山岛和熔岩洞以及斯里兰卡的辛哈拉加森林保护区可作为
UNESCO 名录遗产保护和发展典范，2010～2020 年两地人为干预度值分别减少了 1.015%
和 0.839%，居世界前列。济州火山岛和熔岩洞多处农田恢复为草地，辛哈拉加森林保护
区西南部的农田实现了全面退耕还林。据 UNESCO 世界遗产中心报道（World Heritage
Centre, 2021），辛哈拉加森林保护区是斯里兰卡现存唯一的一片原始热带雨林，其良好的状
态得益于当地推行的限量伐木等政策，其保护措施和力度值得全世界遗产地效仿和学习。

土耳其的希拉波利斯和帕姆卡莱及中国的泰山，人为干预状况则不容乐观。10 年间两
地均出现多处人工设施区域且面积持续扩大，人为干预度值分别增加了 2.065% 和 1.629%，
人类活动对遗产地产生了一定影响。针对中国泰山自然遗产地，Allan 等（2017）的研究成
果表示，其一直是"受人为压力最大的世界遗产之一"。这与其所处地理位置有一定关联，
因紧邻城市中心，其受城市化和社会经济发展影响的程度较高。此类遗产地面临的人类活
动影响需要加以重点关注。

成果亮点

- 基于地球大数据，将提出的世界自然遗产地人为干预度指标进行了全球
  尺度自然遗产监测与评估方面的推广。结果表明，该指标能反映世界自
  然遗产的人为干预度，结合 SDG 11.4.1 指标，可以更好地评估遗产地的
  可持续发展能力和状态。

- 2010～2020 年，全球世界自然遗产人为干预度整体变化不大，但存在
  一定空间差异。人为干预度保持稳定的世界自然遗产数量较多，但人为
  干预增强的遗产数量远远超过人为干预减弱的遗产，变化幅度也更大，
  这些世界自然遗产未来应予以格外关注。

讨论与展望

利用最新全球地表覆盖数据集，本案例评估了 2010～2020 年全球世界自然遗产地人为
干预度变化趋势，监测了 175 个世界自然遗产地人为干预要素分布情况，为全球该类遗产
地整体保护和面临的可持续发展问题评估提供了重要信息支持。

本案例的指标计算方法更适用于陆地自然遗产人为干预状态的评估（尤其适用于山地、
森林类遗产），未来可以基于遗产价值类型修改变量和参数，满足更多类型遗产的监测需
求；同时，也可以参考具体人文要素，优化边界缓冲区距离等参数。

本案例所用方法为面向全球尺度的可操作性方法，符合 SDGs 指标体系，结果全球一致并具有可对比。虽然因全球尺度的地表覆盖数据分辨率仍不够高，该结果并不代表具体国家 / 地区有关参与指标的准确数字，但这并不妨碍案例成果对了解国家及区域尺度 SDG 11.4 实现进程的重要参考作用。

　　基于地球大数据，本案例率先开展了全球尺度世界自然遗产地人为干预度监测评估工作。监测结果表明，该指标反映了世界自然遗产的人为干预程度，结合 SDG 11.4，可以更好地评估遗产地的可持续发展能力和状态。

本章小结

　　本章围绕城市住房（SDG 11.1）、城市用地效率（SDG 11.3）、自然和文化遗产（SDG 11.4）等3个具体目标，生产了地球大数据支撑的指标评价数据集，构建并改进了分析方法模型，实现了SDG 11多指标的动态化、精细化、定量化监测，为SDG 11实现提供了有力的支撑。

　　通过案例的研究，得出以下主要结论。

　　（1）在城市住房方面，基于2010年、2015年、2020年三期高分辨率卫星影像数据，利用面向场景的深度学习语义分割模型，实现了共建"一带一路"部分合作区域12个重要城市主城区棚户区空间范围提取与识别，结果表明这12个城市2020年主城区棚户区面积共计105.09 km²，生活在棚户区的人口约有245.83万人，相比于2010年，棚户区面积和人口年平均减少速率分别为3.69%、1.27%。

　　（2）在城市用地效率方面，利用2010年、2015年、2020年三期"一带一路"339个城市建成区数据，分析了各地理分区及不同规模城市用地效率，结果显示与2010～2015年变化时段相比，2015～2020年的城市用地效率有所提升，将对城市的可持续性产生积极影响。

　　（3）在城市文化遗产方面，利用2010年、2015年、2020年多种地球大数据产品，构建了文化遗产地表干扰度指标，结果显示全球文化遗产地受人类干扰程度存在区域差异，文化遗产保护水平与社会经济发展程度相关，资金投入对遗产永续利用具有推动作用。

　　（4）在城市自然遗产方面，利用基于地球大数据的人为干预度指标对全球世界自然遗产地进行了分析，结果表明可以更好地评估遗产地的可持续发展能力和状态，2010～2020年全球世界自然遗产人为干预度整体变化不大，但存在一定的空间差异。人为干预基本维持稳定的世界自然遗产数量较多，但人为干预增强的遗产数量远远超过人为干预减弱的遗产数量。

　　全球城市化程度与日俱增，给城市的经济、社会和环境协调发展带来了诸多问题与挑战。因此，需要了解塑造可持续城市化的变革过程，而科学技术是支撑城市可持续发展的重要杠杆。尤其是作为科技创新重要实践的地球大数据，可以为SDG 11实现填补数据空缺、扩展指标体系、支撑政府决策等方面提供支持。

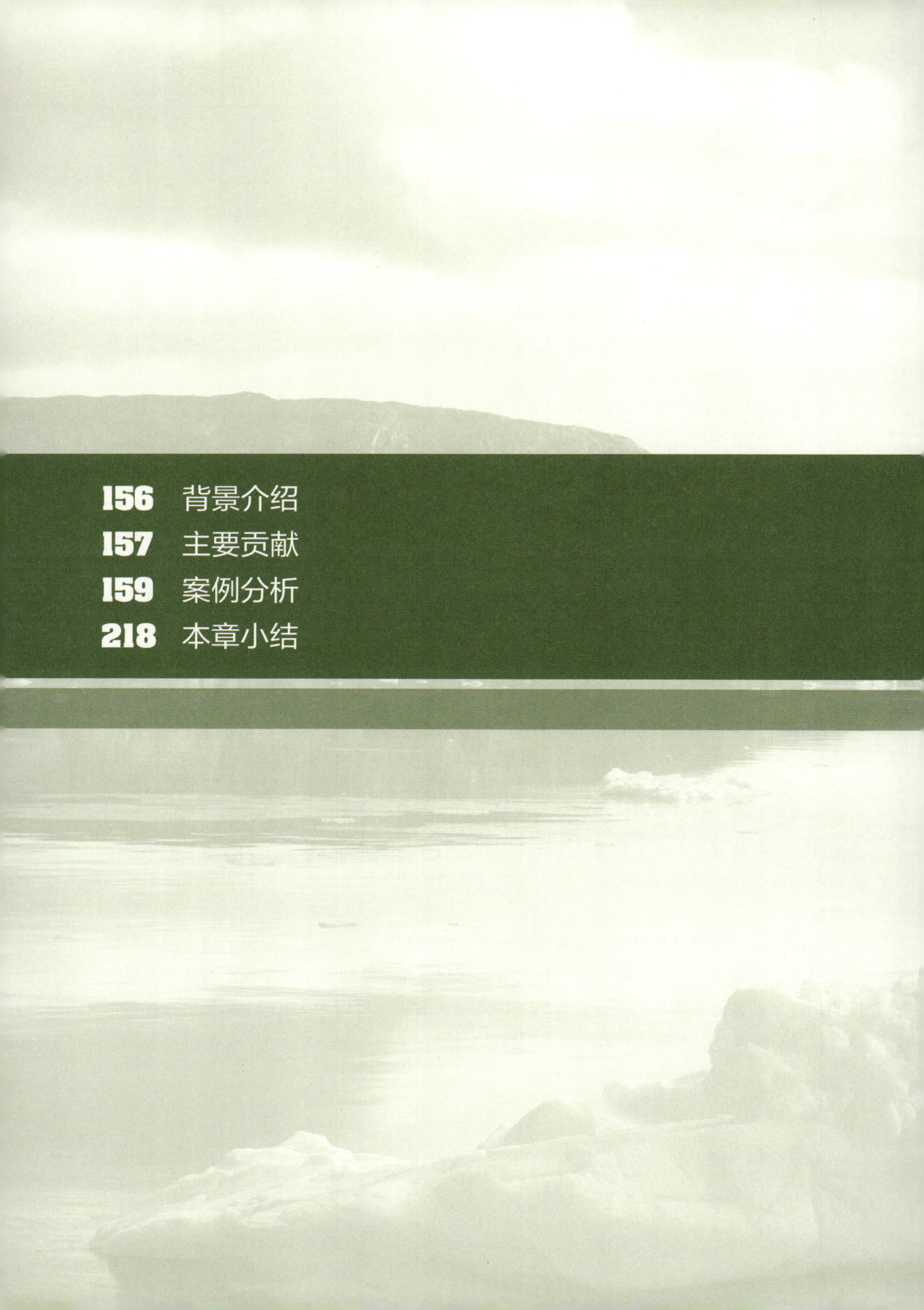

13 气候行动

第五章
SDG 13 气候行动

背景介绍

为应对气候极端变化的影响，联合国设立 SDG 13 "采取紧急行动应对气候变化及其影响"，主要目标是减缓和适应气候变化影响，提高应对能力。依据地球大数据特色，本章聚焦 SDG 13 的三个具体目标：抵御气候相关灾害（SDG 13.1）、应对气候变化举措（SDG 13.2）、气候变化适应和预警（SDG 13.3）。

2016～2020 年的全球平均气温达到有记录以来的最高值，比工业化前水平升高了 1.1℃（WMO, 2020）。气候变化已是人类灾害损失的主要驱动因素（UNDRR, 2019）。气候变化和极端性会带来气温、降水分布的不平衡加剧，导致高温热浪、干旱、洪水等灾害频发。气候变化除了通过极端天气气候事件导致自然灾害的直接影响外，还会对自然生态系统和生物多样性、粮食安全、水安全、能源安全等产生深远影响（IPCC, 2019），有些变化的影响目前并不完全明确，需要加强监测和预警。

温室气体的不断排放和累积是全球升温的最主要因素，因此，防止气候变化失控最有效的方法就是尽快减少排放并实现碳中和。2020 年 9 月习近平主席在联合国大会上宣布，中国将采取更加有力的政策和措施，CO_2 排放力争于 2030 年前达到峰值，努力争取 2060 年前实现碳中和[①]。预期中国的碳达峰、碳中和战略，将使 21 世纪末全球平均气温相较于不采取行动降低 0.2～0.3℃，提高实现《巴黎协定》控制全球升温幅度的可能性（CAT, 2020）。

目前，SDG 13 所有指标中，只有受灾人数（SDG 13.1.1）和年温室气体排放量（SDG 13.2.2）两个指标处于有方法有数据（Tier Ⅰ）的状态；其余 6 个指标都处于有方法无数据（Tier Ⅱ）的状态。有些目标即使有数据，也多以统计数据为主，缺少明确的时空分布变化信息，难以为气候变化应对和科学决策提供有力支撑。

气候变化影响的空间范围广、时间周期长，需要利用地球大数据的优势，回溯过去的踪迹，监测当前的状态，并指明气候行动未来的方向和趋势。本报告重点关注沙尘暴极端天气的变化及其影响、碳排放的规律和自然碳汇的潜力、海洋对气候变化的响应。通过连续的观测，揭示其变化规律和空间格局，为 SDGs 的实现提供决策支持。

---

① 习近平在第七十五届联合国大会一般性辩论上的讲话 . 2020-09-22. www.gov.cn/xinwen/2020/09/22/content_5546168.htm.

主要贡献

　　本章围绕抵御气候相关灾害（SDG 13.1）、应对气候变化举措（SDG 13.2）、气候变化适应和预警（SDG 13.3），在区域和全球尺度开展研究，通过 11 个案例，为 SDG 13 提供了 11 套数据产品、6 个创新方法，以及 8 项决策支持（表 5.1）。

表 5.1　案例名称及其主要贡献

指标 / 具体目标	案例	贡献
SDG 13.1 加强各国抵御和适应气候相关的灾害和自然灾害的能力	东半球高温热浪影响范围变化	数据产品：2010 年、2015 年和 2020 年三期东半球陆地区域热浪空间监测数据 决策支持：识别近 10 年热浪影响范围及其变化特征，为东半球国家应对极端高温热浪事件提供科学支撑
	全球火烧迹地分布及变化	数据产品：2015 年和 2020 年全球 30 m 分辨率火烧迹地产品 方法模型：基于地球大数据和人工智能方法的全球 30 m 分辨率火烧迹地自动提取方法
	高亚洲地区冻融灾害脆弱性预测	数据产品：2021～2099 年高亚洲地区冻融灾害脆弱性预测数据 方法模型：基于 RCP 情景和多冻土指数预测高亚洲地区冻融灾害变化趋势 决策支持：为高亚洲地区冻融灾害发展趋势提供决策参考
	2010～2020 年巴基斯坦洪水变化及减灾分析	数据产品：2010～2020 年巴基斯坦洪水分布数据集产品 方法模型：基于概率变化检测与模糊逻辑相结合的大尺度洪水范围提取方法 决策支持：对气候变化十分脆弱国家的洪水应急和防灾减灾提供支持
SDG 13.2 将应对气候变化的举措纳入国家政策、战略和规划	全球土壤呼吸时空变化及其对气候变化的响应	数据产品：2000～2020 年全球土壤呼吸产品 方法模型：综合多源卫星遥感数据与土壤呼吸地面观测数据，利用数据驱动的方法构建适用于全球不同生物群区的土壤呼吸遥感反演模型 决策支持：提供全球土壤呼吸时空变化及其对气候变化响应的数据，为陆地生态系统碳源汇的精确计量提供科学数据支撑
	全球石油产地伴生气燃烧 CO_2 排放及时空变化	数据产品：2010～2019 年全球石油产地伴生气燃烧 CO_2 高分辨率排放清单数据集 决策支持：为全球温室气体排放及能源政策提供基础数据，为碳减排目标提供路径

续表

指标 / 具体目标	案 例	贡 献
SDG 13.2 将应对气候变化的举措纳入国家政策、战略和规划	土地覆盖变化对全球净生态系统生产力的作用	数据产品：2001～2019 年全球净生态系统生产力评估数据 决策支持：揭示全球净生态系统生产力变化状态及驱动因素，为实现碳中和目标提供支撑
	亚欧大陆冰川变化模拟及其对水资源影响评估	数据产品：1999～2019 年亚欧大陆冰川物质平衡数据 决策支持：揭示亚欧大陆冰川变化的时空特征，为流域水资源科学利用提供科学依据和数据支持
SDG 13.3 加强气候变化减缓、适应、减少影响和早期预警等方面的教育和宣传，加强人员和机构在此方面的能力	极地冰盖表面冻融变化监测与评估	数据产品：1989～2020 年格陵兰和南极冰盖表面融化开始、结束和持续时间空间分布产品；2015～2020 年逐月环南极冰盖表面融化状态 40 m 分辨率分布产品 方法模型：利用改进的小波变换得到极地冰盖表面融化信息，基于时序数据分析技术，获取极地冰盖表面冻融探测模型
	全球海洋热含量变化	数据产品：1993～2020 年全球海洋热含量遥感数据集 方法模型：综合海表卫星遥感观测与浮标观测资料，利用人工神经网络方法构建适用于全球尺度、多层位、长时序的海洋热含量遥感反演模型
	中国西北－中亚五国陆地生态系统对气候变化的响应	数据产品：中国西北–中亚五国区域内植被物候参数和植被初级生产力数据集 决策支持：为该地区发展中国家应对气候变化提供数据和解决方案

案例分析

5.1　东半球高温热浪影响范围变化

对应目标

SDG 13.1 加强各国抵御和适应气候相关的灾害和自然灾害的能力

案例背景

减少灾害风险是 21 世纪人类面临的重大问题和挑战之一。在全球变暖的气候背景下，未来极端天气气候事件的频率、强度和持续时间均呈上升趋势。频发的高温热浪危害着人类健康，干扰正常的社会经济活动，也对自然生态系统造成了严重危害。IPCC 在《管理极端事件和灾害风险以增强适应气候变化能力》（*Managing the Risks of Extreme Events and Disasters to Advance Climate Change Adaptation*）报告中指出，未来所有国家都将面临难以预计的热浪灾害事件。2015 年，世界气象组织和世界卫生组织联合发布新版《高温健康预警系统指南》（*Heatwaves and Health: Guidance on Warning-System Development*）（WMO，2015），呼吁全球各国采取措施减少因热浪造成的伤亡。

联合国"2030 年可持续发展议程"呼吁调动所有力量遏制气候变化带来的负面影响，实现可持续发展，其中 SDG 13.1.1"每 10 万人当中因灾害死亡、失踪和直接受影响的人数"是抵御和适应气候相关灾害能力的关键评估指标之一，需要明确直接受热浪灾害影响的人数，评估因灾致病 / 亡的影响程度。

传统热浪监测与统计需要依赖气象台站的观测信息，但气象观测难以与人口分布精确匹配，尤其在经济不发达地区，由于基础设施建设水平较低，难以进行有效的观测、预警和采取应对措施。20 世纪 80 年代以来，卫星具备了探测地表温度的能力，经过 40 年左右的观测积累，多种高辐射定标精度的卫星产品被研发出来，具备了长序列的气候分析能力，能满足极端天气气候事件的监测需求。

因此，在 SDG 13.1.1 的评估框架范围内，本案例使用多源地表温度数据和热浪指标开展高温热浪在东半球近 10 年的变化监测和影响评估，生成热浪事件的空间统计数据集，统计热浪影响范围和受影响的人口，服务于东半球的高温热浪监测与预警，提升区域抵御自然灾害的综合能力。

所用地球大数据

◎ 1979～2009 年全球台站观测数据，类型：气温；来源：全球历史气候日报网（Global Historical Climatology Network daily，GHCNd），网址为 https://www.ncei.noaa.gov/products/land-based-station/global-historical-climatology-network-daily。

◎ 2015 年和 2020 年全球土地覆盖数据，类型：遥感产品；来源：中国科学院空天信息创新研究院。

◎ 1979～2009 年全球逐日地表温度融合数据，类型：卫星地表温度；来源：普林斯顿大学 Coccia 项目组（Coccia et al., 2015）。

◎ 2003～2020 年全球逐日地表温度数据，类型：卫星地表温度；来源：Terra/Aqua 项目组。

◎ 2010 年、2015 年和 2020 年全球人口空间分布数据，类型：遥感产品；来源：全球高分辨率人口基础项目（Global High Resolution Population Denominators Project）。

方法介绍

利用 1979～2009 年的逐日地表温度序列，本案例首先构建了基于气候态统计信息（90% 百分位）的高温日判别阈值。该阈值综合了热浪判别中的相对阈值和绝对阈值的优势，能较好区分大尺度不同区域之间的极端事件分布特征（Perkins, 2015）。然后，使用全球范围随机选择的 200 个 GHCNd 台站气温信息（图 5.1），进一步对阈值进行统计检验和调整。最后，针对 2010 年、2015 年和 2020 年的逐日卫星地表温度数据，利用阈值开展高温日的判别统计，采用高温日连续超过 3 天为 1 次热浪事件的统计标准对热浪事件进行年度划分。

本案例从热浪频率、持续时间和强度三个方面开展热浪年度统计，探讨了 2010 年、2015 年和 2020 年间东半球热浪影响范围及其变化，识别热点地区，进而结合全球人口空间分布信息，获得不同年份间东半球人口受热浪影响的差异信息，可用于服务 SDG 13.1.1 指标关于热浪灾害应对与实现的分级评估。

结果与分析

不同温度数据间的概率密度统计分布在不同土地覆盖类型间具有较好的一致性。对比气温和融合地表温度数据对热浪事件的提取，两者的一致性达到了 85% 以上。两者的主要差异体现在卫星地表温度具有更严格的高温日判别阈值，监测得到的热浪日数相对较少。使用 Kernel 密度分析方法对比 2010 年和 2020 年热浪持续时间和强度（图 5.2），发现热浪

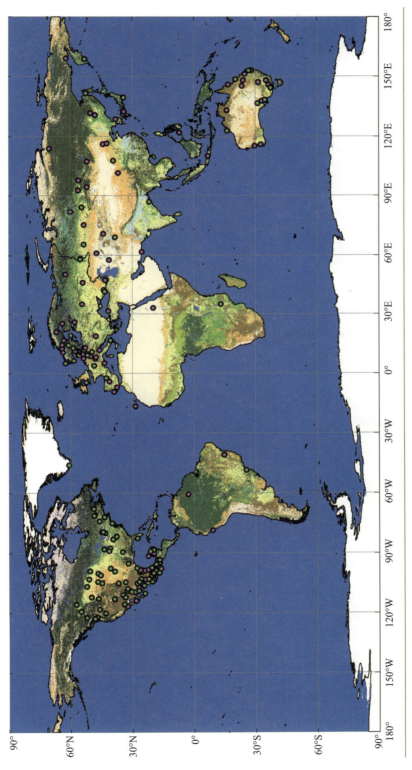

图 5.1 随机选择的 200 个全球 GHCNd 台站的空间分布

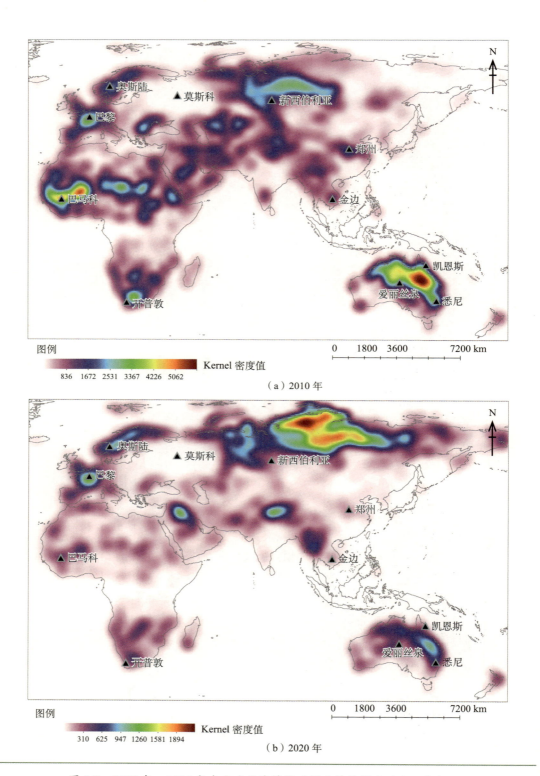

图 5.2　2010 年、2020 年东半球热浪持续时间和持续强度的变化分析

持续时间在亚洲北部、北欧和中欧、大洋洲东北部等区域明显增加，其中以亚洲北部增幅最大，热点地区高温日增加超过了 15 天。热浪强度变化格局与高温日总体一致，但重点区域存在一定程度的不同，其中热浪强度在亚洲东部、非洲中部、南部和大洋洲地区明显增强，在非洲中部和大洋洲东部变化最大。

东半球热浪对人口影响的空间分析表明热浪累积影响日数与受影响人口成反比（图 5.3）。统计发现，2020 年东半球约有 47% 的人受到热浪影响的天数为 3 天，25% 的人为 6 天，2% 的人为 15 天。东半球 1.5% 的人口受到累积超过 30 天的极端热浪影响。东半球热浪对人类的影响特点仍以短期和多次居多，长期极端热浪不是主流。2010 年、2015 年和 2020 年间受短期热浪（持续时间 ≤ 6 天）事件影响的人口呈增加趋势，而受长期（6 天 < 持续时间 < 30 天）热浪事件影响的人口存在下降趋势，其中以 10 ~ 20 天的热浪事件最明显。必须注意的是，热浪通常集中发生在夏季，连续多次的热浪仍会对人类健康造成严重危害。

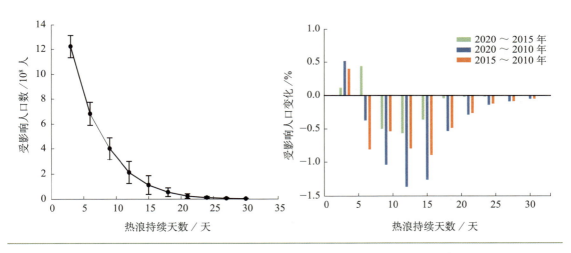

图 5.3 2010 ~ 2020 年东半球受不同热浪持续时间影响的人口特征

成果亮点

- 2010 年、2015 年和 2020 年热浪监测结果对比表明，热浪持续时间在亚洲北部、北欧和中欧、大洋洲东北部等区域明显增加，而其强度在非洲中部和大洋洲东部变化最大。

- 2020 年东半球约有 47% 的人受到热浪影响的天数为 3 天，25% 的人为 6 天，2% 的人为 15 天。

讨论与展望

　　本案例使用 SDG 13.1.1 评估指标，结合多源空间观测数据集，评估了东半球热浪影响的基本特征和变化趋势，开展了 SDG 13.1.1 在 2010 年、2015 年和 2020 年的跟踪监测，得到的评估数据可以为应对高温热浪灾害提供预警参考。借助实时的卫星观测数据，使用热浪监测方法对受影响区域开展评估，可以提供热浪影响的准实时预警信息。需说明的是，气候态相对阈值法充分考虑了区域的气候背景和极值信息，与传统的绝对阈值法使用的极端温度阈值存在较大差异。卫星地表温度序列通常得到更严格的判定阈值，导致提取的热浪持续时间相对偏短。尤其需要指出的是，自然环境脆弱的区域和经济发展水平低的区域更易受到极端温度的危害，需要人们更多关注；热浪与其他自然灾害的叠加会造成更为严重的灾害后果，比如热浪与干旱叠加易导致森林大火，与城市热岛叠加将造成更多的致病 / 亡人口。未来以"可持续发展科学卫星 1 号"（SDGSAT-1）为核心的可持续发展空间观测平台，将会提供更丰富的极端温度观测信息，为区域灾害提供预警信息和灾害评估支撑，助力联合国 SDGs 的实现。

5.2 全球火烧迹地分布及变化

对应目标

SDG 13.1 加强各国抵御和适应气候相关的灾害和自然灾害的能力

案例背景

　　森林和草原火灾是一种常见的灾害形式，火烧显著改变了地表形态，对全球植被、大气环境和碳循环等产生了很大影响。火灾的发生与气温、降水和可燃物等因素直接相关。在全球气候变化背景下，火灾与气候变化有着密切的关系，气候变化引起的极端高温和干旱是导致特大火灾的重要驱动因素。火烧迹地能够反映火灾的空间分布特征。卫星遥感技术为全球火烧迹地动态监测提供了有效的技术手段，现有的全球火烧迹地遥感产品以中低空间分辨率为主（Giglio et al., 2018），较低空间分辨率的火烧迹地产品往往会漏掉面积较小的火烧斑块，同时在火烧迹地位置确定和面积量算上也存在较大误差。为加强各国抵御和适应气候相关的火灾的能力，需要开展全球火灾的高精度监测，并分析火灾空间分布和变化与气候变化的关系。本案例利用地球大数据和人工智能方法，研发 2015 年和 2020 年全球高分辨率（30 m 空间分辨率）火烧迹地产品，以掌握 SDGs 基准年（2015 年）和最新一期的全球火烧迹地信息，为全球火灾精准监测提供数据支撑。在此基础上，从全球、大洲等不同角度分析火烧迹地的空间分布规律、影响因素及变化特征。

所用地球大数据

◎ 全球陆地卫星 Landsat-8 时间序列地表反射率数据，空间分辨率为 30 m。

◎ 全球 MODIS 植被连续场（vegetation continuous fields）数据，空间分辨率为 250 m。

◎ 中巴资源卫星-4 多光谱相机（MUX）数据，空间分辨率为 20 m。

◎ GF-1 宽幅覆盖（wide field of view，WFV）数据，空间分辨率为 16 m。

方法介绍

　　在全球高精度样本库基础上，基于 Landsat-8 等时序卫星地表反射率数据和火烧迹地敏感光谱参量，利用机器学习算法（随机森林模型）进行样本训练和学习，得到火烧迹地识别规则和疑似火烧迹地种子点。对疑似火烧迹地种子点进行多重过滤和优化，得到确定的火烧迹地种子点，在其周围进行区域生长，生成最终的火烧迹地产品。利用分层随机抽样和多源数据对全球火烧迹地产品进行精度验证和评估。验证结果表明全球火烧迹地产品的总体精度为 93.92%（Long et al., 2019；Zhang et al., 2020b）。

结果与分析

2015 年和 2020 年全球火烧迹地空间分布如图 5.4 所示。在全球尺度上，火烧迹地的空

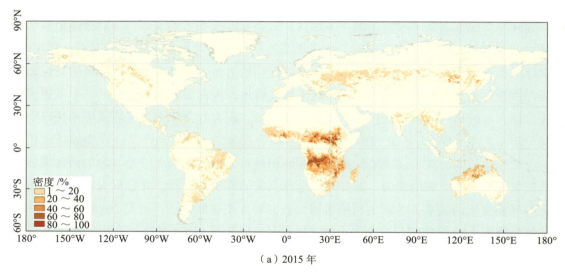

（a）2015 年

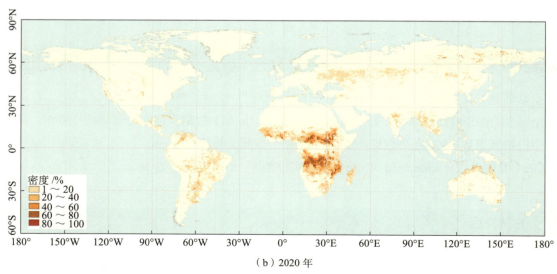

（b）2020 年

图 5.4　2015 年和 2020 年全球火烧迹地空间分布图

间分布较为分散，相对集中的分布区域主要包括非洲中部和南部、澳大利亚北部、南美洲中南部等，这些区域大多位于赤道附近，气候炎热、可燃物充足，干季时间长，火灾易发。

2015 年和 2020 年全球及六大洲火烧迹地的面积统计数据如表 5.2 所示。非洲火烧迹地面积最大，2015 年和 2020 年其面积分别为 270.12 万 km^2 和 273.56 万 km^2。

表 5.2　2015 年和 2020 年全球及六大洲火烧迹地面积及相对变化率（单位：万 km^2）

年份	非洲	大洋洲	南美洲	亚洲	欧洲	北美洲	全球
2015	270.12	32.26	19.89	26.31	11.26	7.61	367.45
2020	273.56	11.53	26.69	18.93	6.10	5.18	341.99
相对变化率 /%	1.27	−64.26	34.19	−28.05	−45.83	−31.93	−6.93

从 2015 年和 2020 年火烧迹地面积对比来看，2015 年和 2020 年全球火烧迹地总面积分别为 367.45 万 km^2 和 341.99 万 km^2，总面积基本稳定，而六大洲火烧迹地变化情况差异显著。在火烧迹地的重点分布区域（非洲、大洋洲和南美洲）中，非洲 2015～2020 年火烧迹地变化不明显，南美洲 2020 年火烧迹地面积显著大于 2015 年，增幅达到 34.19%，大洋洲 2020 年火烧迹地面积比 2015 年减小 64.26%。

在 2020 年拉尼娜事件影响下，巴西、阿根廷等地遭遇了干旱，南美洲火烧迹地面积显著增加。同样受拉尼娜事件影响，澳大利亚 2020 年夏季降雨量较常年明显增加，火烧迹地面积锐减。由于 2019 年极端高温和干旱而发生罕见森林火灾的澳大利亚新南威尔士州在 2020 年则遭遇严重洪涝灾害。旱涝急转，水火接连。在全球气候变化背景下，区域极端气候现象呈现多发的趋势。

成果亮点

- 在全球尺度上，火烧迹地相对集中的分布区域主要包括非洲中部和南部、澳大利亚北部、南美洲中南部等。

- 2015 年和 2020 年全球火烧迹地面积相近，受 2020 年拉尼娜事件影响，南美洲火烧迹地面积明显增大，而大洋洲火烧迹地面积显著减小。

讨论与展望

本案例利用地球大数据和人工智能方法快速、自动化地生产了 2015 年和 2020 年全球火烧迹地产品。今后，我们将基于长时间序列高空间分辨率火烧迹地产品，在更长的时间尺度上研究全球气候变化与火灾的关系。气候变化引起的极端高温和干旱是导致火灾的重要驱动因素，未来应加强对气候变化引起的极端高温和干旱等的监测，针对极端高温和干旱等出现的地理区域和时间段采取有效的森林保护和防火措施来减缓气候变化和森林火灾之间的正反馈压力。极端天气气候事件（厄尔尼诺、拉尼娜等）对全球降水分布产生显著影响，进而影响全球火灾的空间分布，通过分析火烧迹地长时序动态变化与极端天气气候事件等的响应关系，厘清全球气候变化背景下气候因子对火灾发生发展的作用机制，为火灾预测预警及加强各国抵御和适应气候相关的火灾的能力等提供决策依据。放眼全球，各地的极端天气气候事件频繁上演，给地球上的生命带来了威胁，并造成严重的经济损失。面对未来不断增加的风险和不确定性，我们每个人都需要提升对气候变化危机的认识和关注，并吸取经验和教训，以减少和适应风险带来的负面影响。

5.3　高亚洲地区冻融灾害脆弱性预测

对应目标

SDG 13.1　加强各国抵御和适应气候相关的灾害和自然灾害的能力

案例背景

气候变化引起的气温和地温的升高导致多年冻土退化、冰川和积雪融化，并在全球山区增加各种地质灾害。冻土的不稳定性会触发一系列复杂的物理过程，如热融滑塌、冻胀丘、雪崩，以及近年来频发的冰川型和冻融型泥石流等冻融灾害（Luo et al., 2018）。高亚洲地区峡谷沟壑纵横、山峰林立、斜坡密布。高亚洲地区是东亚-中亚-南亚各国相互联系的重要的工程和经济廊道，高山地区气温升高的速度相较其他区域更快，导致多年冻土解冻加速、冰川融化增速。在气候变暖的情景下，基础设施（如铁路、公路、输油管道、输变电线等）直接面临与包括冻土不稳定性在内的地表变形、物质运移等有关的风险（Wu et al., 2020），同时也给区域内的基础设施和生命财产造成了直接或潜在的危害。气候变化将影响冰冻圈及区域经济社会发展，预测高亚洲地区冻融灾害面临的脆弱性风险将有助于改善灾害的评估和风险管理，为未来新建重大工程的设计提供数据支撑和科学依据。冻融灾害的脆弱性预测主要依据温室气体排放情景，辅以土壤热导率空间建模，结合冻土指数建模，利用层次分析法对冻土环境的脆弱性进行预测，以评估高亚洲地区在不同气候情景条件下可能遭受冻融灾害风险的程度和等级，以此来评价冻融灾害的脆弱性风险。

2020 年，我们首次采用地球大数据平台开展了 2001～2019 年高亚洲地区的冻融灾害风险性评估，实现了中亚-南亚 10 国的冻融灾害的区域统计分析，并针对高亚洲地区大致的山脉区划进行了空间特征分析。在 2019 年的基础上，我们采用高亚洲地区的区划矢量地图，将高亚洲地区分为 15 个区：帕米尔高原、西天山、东天山、西昆仑、东昆仑、青藏高原中部、祁连山、横断山、青藏高原东南部、东喜马拉雅、中喜马拉雅、西喜马拉雅、喀喇昆仑山、兴都库什山和吉萨尔山。采用 RCP 4.5 和 RCP 8.5 两套情景数据（Thrasher et al., 2012），在线模拟计算了高亚洲地区以及 15 个分区的冻融灾害脆弱性风险统计[①]。

所用地球大数据

◎ NEX-GDDP（NASA Earth Exchange Global Daily Downscaled Climate Projections）RCP

---

① 高亚洲地区冻融灾害脆弱性评估在线计算工具网址：http://lihui_luo.users.earthengine.app/view/after.

（Representative Concentration Pathways）温室气体排放情景数据集，时间分辨率1天，空间分辨率为0.25°。

◎ SRTM（Shuttle Radar Topography Mission）数字高程数据，空间分辨率为90 m。

◎ HWSD（Harmonized World Soil Database）土壤数据，空间分辨率为1 km。

◎ 遥感矢量数据及相关产品，包括联合研究中心（JRC）全球表面水数据、GAMDAM冰川分布数据、世界滑坡目录、开放街图（Open Street Map，OSM）道路和铁路矢量数据。

方法介绍

本案例采用RCP 4.5和RCP 8.5这两个情景评估2021~2099年气候变化对高亚洲地区冻融灾害的影响。利用地球大数据在线数据和计算资源，首先计算出高亚洲地区在冻结和融化状态下，HWSD中不同土壤类型的土壤热导率（Dai et al., 2019）；然后通过高程数据计算坡度和坡向，通过RCP情景计算冻土指数，包括活动层厚度、年平均气温和冻结深度；最后根据坡度和阴阳坡，以及计算的三个冻土指数赋予不同的权重值，并进行归一化处理、分级评估和脆弱性区划。冻融灾害脆弱性归一化后，将冻融灾害脆弱性分为五个等级：稳定区（0~0.20）、低风险区（0.21~0.40）、中风险区（0.41~0.60）、高风险区（0.61~0.80）、极高风险区（0.81~1.00）。

结果与分析

在线计算实现了2021~2099年高亚洲地区冻融灾害脆弱性评估，总体上，高亚洲地区中高风险冻融灾害呈现加剧的趋势，中高风险区域从2021年占总面积的20%上升到2099年的26%（RCP 4.5情景下）和32%（RCP 8.5情景下）。稳定和低风险区持续下降，其中极高风险区和高风险区到2099年共占到总面积的6%（RCP 4.5情景下）和9%（RCP 8.5情景下）（图5.5）。

高亚洲地区的中高冻融灾害脆弱性从2021年至2099年风险持续增加，RCP 8.5情景下（图5.6）相较RCP 4.5情景下（图5.7），中高冻融灾害脆弱性也是相应增加的，其中横断山、青藏高原中部和西南部、喜马拉雅山东西部、帕米尔高原、喀喇昆仑山、兴都库什山等区域面临的冻融灾害脆弱

■稳定　■低风险　■中风险　■高风险　■极高风险

图5.5　高亚洲地区冻融灾害脆弱性评估统计
注：从外圈到内圈分别为2021年、2060年和2099年

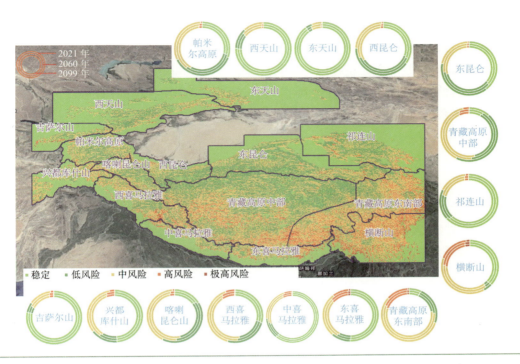

图 5.6　RCP 4.5 情景下高亚洲地区冻融灾害空间分布特征及 15 个分区统计

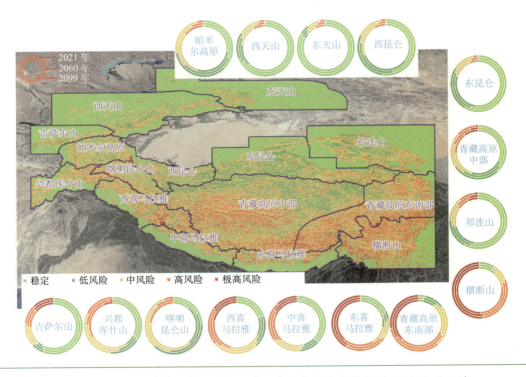

图 5.7　RCP 8.5 情景下高亚洲地区冻融灾害空间分布特征及 15 个分区统计

性风险较大。在 RCP 4.5 和 RCP 8.5 情景下，高亚洲地区的多年冻土区的大部分区域退化成季节性冻土，其季节性冻土的中高冻融灾害脆弱性随着面积的扩大而增加。在 21 世纪末在 RCP 4.5 和 PCR 8.5 情景下，横断山、青藏高原中部、青藏高原东南部、西喜马拉雅、喀喇昆仑山地区的中高冻融灾害脆弱性达到了其区域面积的 1/2 左右。在 RCP 8.5 情景下，横断山、青藏高原东南部和东喜马拉雅的中高冻融灾害脆弱性达到了 2/3 强。

成果亮点

- 多年冻土退化为季节性冻土区引发冻融灾害脆弱性风险增加。

- 2021～2099 年，高亚洲地区冻融灾害脆弱性中高风险区占高亚洲总面积的比例从 20% 上升到 26%（RCP 4.5 情景下）和 32%（RCP 8.5 情景下）。

- 高亚洲地区的横断山、青藏高原中部和西南部、喜马拉雅东西部、帕米尔高原、喀喇昆仑山、兴都库什山等区域面临的冻融灾害脆弱性风险较大。

讨论与展望

　　在全球气候变化及人类活动频繁增加的背景下，高山区的多年冻土退化显著，冰川和积雪融化加速，由此所引发的冻融灾害不断发生，各类灾害趋于频繁。高亚洲地区南部是冻融灾害潜在的热点区域，而气候变暖加速则增加了冻融灾害发生的频率和强度，这与先前的研究结果一致（罗立辉和张中琼，2020）。高亚洲地区南部是川藏公路，以及未来川藏铁路和高速的建设区域，而且是中巴铁路沿线的核心区。在冻结或 / 和融化过程中，冻胀或 / 和融沉作用导致冻土工程基础发生变形乃至破坏，进而影响工程设施正常使用，并将影响工程设施的建设和运营，其区域内的生命财产安全也面临着风险。此外，高亚洲地区南部也是南亚五国（印度、巴基斯坦、孟加拉国、尼泊尔和不丹）的重要水源地，将会不同程度地遭受到因冻融作用引起的冰川溃决、冻融泥石流等灾害的侵袭，以及各种冻融灾害引起的交通、水库、大坝等基础设施的破坏或决堤，进而造成重大的损失。除此之外，南亚五国也可能因冻土地下冰和冰川融化遭受洪水灾害后引发的水资源短缺等问题。

　　RCP 情景的冻融灾害预测仅仅建立在了气候变化的基础上，缺少人类活动相关的数据支撑。未来，我们将采用社会经济情景共享社会经济路径（shared socioeconomic pathways，SSPs）数据以及人口经济暴露度，在人类活动和气候变化双重影响下，评估高亚洲地区的冻融灾害的脆弱性风险，以及这种脆弱性可能会对各种基础设施和生命财产造成的直接或者潜在的损失和影响。

5.4　2010～2020 年巴基斯坦洪水变化及减灾分析

对应目标

SDG 13.1 加强各国抵御和适应气候相关的灾害和自然灾害的能力

案例背景

　　洪涝灾害的发生频次高、规模大，每年造成的经济损失和生态环境破坏严重。虽然目前许多国家已经建立了较为完善的灾害统计体系、地面监测站点和相应的信息传输网络，但是地面监测的网络覆盖范围很有限，难以有效满足精细化管理与应急指挥调度的需求。紧急灾难数据库（Emergency Events Database，EM-DAT）也仅完成了 SDGs 基准年2015～2019 年 SDG 13.1.1 指标的灾害信息空间化工作。该数据库提出了基于趋势分析的SDG 13.1.1 指标变化情况估算新方法，对数据库中数据较为全面的一些国家，从时间维、空间维、重要节点、重点区域等监测了联合国"2030 年可持续发展议程"开展后全球受灾害影响人口的变化情况。

　　洪水是巴基斯坦发生最频繁、破坏性最大的自然灾害之一，每年都会经历季节性洪水。本案例生产了 2010～2020 年国家尺度洪水灾害产品，对比研究气候变化下大范围的洪水特性及发展趋势，并分析对地观测数据，统计上报数据的优缺点。

所用地球大数据

◎ 2015～2019 年 EM-DAT 统计数据。

◎ 2010～2020 年覆盖巴基斯坦卫星观测数据（Sentinel-1、Landsat）。

◎ 其他辅助数据（全球 SRTM DEM、全球土地覆盖分类结果 GlobeLand30）。

方法介绍

　　本案例聚焦巴基斯坦全国洪水淹没分布范围，利用地球大数据在线数据和计算资源，使用雷达后向散射系数的概率变化检测方法生成初始水体和非水体两类区域（Zhang et al., 2015）。为了进一步提高洪水探测精度，本案例首先构建了基于模糊逻辑的方法，建立包含平均海拔、后向散射系数和水体面积的模糊数据集；然后使用隶属度函数来确定元素属于洪水的隶属度（Amitrano et al., 2018），其值在 0～1，隶属度越高，代表为洪水发生的可能性越大；最后使用巴基斯坦全国土地覆盖分类图排除洪水提取干扰项，通过删除与洪水后向散射信号相似从而可能导致错误分类的区域，提高洪水空间分布的精细程度。

结果与分析

　　洪水淹没面积所反映的巴基斯坦受洪水灾害影响程度总体情况如图 5.8 所示。2010～2015 年，伴随着巴基斯坦国家及各级地方政府的应急和防灾减灾决策的实施，洪水淹没面积呈现逐年下降趋势，洪灾造成的人员伤亡和直接、间接经济损失的局面得到改善。2015年后，河水浑浊，河床持续加厚导致河道变浅，加之大西洋创纪录的表面高温导致大量水蒸气涌入，异常气候模式阻挡云层扩散，在巴基斯坦境内形成大雨，洪水淹没面积又有所增加，巴基斯坦防御洪灾的能力面临严峻挑战。

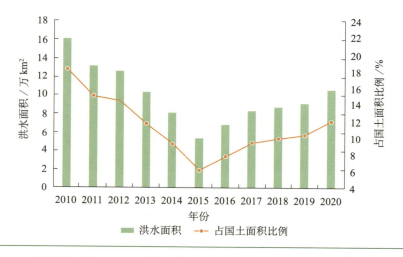

图 5.8　2010～2020 年巴基斯坦全国洪水淹没面积总体变化

　　2010 年和 2020 年巴基斯坦洪水的空间分布如图 5.9 所示。统计分析可知，巴基斯坦的洪水主要发生在东部的旁遮普省和信德省，西北部的开伯尔－普什图省也遭受了不同程度的影响。2015 年，巴基斯坦的受灾区域面积占国土面积的 6.16%。造成至少 207 人死亡，157 人受伤，逾 137 万人受到影响，累计经济损失约 3.3 亿美元。2020 年，巴基斯坦发生大范围洪涝灾害，洪水淹没面积比 2015 年增大，进一步蔓延到旁遮普省的东部边缘。洪水淹没面积占国土总面积的 12.02%。截至 2020 年 8 月底的官方统计数据显示，在 2020 年的洪水事件中，有 245 人死亡，179 人受伤。

　　由巴基斯坦洪水时空演化结果分析结合实际的人员伤亡数据可知，2010～2020 年巴基

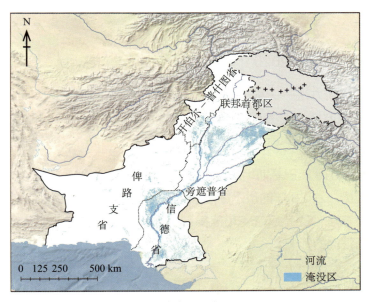

（a）2010 年

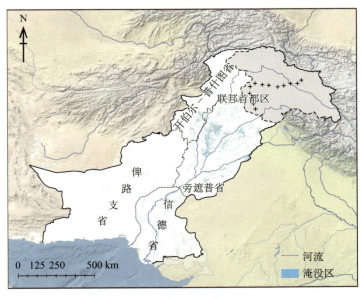

（b）2020 年

图 5.9　2010 年和 2020 年巴基斯坦洪水空间分布图

斯坦洪水泛滥情况严重。然而 EM-DAT 中并未详细记录除 2015～2019 年的其他年份巴基斯坦的受灾面积等信息。上述情况说明基于地球大数据的洪水范围提取方法在灾情信息空间化分析方面具有很大的优势，能够更加充分地了解气候变化下大范围的洪水特性及趋势演变。

成果亮点

- 自主生产 2010～2020 年时序洪水分布数据集产品。

- 探索提出新方法——基于概率变化检测与模糊逻辑相结合的大尺度洪水范围提取方法，对气候变化十分脆弱国家的洪水应急和防灾减灾提供支持。

- 2010～2015 年巴基斯坦的洪灾有所缓解，但在 2015 年后洪灾呈现出加剧的趋势，2020 年的洪水淹没面积占到国土总面积的 12.02%。洪水主要发生在东部的旁遮普省和信德省，西北部的开伯尔－普什图省也遭受到不同程度的影响。

讨论与展望

　　根据 2010～2020 年数据分析，巴基斯坦地区需要进一步加强自然灾害的防御能力。整体来看，2010～2015 年巴基斯坦受洪水灾害影响程度逐年降低，但仍需承受灾后巨大的人口伤亡和经济损失。因此，对于灾害发生频次高、伤亡人数多的东南亚国家，应大力发展本国的经济，配合联合国减灾政策，提高本国防灾减灾的能力，这样可以有效消减自然灾害对经济与社会发展的影响。

　　基于地球大数据的洪水范围提取方法对大尺度灾害信息提取中的干扰项具有一定的规避效果，可以更为科学地对 SDG 13.1.1 的指标变化进行估计。对比国家尺度洪涝灾害产品与统计数据库产品，两个产品在整体灾害趋势估计上较为一致；对地观测产品能够提供更为准确、及时的洪灾面积评估。在整个地区，仍然需要对灾害损失数据库和能力建设加强投资，以满足未来的数据要求。

5.5　全球石油产地伴生气燃烧 CO_2 排放及时空变化

对应目标

SDG 13.2 将应对气候变化的举措纳入国家政策、战略和规划

案例背景

SDG 13.1 指标——准确估算温室气体（包括 CO_2、CH_4、N_2O 等）的排放量以及时空变化趋势，对气候变化研究尤其重要，可为碳达峰和碳中和提供关键的数据基础。排放的 CO_2 主要来源于化石燃料的燃烧，国际能源署（International Energy Agency）的年报均会对 CO_2 的排放量进行核算，石油生产过程中会产生大量的伴生气（associated petroleum gas，APG），往往由于没有配套气体收集设施及运输管道，伴生气主要通过"放空燃烧"处理。伴生气的不完全燃烧会释放大量气体，包括 CO_2、CO、CH_4、NO_x 以及黑炭颗粒物。全球每年的伴生气燃烧量可达到约 140 亿 m^3，直接经济损失达到 50 亿～100 亿美元。以往对石油伴生气的排放量统计常是基于国家统计，与实际数据之间常有一定的偏差，同时难以获得空间分布信息。因此，有必要基于地球大数据及大气污染物排放核算方法构建高时空精度的石油产地伴生气燃烧 CO_2 排放清单。

所用地球大数据

◎ 2010～2019 年美国空军国防气象卫星计划（DMSP）及可见红外成像辐射计卫星传感器反演的石油伴生气燃烧量数据集（Elvidge et al., 2013）。

◎ 全球不同石油产地伴生气成分数据集，具体成分包括 CH_4、C_2H_6、C_3H_8、C_4H_{10}、C_5H_{12}、C_6H_{14}、C_6H_6、CO_2、H_2S 等，以及基于伴生气成分的黑炭颗粒物排放因子库（Huang and Fu, 2016）。

方法介绍

石油产地伴生气燃烧 CO_2 排放清单的构建按以下方法和步骤完成。

（1）通过以下公式计算 CO_2 的排放量 E_{CO_2}：

$$E_{CO_2} = (TC - E_{CO} - E_{BC}) \times (44/12)$$

其中，TC 为基于石油伴生气成分计算的总碳量；E_{CO} 为基于排放因子法计算的 CO 中的碳排放量，本案例选取的排放因子为 133g/GJ；E_{BC} 为基于排放因子法计算的黑炭排放量；最终得到每个国家或地区的 CO_2 排放总量 E_{CO_2}。

（2）通过以下公式获得 CO_2 的空间分布量：

$$[E_{mii}]_c = [E_{CO_2}]_c \times [Vol_i]_c / \sum[Vol_i]_c$$

其中，E_{mi} 代表的是燃烧排放量，c 代表某个国家或地区；i 代表每个伴生气燃烧点位；Vol 代表每个伴生气燃烧点的年燃烧总量。

最终，将数据进行网格化，空间分布精度为 $0.1° \times 0.1°$。

结果与分析

2010～2019 年全球及典型区域石油伴生气燃烧 CO_2 排放量的年际变化趋势如图 5.10（a）所示。总体而言，CO_2 排放量较为稳定，从 2010 年的 3.78 亿 t 缓慢增加至 2019 年的 4.22 亿 t。其中主要的贡献国及地区为俄罗斯、中东地区和中西非地区。俄罗斯和中西非地区呈现出显著下降的趋势，而中东地区则呈现出显著上升的趋势。图 5.10（b）则列出了研究期间年均 CO_2 排放量排名居前 15 的国家，从高到低依次为俄罗斯、伊拉克、伊朗、美国、尼日利亚、委内瑞拉、阿尔及利亚、墨西哥、安哥拉、马来西亚、沙特阿拉伯、印度尼西亚、利比亚、阿曼和埃及。图 5.10（c）显示了以上 15 个国家石油伴生气燃烧 CO_2 排放量占其国家总 CO_2 排放量的比例。从全球尺度上看，该比例为 1.22%。15 个国家的比例均高于全球均值，其中安哥拉最高，达到 45.2%，其次为尼日利亚（31.8%）、伊拉克（28.9%）、利比亚（16.7%）、阿尔及利亚（14.3%）、委内瑞拉（13.4%）和阿曼（10%）。这表明以上国家的石油产业生产过程中产生的 CO_2 在全国总 CO_2 排放量中占重要的贡献。

2010～2019 年全球石油伴生气燃烧 CO_2 排放量的时空变化特征如图 5.11 所示。从空间分布上看，排放源的区域稳定，这主要是由于石油产区的地理位置在短期内不会有较大变化。从排放强度上看，俄罗斯的大部分排放源区较高，主要集中在西伯利亚的汉特－曼西斯克（Khanty-Mansiysk）和亚马尔－涅涅茨自治区（Yamalo-Nenets Autonomous Okrug）。此外，波斯湾地区的石油产地国家和中西非地区的安哥拉、尼日利亚等国家也属于 CO_2 排放强度较高的地区。北美地区也有大量的石油伴生气燃烧排放源区，主要分布在美国的得克萨斯州、南达科他州，以及墨西哥湾、加拿大的艾伯塔省。从排放强度上看，北美源区处于较低的水平，主要是与其伴生气中含较多的低碳烃有关。

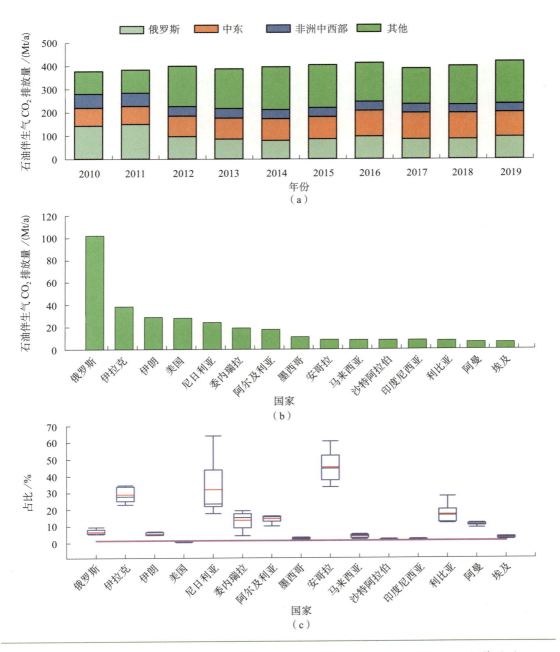

图 5.10　2010～2019 年全球及典型区域石油伴生气燃烧 CO_2 排放量的年际变化趋势（a）、年均 CO_2 排放量排名前 15 的国家（b）、15 个国家石油伴生气燃烧 CO_2 排放量占其国家总 CO_2 排放量的比例（c）

注：图（c）中紫线代表全球平均值（1.22%）

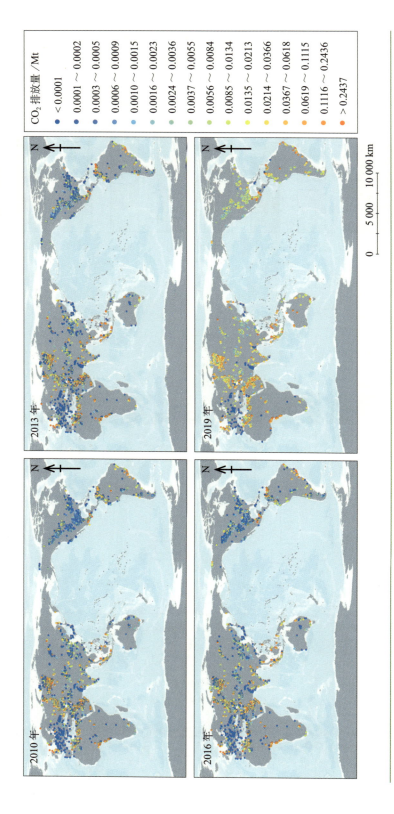

图 5.11　2010 年、2013 年、2016 年及 2019 年全球石油伴生气燃烧 CO_2 年排放强度空间分布特征

从时间变化趋势上看，石油伴生气燃烧排放源区的 CO_2 排放强度呈现增加的趋势，主要原因是 CO_2 排放总量的变化程度较小，而总的排放源点位有所减少，因此导致 CO_2 排放强度增加的现象。

成果亮点

- 率先开展并生产了 2010～2019 年全球石油产地伴生气燃烧 CO_2 的高分辨率排放清单。

- 自 2010 年以来，全球尺度上石油产地伴生气燃烧的 CO_2 保持稳定的排放量，其中俄罗斯和中西非地区呈现出显著下降的趋势，而中东地区则呈现出显著上升的趋势。研究表明，石油产地国家中该类型排放产生的 CO_2 在其国家总 CO_2 排放量中占重要的比重。

讨论与展望

本案例利用卫星遥感传感器反演的石油伴生气燃烧量数据生产了 2010～2019 年全球石油产地伴生气燃烧 CO_2 的排放及时空变化数据产品，为全球及特定地区温室气体排放及能源政策提供基础数据。研究表明，在多数石油产地国家，开采过程中产生的 CO_2 排放量在总量中占有不可忽略的贡献。本案例所用的全球尺度方法可为后续区域性 CO_2 核算提供参考。需要指出的是，尽管该方法考虑了不同石油产区伴生气成分之间的差异，但这仍是估算碳排放量的最大不确定因素之一。石油产地伴生气成分数据集的数据来源于文献和报告，存在方法不统一、时间滞后等问题，因此在未来的研究中需要进一步完善该数据库。未来计划进一步探究该类型排放产生的其他温室气体，例如比 CO_2 增温潜势更强的甲烷气体。

5.6　全球土壤呼吸时空变化及其对气候变化的响应

对应目标

SDG 13.2 将应对气候变化的举措纳入国家政策、战略和规划

案例背景

　　土壤呼吸（soil respiration）描述了土壤向大气释放 CO_2 的过程，包括土壤中植物的根、根际、微生物和动物的呼吸。全球每年因土壤呼吸作用向大气中释放碳的量值仅次于全球陆地植被总初级生产力。作为陆地生态系统碳循环中第二大碳通量组分，土壤呼吸在陆地生态系统碳循环和碳收支中占有重要地位。

　　土壤呼吸是一个复杂的生物化学过程，受到各种生物以及非生物因素的交互影响而呈现出明显的时空异质性。气候因素（温度和水分）通过强烈影响植物光合作用、土壤中微生物和酶的活性，成为影响土壤呼吸时空变化的重要环境因子。然而，目前全球土壤呼吸产品估算的全球土壤呼吸总量、时空变化趋势存在很大的不确定性，因而所得到的全球土壤呼吸对气候变化的响应也存在较大差异。

　　本案例依托地球观测大数据技术，从多源遥感数据集中提取影响土壤呼吸时空变化的温度、水分和植被因子数据，结合土壤呼吸地面观测数据集，构建数据驱动的土壤呼吸估算模型，定量估算了 2000～2020 年全球土壤呼吸，并分析了其对气候变化的响应。通过对土壤呼吸时空变化特征的刻画，可准确全面地把握全球土壤呼吸的格局，为相关 SDGs 的实现提供科学的决策支持。

所用地球大数据

◎ 全球土壤呼吸地面观测数据集（Huang et al., 2020）。

◎ 2000～2020 年 MODIS 的地表温度、植被总初级生产力、蒸散发、NDVI 和土地覆盖产品，空间分辨率为 1 km。

◎ 全球气候分区数据集。

◎ ERA5 再分析气候数据集中离地 2 m 空气温度和总降水量数据。

13 ⊙ **方法介绍**

　　本案例采用数据驱动的方法估算全球土壤呼吸年总量。主要流程包括：基于土地覆盖数据和全球气候分区数据，将全球陆地生态系统划分为 10 个生物群区；针对不同生物群区，结合土壤呼吸地面观测数据和遥感提取的温度、水分、植被相关的参数，构建多源非线性回归模型和机器学习模型（随机森林、支持向量机回归和神经网络）；基于可决系数和均方根误差选择适用于每一个生物群区的最优土壤呼吸统计模型（Huang et al., 2020）。在对模型输入的 MODIS 数据产品进行缺失值插补的基础上，利用每一个生物群区确定的土壤呼吸估算模型，估算其土壤呼吸，并生产 2000～2020 年全球土壤呼吸产品，空间分辨率为 1 km，时间分辨率为 1 年。

　　基于全球多年平均的空气温度（T）数据，将全球陆地生态系统划分为三个区域：热带区域（$T > 17℃$）、温带区域（$2℃ \leqslant T \leqslant 17℃$）和北方区域（$T < 2℃$）。利用本案例生产的 2000～2020 年全球土壤呼吸产品，结合 Theil-Sen Median 趋势分析和 Mann-Kendall 检验估算全球、区域和单个像元尺度上土壤呼吸的时间变化趋势，采用偏相关方法，分析全球和区域尺度上土壤呼吸对气候变化的响应。

13 ⊙ **结果与分析**

1. 全球土壤呼吸的空间分布格局

　　2000～2020 年全球土壤呼吸 CO_2 排放年总量平均值的高值区位于热带地区，如亚马孙河流域、非洲中部和东南亚，低值区广泛分布于北半球高纬度区域和温带的干旱、半干旱区（图 5.12）。土壤呼吸沿纬度的分布格局也表明，其平均值和总量的最高值均出现在赤道地区；随着纬度的增加，二者均呈减少趋势，但土壤呼吸年总量在北半球的低中纬度区受到大面积裸地分布的影响，呈现先降低后增加的趋势。

2. 全球土壤呼吸的时间变化趋势

　　2000～2020 年，全球土壤呼吸 CO_2 排放年总量呈显著增加趋势 ［0.12 ± 0.012 PgC/a，$p < 0.05$，图 5.13（a）］[1]，其中热带区域增加幅度最大（0.15 ± 0.014 PgC/a，$p < 0.05$），其次是温带区域（0.02 ± 0.007 PgC/a，$p = 0.19$），北方区域土壤呼吸年总量呈减小趋势（−0.02 ± 0.006 PgC/a，$p = 0.10$）。近 20 年，全球土壤呼吸的增加集中分布于热带和温带区

---

　　① 本案例中全球土壤呼吸年总量以 CO_2 排放中 C 的量计算。

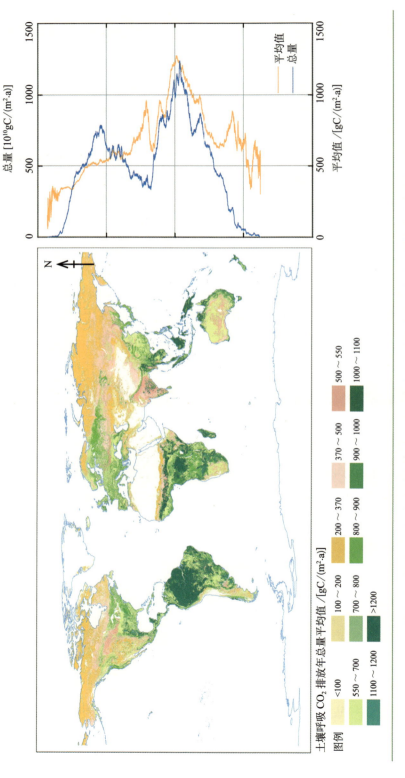

图 5.12　2000～2020 年全球土壤呼吸 CO_2 排放年总量平均值的空间分布格局及其纬向变化

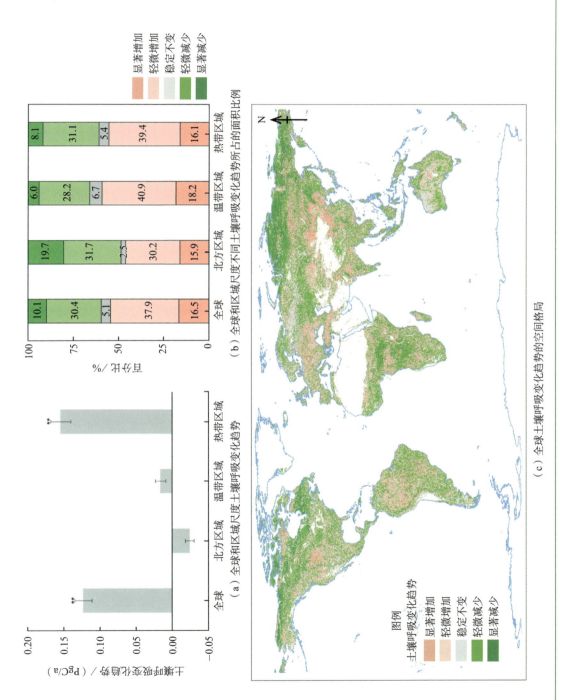

图 5.13　2000~2020 年全球土壤呼吸变化趋势

域，而减少集中分布于北方区域（如北半球高纬度地区）、全球的干旱半干旱区［图 5.13（b）和图 5.13（c）］。

3. 全球土壤呼吸对气候变化的响应

在全球尺度上，土壤呼吸与 2 m 平均空气温度（TEM）之间呈显著的正偏相关（$r=0.60$，$p<0.01$，图 5.14），表明全球土壤呼吸的变化主要受到空气温度的影响。在全球变暖背景下，全球土壤呼吸呈明显增加趋势。在区域尺度上，热带土壤呼吸与 TEM 呈显著正偏相关（$r=0.46$，$p<0.05$），温带区域土壤呼吸与 TEM 呈显著负相关（$r=-0.48$，$p<0.05$），而北方区域土壤呼吸与降水量之间呈显著负偏相关（$r=-0.51$，$p<0.05$）。这些结果表明，空气温度对全球不同区域土壤呼吸的影响存在明显差异，降水量增加导致了北方区域土壤呼吸的降低。

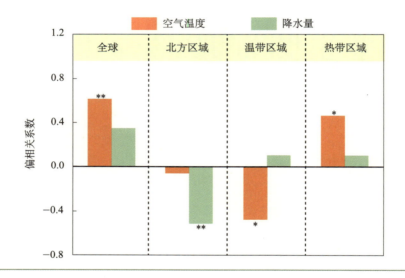

图 5.14　全球和区域尺度上土壤呼吸与空气温度和降水的偏相关

成果亮点

- 2000～2020 年，全球土壤呼吸年总量的高值区主要位于热带地区，低值区广泛分布于北半球高纬度地区和全球的干旱半干旱区。

- 2000～2020 年，全球土壤呼吸年总量呈显著增加趋势，其中热带区域增加幅度最大，其次是温带区域，北方区域土壤呼吸年总量呈减小趋势。

讨论与展望

　　本案例依托地球观测大数据技术，采用数据驱动方法估算了 2000～2020 年全球土壤呼吸。研究发现，近 20 年全球土壤呼吸整体呈显著增加趋势，且主要受到空气温度上升的影响，其中热带地区增幅最大，说明全球变暖可能会导致全球和热带地区碳汇减小。此外，空气温度上升会导致干旱加剧，进而引起全球干旱半干旱区土壤呼吸降低。北方区域具有更高的土壤呼吸温度敏感性和更大的土壤有机碳库，在全球变暖背景下，2000～2020 年北方区域的土壤呼吸并没有呈现显著增加趋势，主要是受到降水变化的影响。土壤呼吸对气候变化的响应是一个复杂问题，需要综合考虑气候变化与植被变化、人类活动的相互关系，揭示气候变化在影响全球和区域尺度土壤呼吸变化中的作用，为全球陆地生态系统碳源汇的精确计量提供科学数据支撑。

5.7 土地覆盖变化对全球净生态系统生产力的作用

案例背景

气候变化是人类面临的全球性问题，由于各国 CO_2 的排放，温室效应促使全球变暖显著，到 2020 年，全球大气中的 CO_2 平均浓度已达到 415 ppm，较 1850 年左右工业化前的 285 ppm 水平大幅上升。1850～2020 年，全球平均地表温度上升了约 1.2 ℃。气温升高，加快了极地冰川的融化，海平面上升，自然灾害加剧，威胁人类和生物的生存（Chen, 2021; NOAA, 2020）。

陆地生态系统是气候系统的一个重要组成部分，其碳源汇构成和时空变化受到气候与人类活动等诸多因素的影响（Chen et al., 2019; Peng et al., 2017）。分析碳源汇的情况，揭示陆地生态系统碳汇驱动机制，对碳中和政策制定具有重要的指导意义。基于加拿大遥感中心发展的加拿大北方陆地生态系统生产力模拟器（Boreal Ecosystem Productivity Simulator，BEPS）模型计算得到的全球净生态系统生产力（NEP）通常被用于描述碳汇的情况。为此，本案例研究分析了 2001～2019 年全球 NEP 变化及其驱动机制，为应对气候变化提供宏观决策支持。

所用地球大数据

◎ 2001～2019 年全球逐日最高气温、最低气温、平均相对湿度、日降水量、日总辐射、叶面积指数（leaf area index，LAI）、CO_2 浓度、氮沉降。

◎ 年尺度的 MODIS 土地覆盖数据产品。

方法介绍

基于 BEPS 模型，利用逐日最高气温、最低气温、平均相对湿度、日降水量、日总辐射、叶面积指数、CO_2 浓度、氮沉降数据，利用随机森林算法，计算像元尺度各年土地覆盖变化、气候变化、CO_2 与氮沉降变化下的 NEP，进而计算土地覆盖变化、气候变化、CO_2

变化与氮沉降变化对全球 NEP 变化的重要性。另外，对中国区域，进一步分析森林、农田及其他植被，以及各气象要素、CO_2 与氮沉降对 NEP 变化的重要性。

结果与分析

1. 全球像元尺度 NEP 变化

2001～2019 年全球 NEP 年际变化率如图 5.15 所示，全球大部分区域 NEP 呈现增加的趋势，尤其是中国南部及中部、亚欧大陆西北部及东北部、南亚、中非、北美北部、南美西部等区域。总体而言，2001～2019 年全球尺度 NEP 呈现增加趋势，从 2001 年的 1.57 PgC 增加到 2019 年的 2.84 PgC，年际线性增加幅度是 0.07 Pg。中国区域增加显著，从 2001 年的 63.95 TgC 增加到 2019 年的 223.81 TgC，年际线性增加幅度是 8.88 TgC。

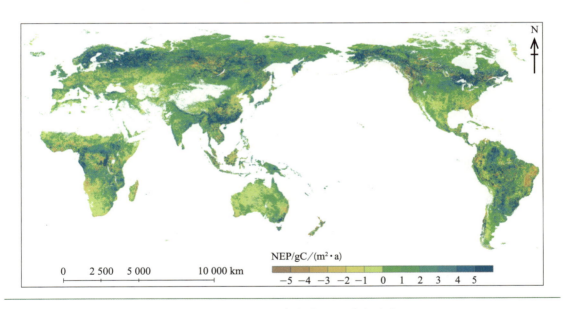

图 5.15　2001～2019 年全球 NEP 年际变化

2. 全球陆地生态系统 NEP 驱动分析

主要驱动因素对陆地生态系统 NEP 变化的重要性如图 5.16 所示。土地覆盖变化对 NEP 影响主要在欧洲与北美的中高纬度区域、中国的中部及南部区域；气候变化起主要作用的区域是在中亚、大洋洲、非洲南部；CO_2 和氮沉降变化作用主要集中在中高纬度区域。总体而言，全球土地覆盖变化对 2001～2019 年陆地生态系统 NEP 变化的重要性达 43%，气候变化对 NEP 变化的重要性约 33%，CO_2 与氮沉降变化对 NEP 变化的重要性约 24%。对照图 5.15、图 5.16 可以发现，土地覆盖变化起主要作用的区域，其 NEP 年际变化率都较大，如中国的南部及中部区域、亚欧大陆西北部及东北部、北美北部等 NEP 呈现较大的增加趋势［＞5 gC/（$m^2 \cdot a$）］；有些土地覆盖变化，如砍伐亚马孙等热带区域森林，会导致 NEP 降低，即土地覆盖变化对 NEP 形成负贡献；由于随机森林方法所计算的重要性没有区分正负效应，是正、负贡献绝对值之和，所以本案例中全球土地覆盖变化对 2001～2019 年陆地生态系统 NEP 变化的重要性较大。

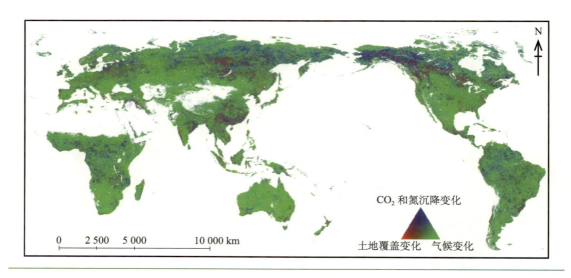

图 5.16   2001～2019 年土地覆盖变化、气候变化、CO_2 和氮沉降变化
对陆地生态系统 NEP 变化的重要性

对于中国区域，本案例分析发现土地覆盖变化对 2001～2019 年陆地生态系统 NEP 变化的重要性达 32%，气候变化对 NEP 变化的重要性约 32%，CO_2 与氮沉降对 NEP 变化的重要性约 36%。土地覆盖变化中仅森林的变化贡献达 17%，高于农田与其他用地类型变化对 NEP 的贡献——8% 和 7%，这与中国在 2000 年以来，实施大量大规模的生态工程（如"三北"防护林工程、退耕还林工程、天然林保护工程等）贡献密切相关（Bryan et al., 2018; Chi et al., 2019）。

成果亮点

- 基于 BEPS 计算得到的 NEP 通常被用于描述碳汇的情况，本案例分析了全球陆地生态系统 NEP 的变化，发现 2001～2019 年，全球 NEP 整体增加显著。明显增加的区域主要分布在亚欧大陆的西北部及东北部、中国的南部及中部、南亚、中非、北美北部、南美西部等。

- 土地覆盖变化对 2001～2019 年全球陆地生态系统 NEP 变化的重要性达 43%，中国区域土地覆盖变化对 NEP 变化的重要性是 32%，其中森林的变化贡献达 17%，高于农田变化与其他用地类型变化的贡献。

讨论与展望

　　碳中和是指通过平衡或者消除温室气体（主要为 CO_2）的排放，阻止其在大气中的增加而导致全球变暖，从而实现温室气体（主要为 CO_2）净零排放。对于发展中国家而言，通过直接减排减少碳排放，一定程度上与经济相冲突，通过土地覆盖变化或植被生态系统固碳可以作为间接减排的一个战略选择。当然，除了减少化石燃料消耗外，发展风能、太阳能、生物质能、地热能、潮汐能和氢能等可再生能源，也是实现碳中和的有效途径。政策和经济引导是促进碳中和的重要策略。植树和森林管理的成本比工业碳清除要低得多，增加土地碳汇是消除大气中 CO_2 含量的低成本选择。本案例在分析反映陆地生态系统碳汇变化的 NEP 及其驱动的基础上，重点分析土地覆盖变化对 NEP 的影响，为全球近几十年来从土地覆盖变化对 NEP 的影响给出定量指导意义。在未来更详细、更高精度历年土地覆盖变化数据支持下，这一定量研究结果将更加精确，更具有指导意义。

5.8　亚欧大陆冰川变化模拟及其对水资源影响评估

对应目标

SDG 13.3 加强气候变化减缓、适应、减少影响和早期预警等方面的教育和宣传，
　　　　　加强人员和机构在此方面的能力

案例背景

　　SDG 13.3 是 SDGs 的重要目标之一。冰川对气候变化十分敏感，被称作全球变化的指示器。同时，冰川也是世界众多大江大河的发源地和流域水资源的重要补给区，素有"世界水塔"和"固体水库"之称。因此，冰川对海平面上升、流域水资源以及冰冻圈灾害等与人类社会息息相关的事件影响日益深远。随着全球气候变暖加剧，过去几十年来全球冰川已发生显著变化，呈现出加速消融趋势，对流域水资源产生了显著的影响，严重威胁下游人口的用水安全和社会可持续发展。正是由于冰川变化的影响日益广泛，在全球和区域尺度上深刻理解冰川变化的时空差异，准确辨识冰川变化的影响程度和时空范围，对科学应对全球变化，落实联合国"2030 年可持续发展议程"具有重要的现实意义和社会意义。

　　亚欧大陆冰川资源丰富，根据全球冰川编目数据 Randolph Glacier Inventory 6.0，该区域共有冰川 101 351 条，冰川数量占全球山地冰川总数的 46.81%，冰川覆盖面积达到了 101 004 km^2（图 5.17）。由于亚欧大陆多位于干旱半干旱区域，且区域内人口众多，流域水资源压力巨大，冰川是维系流域生态系统和社会可持续发展的重要水源地和水量中枢，对流域水资源具有重要的涵养、补给和调节作用。鉴于特殊的地理环境、气候背景和冰川的重要作用，冰川被称为"高山水塔"实至名归。综上所述，本案例开展了 1999～2018 年亚欧大陆冰川变化模拟及其水资源影响评估，重点分析了冰川物质平衡变化及其对流域水资源的影响。

所用地球大数据

◎ 全球冰川编目数据 Randolph Glacier Inventory 6.0（RGI Consortium, 2017）。

◎ 英国东安格利亚大学气候研究中心（CRU）气象数据，包括月尺度的气温、降水和潜在蒸散发数据（网址：https://crudata.uea.ac.uk/cru/data/hrg/）。

◎ 实测冰川物质平衡数据，由世界冰川监测服务处（WGMS）提供（网址：https://wgms.ch/）。

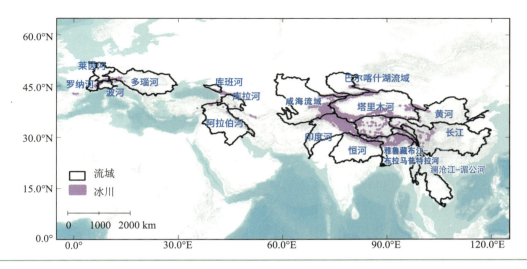

图 5.17　亚欧大陆冰川分布示意图

◎ 全球径流再分析数据产品 GloFAS-ERA 5（Harrigan et al., 2020）。

◎ 全球格网人口分布数据 Gridded Population of the World, v.4（网址：https://sedac.ciesin.columbia.edu/data/collection/gpw-v4）。

◎ 亚欧大陆流域边界，由全球径流数据中心（Global Runoff Data Centre）提供（网址：https://www.bafg.de/GRDC/EN/Home/homepage_node.html）。

方法介绍

　　本案例首先利用全球开放冰川模型（Open Global Glacier Model，OGGM）（Maussion et al., 2019）模拟了 1999～2018 年亚欧大陆 10 万多条冰川的冰量变化与物质平衡，然后在此基础上计算这 20 年这些冰川径流的变化。径流不等于水资源，水资源可以被认为是具有社会属性的径流。为了比较不同流域之间冰川和冰川变化对水资源的影响，本案例参考 Kaser 等（2010），采用影响人口指数（population impact index, PIX）评估流域内冰川和冰川变化对水资源的影响，计算公式如下：

$$PIX = R \times Pop$$

式中，Pop 为流域人口总数；R 为流域径流深中冰川融水的比例（G_r/Runoff）。

结果与分析

　　结果发现，1999～2018 年由于气候变暖，除西昆仑外，亚欧大陆冰川均呈现明显的负物质平衡状态（图 5.18），多年平均物质平衡为 -502.9 mm w.e./a，而且这 20 年冰川物质亏损速率呈现出明显的加速状态。21 世纪前 10 年亚欧大陆冰川物质平衡为 -480.0 mm w.e./a，第二个 10 年冰川物质平衡为 -525.9 mm w.e./a，冰川物质亏损速率增加了 9.6%（图 5.19）。此外，冰川变化呈现出显著的区域差异（图 5.18），其中物质亏损速率最高的区域为欧洲中部的阿尔卑斯山地区（-1349.0 mm w.e./a），其次为东喜马拉雅地区（-682.0 mm w.e./a）。

　　亚欧大陆的大部分区域属于干旱半干旱气候，水资源压力巨大。研究发现，1999～2018 年，亚欧大陆流域经历了较为明显的增温过程，降水的变化趋势并不明显。同时，流域内的人口增长趋势十分明显，但流域内径流却呈现出下降趋势（图 5.20），这说明过去 20 年流域内水资源压力不减反增，水资源问题亟须更多关注和研究。同时，冰川融水的变化则与径流变化趋势相反，由于冰川物质亏损加速，在绝大多数流域中冰川融水都呈现出上升趋势。在绝大多数流域中，径流的下降和冰川融水的增加使得径流中冰川融水的比例都在上升。在人口增加和冰川融水贡献率上升的双重作用下，冰川在流域中的影响（以 PIX 为衡量指标）也呈现出明显的增加趋势，包括年 PIX、消融季 PIX 以及最大月 PIX。PIX 的增长趋势说明，尽管冰川储量不断下降，但冰川对流域水资源的影响仍然在不断增大。

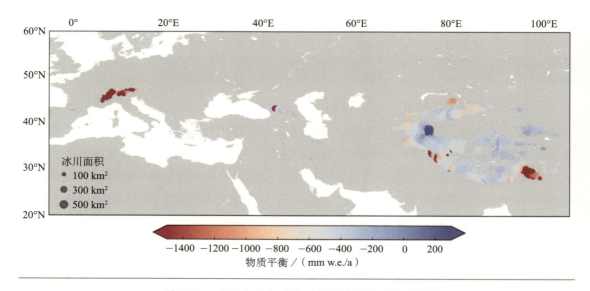

图 5.18　亚欧大陆冰川物质平衡空间分布示意图

注：其中圆圈面积代表每个 0.5°×0.5° 格网内分布的冰川面积

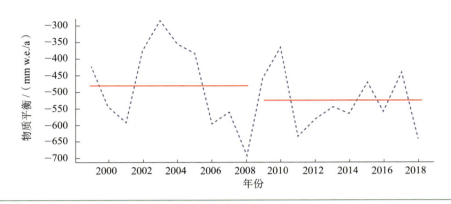

图 5.19　亚欧大陆冰川物质平衡年际变化示意图

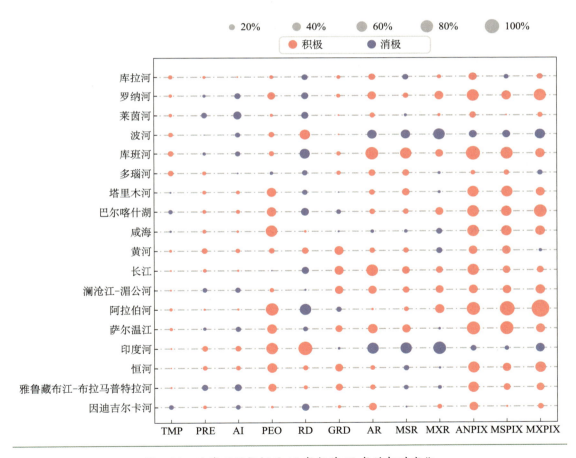

图 5.20　流域不同指标后 10 年与前 10 年的相对变化

注：TMP：气温，PRE：降水量，AI：干燥度指数，PEO：人口，RD：流域径流深，GRD：冰川径流深，AR：年径流冰川融水比例，MSR：消融季径流冰川融水比例，MXR：比例最大月冰川融水比例，ANPIX：年冰川影响人口指数，MSPIX：消融季冰川影响人口指数，MXPIX：比例最大月冰川影响人口指数

成果亮点

- 利用模型模拟了 1999～2018 年亚欧大陆冰川冰量变化与物质平衡。

- 探索提出新指标——PIX（影响人口指数），从而能够定量评估冰川变化对流域水资源的影响。

- 1999～2018 年，亚欧大陆冰川经历了显著的物质亏损，且冰川物质亏损速率呈现出明显的加速趋势；同时，该地区流域水资源压力不断上升，冰川对流域水资源的影响也呈现出不断增加的趋势，因此应该尽快采取措施以应对冰川径流下降或消失的状况。

讨论与展望

　　本案例利用 OGGM 模拟了 1999～2018 年亚欧大陆冰川冰量变化与物质平衡，分析了这 20 年冰川的时空变化。同时，以多因素的综合与集成手段定量辨识冰川变化对流域水资源的影响程度、时空范围及其演化趋势。研究发现，1999～2018 年，欧亚大陆冰川经历了明显的物质亏损，且亏损速率呈现加速趋势。同时，尽管欧亚大陆冰川储量减少，但冰川对流域水资源的影响力却与日俱增，因此，需要合理归化利用水资源以应对未来冰川融水减少甚至消失所带来的威胁。这不仅是冰冻圈与可持续发展研究的重要内容，也对人类社会科学应对全球变化具有重要意义。需要指出的是，本案例从流域尺度出发，时空分辨率较粗。数据稀缺目前仍然是制约冰川变化及其影响研究精度的最大障碍。未来需要将模型与遥感观测数据相结合，从而提供更高时空分辨率、更加可靠的冰川变化及其影响研究结果。

5.9　极地冰盖表面冻融变化监测与评估

> **对应目标**
>
> SDG 13.3 加强气候变化减缓、适应、减少影响和早期预警等方面的教育和宣传，加强人员和机构在此方面的能力

案例背景

极地冰盖在全球气候变化研究中具有重要的地位和作用。一方面，极地冰盖作为全球大气的主要冷源，在全球热量平衡中起重要作用，控制着大气与地表的热量和水汽交换，直接影响着全球大气环流和气候的变化，是全球变化的关键因素；另一方面，极区对全球气候变化有放大作用，是全球气候变化的重要指示剂。

极地冰盖表面融化会引起反射率的变化，影响极地地区的辐射平衡，并引起全球大气和大洋环流的变化。同时，融水会渗至冰层底部从而加速冰盖、冰架的运动和崩解，造成海平面上升。因此，极地冰盖表面冻融既是全球变暖的敏感因子，也是气候变化的贡献因子。

所用地球大数据

◎ 1989～2020 年 25 km 分辨率微波辐射计 SSM/I 和 SSMIS 数据，南、北纬 87° 以内 1 天覆盖一次。

◎ 2015～2020 年 40 m 分辨率环南极地区 Sentinel-1 EW 模式合成孔径雷达（synthetic aperture radar，SAR）数据。

方法介绍

具有全天时、全天候工作能力的微波遥感可以获取长时序大范围极地冰盖表面雪融信息，是探测极地冻融的重要手段。其中，微波辐射计 / 散射计可以获得的高时间分辨率、低空间分辨率极地融化信息，而合成孔径雷达可以探测到高空间分辨率、低时间分辨率信息，二者的结合有力地保障了极地冻融的探测。

（1）基于微波辐射计的 1989～2020 年南北极冰盖表面冻融特征提取方法。基于微波辐射计 SSM/I 和 SSMIS 数据，利用改进的小波变换得到极地冰盖表面融化状态信息，通过统

计明确融化范围，形成 1989～2020 年南极大陆及格陵兰冰盖表面融化平均开始时间、结束时间和持续时间。

（2）基于成像雷达的 2015～2020 年南北极冰盖表面融化信息提取方法。利用收集了南极地区数十万景 Sentinel-1 数据，基于地球大数据（Guo, 2019），建立了基于时序数据分析技术的极地冻融状态探测模型，率先获得了 2015～2020 年南极大陆和格陵兰岛 40 m 高分辨率月更新冻融产品，有效地支撑了极地冰盖表面融化规律和时空异常的研究。

结果与分析

1. 近 30 年南北极冰盖表面冻融变化

根据 1989～2020 年格陵兰冰盖和南极冰盖表面的区域平均融化开始时间、结束时间和持续时间（图 5.21），近 30 年来，格陵兰冰盖表面融化持续时间在增加，与之相反，南极冰盖表面融化持续时间在减少。具体来讲，格陵兰冰盖平均融化持续时间增加了 10 天。南极冰盖年平均融化持续时间减少了 9 天。

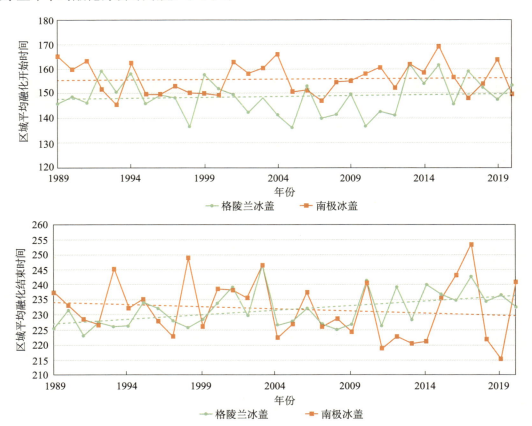

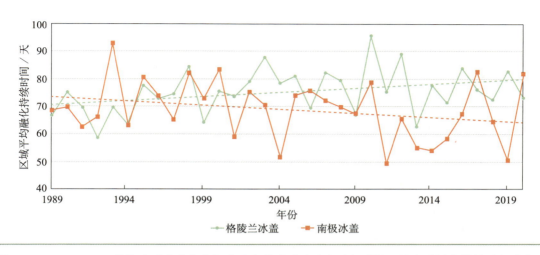

图 5.21　1989～2020 年格陵兰冰盖和南极冰盖表面的平均融化开始时间、结束时间和持续时间的变化
注：平均融化开始时间和平均融化结束时间均指该年的第多少天

　　1989～2020 年，格陵兰冰盖和南极冰盖表面的融化持续时间的空间变化如图 5.22 所示。近 30 年来格陵兰冰盖 90% 以上的融化区域年平均融化持续时间呈现增加的趋势，而南极冰盖大部分的融化区域的年平均融化持续时间呈现为减少的趋势。

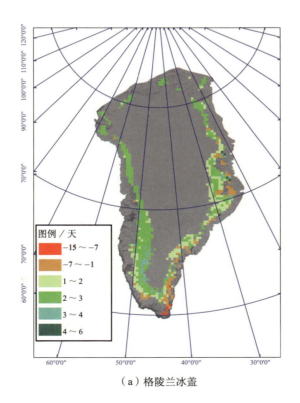

（a）格陵兰冰盖

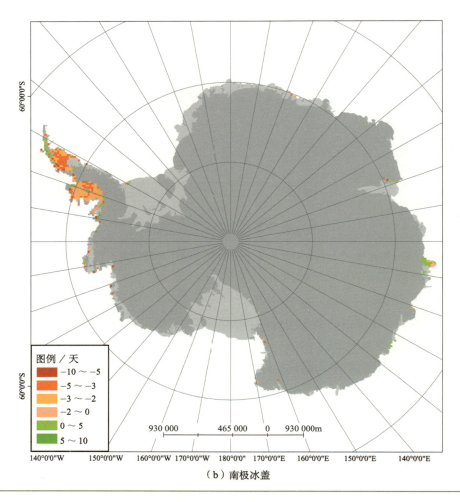

图 5.22　1989～2020 年格陵兰冰盖和南极冰盖表面年平均融化持续时间空间变化

2. 2015～2020 年环南极冰盖高分辨率冻融状态

利用 Sentinel-1 SAR 数据，提取了 2015～2020 年环南极冰盖月更新 40 m 高分辨率冻融状态分布，图 5.23（a）显示了 2020 年 1 月环南极冰盖融化状态分布示意图。利用此数据统计分析南极冰盖近 5 年夏季的融化趋势 [图 5.23（b）]，其变化程度表现为"东强西弱"，其中南极半岛的冰架近年来在夏季的融化程度增加显著。

南极半岛是南极最大的半岛，由于纬度较低，它是南极大陆最温暖、降水最多的地方。南极半岛融化范围不到南极冰盖的 20%，融化量却占整个南极冰盖的 66%。南极半岛的"拉森 – C"（Larsen-C）冰架是近年来消融严重的冰架，利用所提方法，获取 2014～2019

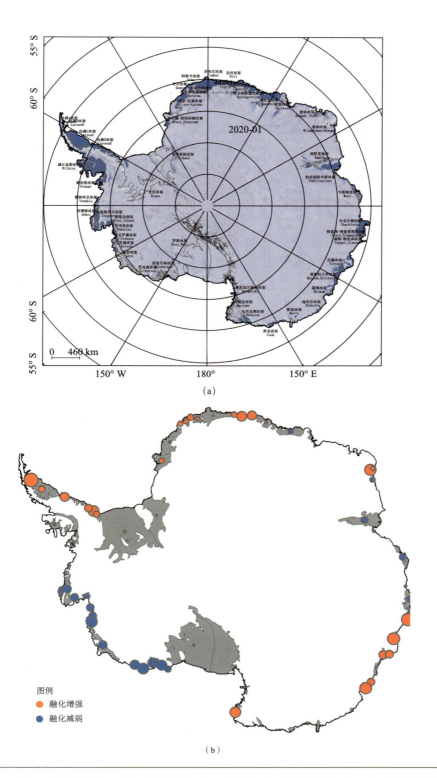

图 5.23 2020 年 1 月高分辨率环南极冰盖表面融化分布图（a）和与冰架近 5 年融化程度变化（b）

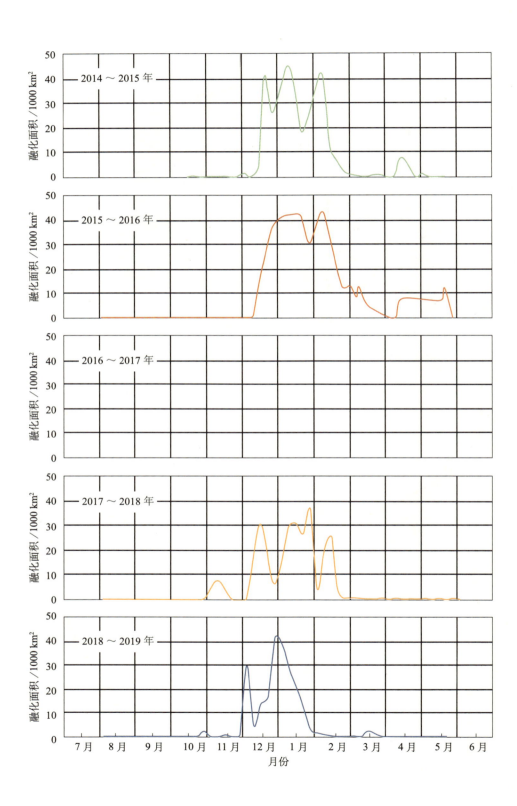

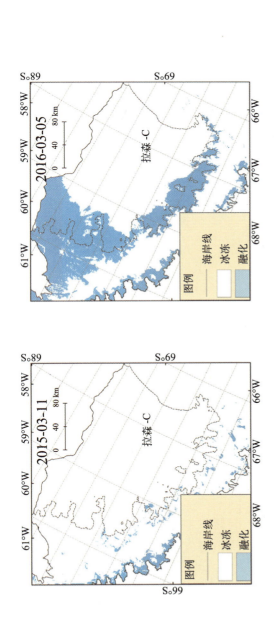

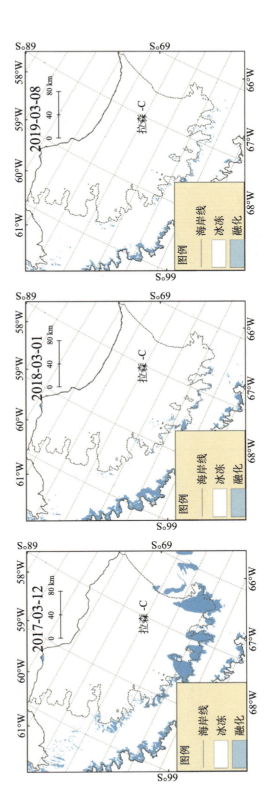

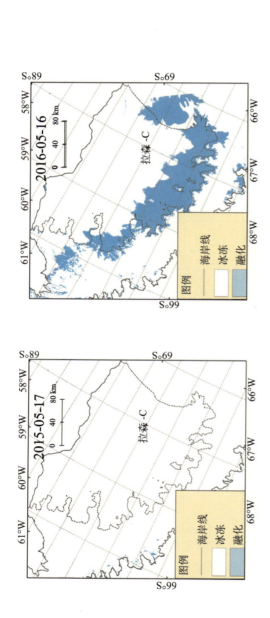

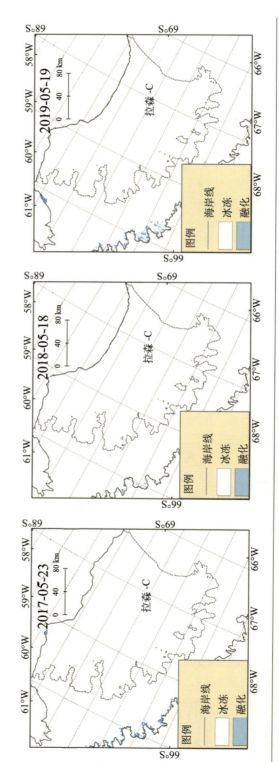

图 5.24　南极半岛 "拉森－C" 冰架融化面积变化及时空分布

年（每年 8 月至次年 5 月）的融化面积信息（图 5.24），可以看出，"拉森－C"冰架的融化强度和频率很高。与其他年份相比，2016 年 3～5 月发生了极为密集的融化，这与已有报道的研究结果一致（Datta et al., 2019; Turton, 2020），是因为焚风引起的夏季融化现象。为了更好地显示异常融化事件，图 5.24 给出了 2015～2019 年每年 3 月和 5 月的冻融信息。

成果亮点

- 面向全球变化的重要指示剂——极区，依托地球大数据，基于多源微波遥感数据开展了极地冰盖冻融大范围多尺度时空变化监测评估工作。

- 1989～2020 年，南北极冰盖表面融化程度表现为"北增南减"，北极格陵兰冰盖平均融化持续时间增加了 10 天，而南极冰盖减少了 9 天。

- 提取 2015～2020 年环南极高分辨率月更新冻融状态信息，探测到南极周边冰架在夏季的融化程度表现为"东强西弱"。

讨论与展望

　　本案例利用微波遥感多源数据以及地球大数据，实现了南北极冰盖冻融信息的探测，认识了极地在全球气候变暖趋势下的时空变化规律和异常特征。本案例研究成果为全球变化背景下极地环境快速变化与多圈层相互作用研究提供了科学依据，对提升我国及有关国家应对环境变化和极端气候的能力、实现人类可持续发展具有重要意义。

5.10　全球海洋热含量变化

对应目标

SDG 13.3 加强气候变化减缓、适应、减少影响和早期预警等方面的教育和宣传，
加强人员和机构在此方面的能力

案例背景

随着温室气体的不断排放，全球气候增暖加剧，海洋作为全球气候的重要"调节器"在不断吸热暖化。海洋吸收并存储了 90% 以上的全球气候增暖能量，使得海水变暖，热含量增加。最新研究表明：2020 年海洋升温持续，成为有现代海洋观测记录以来海洋最暖的一年（Cheng et al., 2021）。同时，2017～2021 年也是有现代海洋观测记录以来海洋最暖的 5 年，并且海洋暖化速度还在不断加快（Cheng et al., 2019）。海洋暖化已对海洋生态系统与人类可持续发展产生了严重的影响，造成了海平面上升、极端事件加剧、珊瑚白化、海洋生态恶化等严重后果。海洋热含量是衡量全球气候增暖最直接、最有效的指标之一，海洋热含量的变化直接反映了全球气候的变化。由于海洋内部观测数据的稀疏与不足，海洋暖化的估算与研究还存在较大不确定性与争议，需要中深海观测数据作支撑，亟须发展中深海遥感技术，准确反演全球海洋热含量变化。

所用地球大数据

◎ 海平面高度（sea surface height, SSH）数据来自卫星海洋学存档数据中心（Archiving, Validation and Interpretation of Satellite Oceanographic Data, AVISO）的卫星高度计产品，空间分辨率为 1°×1°，时间分辨率为每日，时间跨度为 1993～2020 年。

◎ 海表温度（sea surface temperature, SST）数据来自美国国家海洋和大气管理局（NOAA）的最优插值海面温度（optimum interpolation sea surface temperature, OISST）产品，空间分辨率为 1°×1°，时间分辨率为每日，时间跨度为 1981～2020 年。

◎ 海表风场（sea surface wind field, SSWF）数据采用较高精度和适用性多平台交叉校正（cross-calibrated multi-platform, CCMP）海洋风场数据，空间分辨率为 1°×1°，时间分辨率为每日，时间跨度为 1987～2020 年。

◎ Argo 浮标实测数据覆盖了全球海洋上层 2000 m 的温度观测资料，空间分辨率为 1°×1°，

时间分辨率为每月，时间跨度为 2005～2020 年。

方法介绍

　　本案例综合了海表卫星遥感观测与 Argo 浮标观测资料，利用人工神经网络方法构建适用于全球尺度、多层位、长时序的海洋热含量遥感反演模型；进而对模型进行一系列的输入因子的敏感性测试和网络结构的优化，生成了最优遥感反演模型。基于此模型，重建了一套全新的 1993～2020 年长时序全球海洋热含量遥感数据集（简称 OPEN，海洋上层2000 m，时间分辨率为逐月，空间分辨率为 1°×1°），提高了海洋热含量测算精度，弥补了 Argo 浮标观测在时序长度上的局限，填补了前 Argo 时期海洋观测的稀疏与空白。基于OPEN 数据集，以时序增暖速率、线性变化趋势以及空间异质性等多个角度对海洋热含量变化进行分析，定量了解全球气候增暖下的海洋暖化现状、特征与过程。

结果与分析

　　本案例利用卫星遥感＋人工神经网络重建的 OPEN 数据集，以 1993～2015 年为参考基准，分别计算全球海洋不同深度范围的热含量异常变化趋势与变化速率。图 5.25 展示了 1993～2020 年全球海洋上层 2000 m、1500 m、700m 和 300 m 热含量异常变化趋势。分析发现，27 年间，全球海洋上层 2000 m 暖化显著，且不断加剧，增暖速率为 $2.25×10^8$ J/（m^2·10a）；全球海洋上层 1500 m、700 m、300 m 增暖速率分别为 $2.22×10^8$ J/（m^2·10a）、$1.76×10^8$ J/（m^2·10a）、$1.37×10^8$ J/（m^2·10a）。越深层位暖化速率越高，说明海洋中深

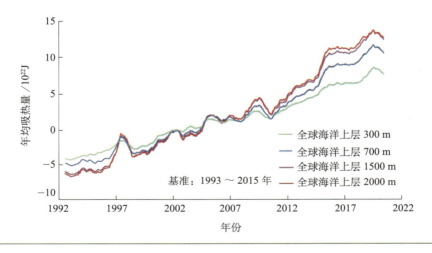

图 5.25　1993～2020 全球海洋上层 2000 m、1500 m、700 m 和 300 m 热含量异常变化趋势

层暖化速率高于上层，热量越来越多地被中深海吸收。2010 年、2015 年、2020 年全球海洋上层 2000 m 分别吸收了 3.25×10^{22} J、8.19×10^{22} J、13.95×10^{22} J 热量（以 1993～2015 年为参考基准），2010～2020 年全球海洋上层 2000 m 年均吸热高达 10.70×10^{22} J，同时保持着快速的增暖趋势。全球气候增暖下海洋暖化形势严峻，如此巨大的热量存储将对海洋生态系统、海平面变化及人类可持续发展构成严重威胁。

图 5.26 展示了 1993～2020 年全球海洋上层 2000 m 热含量变化速率的空间分布。可以看出，27 年间，全球气候增暖过程中，各大洋盆（包括太平洋、大西洋、印度洋和南大洋）都显著暖化，呈现明显的全球范围整体增暖现象，但存在一定的暖化空间异质性。不同洋盆的暖化特征有所差异，局部海域也存在一定的变冷现象。海洋热含量是当前衡量全球气候增暖最直接、最有效的指标。研究全球气候增暖需要更多地关注海洋热含量变化，尤其是中深海的热含量变化。加强对中深海的观测，提高中深海观测精度，比以往任何时候都更加迫切。

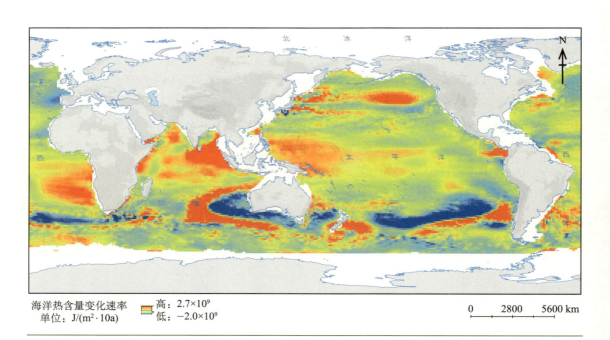

海洋热含量变化速率
单位：J/(m²·10a)　高：2.7×10^9　低：-2.0×10^9

0　2800　5600 km

图 5.26　1993～2020 年全球海洋上层 2000 m 热含量变化速率

成果亮点

- 自主生产 1993～2020 年全球海洋热含量遥感数据集。

- 1993～2020 年，全球海洋上层 2000 m 暖化显著，且不断加剧，增暖速率为 2.25×10^8 J/（m$^2 \cdot$ 10a）。2020 年全球海洋上层 2000 m 吸收了 13.95×10^{22} J 热量（以 1993～2015 年为基准）。海洋中深层暖化速率高于上层，热量越来越多地被中深海吸收。

- 全球气候增暖过程中各大洋盆都显著暖化，但存在一定的空间异质性。海洋热含量是当前衡量全球气候增暖的最有效指标，直接反映了全球气候变化。

讨论与展望

海洋作为全球气候增暖的"储热器"，对全球气候变化起着重要的调节作用。海洋热含量变化是衡量气候变化的最有效指标，直接反映了全球气候增暖状况，想要了解全球气候增暖必须要关注海洋暖化。加强对海洋中深层的观测是提高海洋热含量估算精度的重要保障，也是降低海洋暖化分析不确定性的重要措施，对深刻认识全球气候增暖与应对全球气候变化有重要意义。海洋暖化将严重威胁海洋生态系统（导致珊瑚白化、渔业生产力下降），加剧极端天气气候事件发生（超强台风频次增加、极端热浪事件频发），造成海平面上升（威胁海岛、海岸带生存空间），并最终影响人类可持续发展。对于海洋暖化引发的系列生态环境问题应给予更多的关注与宣传。

近年来不断加剧的海洋暖化现象表明：全球气候增暖是不争的事实，全球气候增暖仍在持续且形势严峻，人类应对气候变化仍面临严峻挑战。解决全球变暖的最终方法是减少 CO_2 等温室气体排放，实现碳达峰、碳中和目标是人类应对气候变化、降低全球气候增暖风险的最有效措施。海洋暖化揭示的全球气候增暖状况再次表明：实现《巴黎协定》的目标依然任重道远，需要全人类的共同努力。

5.11 中国西北－中亚五国陆地生态系统对气候变化的响应

对应目标

SDG 13.3 加强气候变化减缓、适应、减少影响和早期预警等方面的教育和宣传，加强人员和机构在此方面的能力

案例背景

中国西北－中亚五国（哈萨克斯坦、吉尔吉斯斯坦、塔吉克斯坦、乌兹别克斯坦、土库曼斯坦）是古代丝绸之路和亚欧大陆桥的重要组成部分。该区域面积辽阔（700 多万 km^2），以干旱/半干旱区为主，水资源匮乏，生态环境脆弱，对气候变化的响应尤为敏感（图 5.27）。植被初级生产力和植被物候期是重要的生态系统参数，可以作为陆地生态系统对气候变化响应的重要指示因子（Richardson et al., 2013; Knapp et al., 2017）。

最新研究表明，近 50 多年来中国西北地区气温显著升高，降水空间差异明显，东部地区出现明显暖湿现象（商沙沙等，2018）。同时，与我国西北地区紧邻的中亚五国地区自 20 世纪 60 年代以来，气候也呈变暖趋势，且增温幅度高于全球平均值（Yu et al., 2020）。在以上气候变化背景下，本案例通过长时序卫星遥感大数据，分析了中国西北和中亚五国区域干旱半干旱生态系统的植被物候期和植被初级生产力变化趋势，可准确把握该区域生态系统对气候变化的响应规律，为区域内 SDGs 提供科学决策支撑。此外，在全球气候变化研究仍然高度依赖欧美卫星的现状下，本案例探索了基于国产卫星大数据在支撑联合国 SDGs 方面的应用潜力，未来可以为国际社会尤其是发展中国家提供中国数据解决方案，具有非常积极的意义。

所用地球大数据

◎ 2000～2020 年美国国家航空航天局 MODIS 1 km 分辨率植被指数产品（MOD13A1）和土地覆盖类型产品（MCD12C1，IGBP 分类）。

◎ 2016～2020 年中国国家气象卫星中心 1 km 分辨率 FY-3 VIRR 植被指数产品。

◎ 2020 年中国科学院空天信息创新研究院全球 30 m 地表覆盖精细分类产品（GLC_FCS30-2020）。

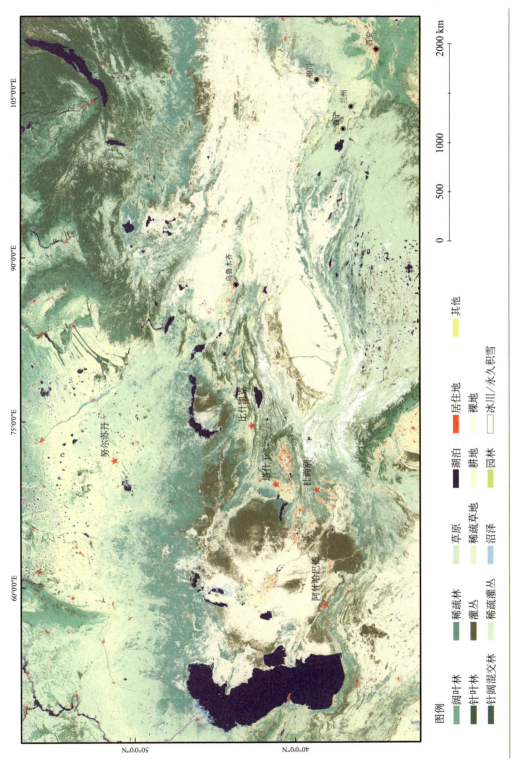

图 5.27 中国西北－中亚五国地表覆盖精细分类

◎ 2000～2020 年全球 0.5° 分辨率 CRU-TS 月尺度气象数据资料（CRU-TS，v4.05）。

◎ 辅助数据（数字高程、行政边界、道路和铁路数据等），数据来源于中国科学院地理科学与资源研究所资源环境科学与数据中心（https://www.resdc.cn）。

方法介绍

　　本案例基于 MODIS 植被指数产品，生产了 2000～2020 年逐年中国西北五省区和中亚五国 1 km 分辨率植被物候期参数数据集。同时，在对原始数据进行包括几何精校正、异常值剔除等预处理的基础上，首次基于国产 FY-3 VIRR 传感器生产了 2017～2020 年逐年中国西北五省区和中亚五国 1 km 分辨率植被物候期参数数据集，实现对外发布并逐年更新。

　　基于所生产的植被物候参数数据集，分析了研究区包括植被生长季开始时间、结束时间、生长季长度和植被初级生产力等变量的空间格局。同时，基于时序分析方法，分析了近 20 年来植被物候参数和植被初级生产力的变化趋势，并结合降水量、气温等数据，研究了区域内植被变化的气象驱动要素。

结果与分析

　　2000～2020 年中国西北 – 中亚五国植被物候期参数和植被初级生产力变化趋势如图 5.28 所示。统计分析可知，2000～2020 年区域内植被初级生产力变化趋势整体向好，但存在一定空间差异。区域内有植被覆盖地区近 94% 的面积上植被初级生产力呈现增加趋势，其中 87% 的呈现显著增加；仅有 5% 左右的面积上植被初级生产力呈现降低趋势。在 69% 的植被覆盖区域植被生长季开始时间提前，在 51% 的植被覆盖区域生长季结束时间提前，而生长季长度在植被覆盖区域 65% 的面积上呈现增加趋势。

　　除了基于 MODIS 的分析之外，基于国产卫星"风云三号"观测计算了研究区植被物候参数和植被初级生产力指数（图 5.29）。未来，随着国产数据的积累，分析长时间尺度上植被的趋势变化也将成为可能。

　　从中国西北 – 中亚五国 2000～2020 年植被初级生产力与降水、温度偏相关分析结果来看（图 5.30），降水增加是区域内植被恢复的主要驱动因素，其中降水量与植被初级生产力呈现显著相关的面积占区域总面积的 26%，且其中近 99% 都为正相关（亦即降水量增加会提高植被初级生产力）。反之，温度变化对植被生产力的驱动贡献相对较小，温度与植被初级生产力呈现显著相关的面积占区域总面积的 6% 不到。通过以上分析说明，区域内植被生长主要受水分条件限制，温度的变化对植被生长的影响不明显。因此，区域内相关国家政府决策部门在制定应对气候变化措施的时候，应对降水量在未来不同气候情境下的变化趋势予以格外关注。

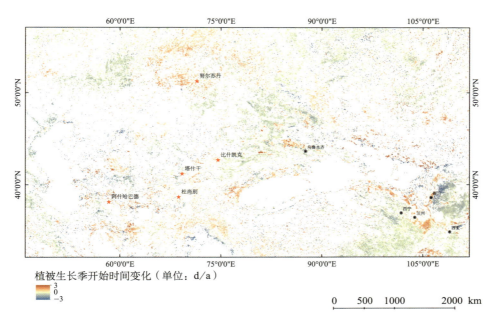

植被生长季开始时间变化（单位：d/a）

（a）中国西北－中亚五国 2000～2020 年植被生长季开始时间变化趋势

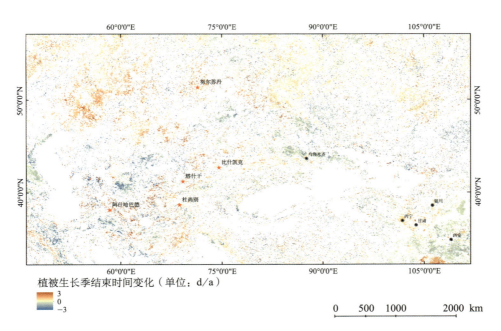

植被生长季结束时间变化（单位：d/a）

（b）中国西北－中亚五国 2000～2020 年植被生长季结束时间变化趋势

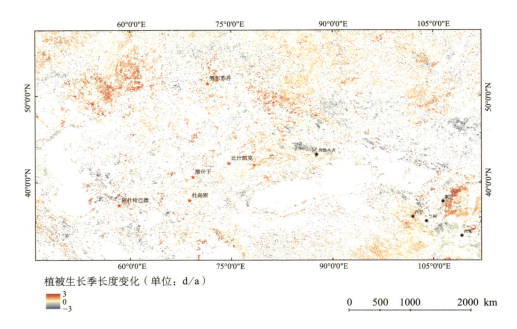

植被生长季长度变化（单位：d/a）

3
0
−3

0　　500　1000　　　　2000 km

（c）中国西北－中亚五国 2000～2020 年植被生长季长度变化趋势

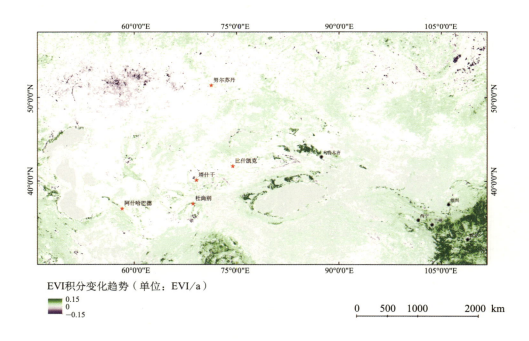

EVI 积分变化趋势（单位：EVI/a）

0.15
0
−0.15

0　　500　1000　　　　2000 km

（d）中国西北－中亚五国 2000～2020 年生长季内 EVI 积分变化趋势

图 5.28　2000～2020 年中国西北－中亚五国植被物候期和生长季内 EVI 积分变化趋势

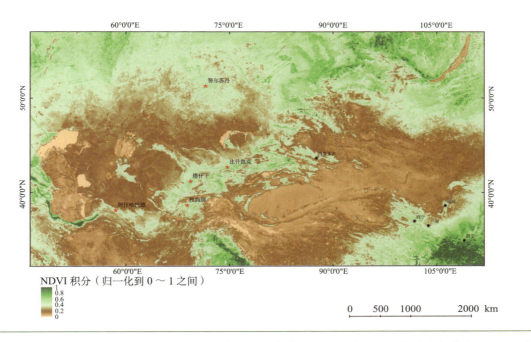

NDVI 积分（归一化到 0 ~ 1 之间）

图 5.29　基于国产卫星"风云三号"观测计算的 2020 年中国西北 – 中亚五国植被生长季内 NDVI 积分

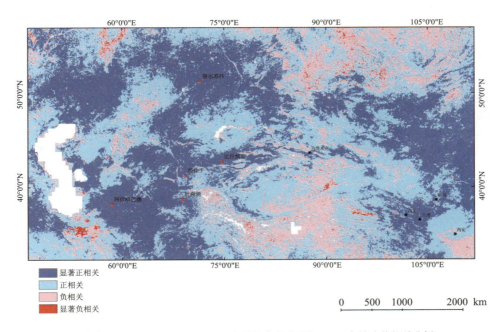

■ 显著正相关
■ 正相关
■ 负相关
■ 显著负相关

（a）中国西北 – 中亚五国 2020 年植被生长季平均 NDVI 与降水偏相关分析

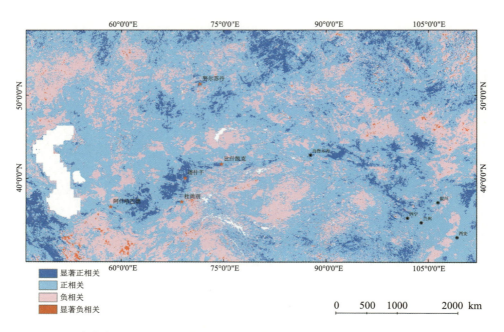

（b）中国西北－中亚五国 2020 年植被生长季平均 NDVI 与温度偏相关分析

图 5.30　2000～2020 年中国西北－中亚五国植被初级生产力
与降水、温度的偏相关分析结果空间分布

成果亮点

- 基于国产对地观测卫星数据，自主生产了中国西北－中亚五国区域 2000～2020 年植被物候参数和植被初级生产力数据集，对外发布并实现逐年更新。

- 2000～2020 年，中国西北－中亚地区大部分地区生态状况变化态势向好，植被呈现显著变绿趋势（表现为初级生产力增加、植被生长季延长），尤以我国境内部分区域变化更为明显。

- 区域内植被变化主要受降水量的变化驱动，温度对植被变化造成的影响较小，相关国家政府在制定应对气候变化政策时，应重点关注不同气候变化情境下降水格局的改变。

讨论与展望

　　本案例利用卫星遥感大数据，生产了中国西北－中亚五国区域 2000～2020 年逐年植被物候参数和植被初级生产力数据集，并将该数据集在网络上公开发布；结合所生产的基础数据集，本案例研究了区域内近 20 年植被生长季和植被初级生产力变化趋势，发现区域内植被生产力呈现大面积增加趋势，且植被生长季长度也在超过一半的区域上呈现变长的趋势，说明该区域内植被生态系统变化趋势向好；通过结合气象数据分析发现，降水量增加是区域内植被生长态势向好的主要驱动因素，温度变化造成的影响较小。

　　本案例同时基于国产卫星"风云三号"数据生产了研究区植被生态参数数据集，说明国产卫星大数据（包括未来预计发射的 CASEarth 卫星）在支撑实现联合国 SDGs 方面的潜力。该数据集将来会逐年更新，为共建"一带一路"合作国家提供全球变化研究中国数据解决方案。

本章小结

　　本章围绕抵御气候相关灾害（SDG 13.1）、应对气候变化举措（SDG 13.2）、气候变化适应和预警（SDG 13.3）三个主题，通过地球大数据方法，通过 11 个案例及其生产的数据集，开展了全球应对气候变化的进展研究。

　　通过案例的研究，我们得出以下主要结论。

　　（1）在抵御气候相关灾害方面，气候变化带来的极端天气，正导致各地灾害风险的增加。近 10 年来，东半球遭受高温热浪影响的人数和频次明显增加；2015~2020 年全球林草地过火面积相近，但南美洲增加明显；伴随着气候变化，到 21 世纪末亚洲地区冻融灾害脆弱性中高风险区将由现在占高亚洲地区总面积的 20% 上升到 26%（RCP 4.5）和 32%（RCP 8.5）；2015~2020 年巴基斯坦地区洪水灾害明显加剧。

　　（2）在应对气候变化举措方面，减少人为排放仍然是控制全球升温最紧迫的工作；在减排的同时，通过增加自然环境的生态碳汇，也是降低 CO_2 浓度的重要手段。全球主要石油产地火炬气 CO_2 排放量从 2010 年的 3.78 亿 t 增加至 2019 年的 4.22 亿 t；2000 年以来，全球土壤呼吸总量呈显著增加趋势；全球的陆地生态固碳能力也显著增强，土地覆盖变化、气候变化是主要的驱动因素。

　　（3）在气候变化适应和预警方面，气候变化正对地球多圈层带来深刻影响，冰川融化、海洋的升温、陆地生态及其未来的影响尤其需要警惕。过去 20 年，亚欧大陆冰川经历了显著的物质亏损，且冰川物质亏损速率呈现出明显的加速趋势，流域水资源压力不断上升；1989~2020 年，北极格陵兰冰盖平均融化持续时间增加了 10 天，而南极冰盖减少了 9 天；近 30 年来，全球海洋热含量不断上升，且不断加剧，需要加强海上超强风暴、海平面上升、海洋生态环境方面的预警；近 20 年来，中国西北 - 中亚五国生态状况变化态势向好，植被呈现显著变绿趋势，尤以我国境内部分区域变化更为明显。

　　气候变化正使人类可持续发展面临前所未有的威胁。科学技术是人类应对气候变化的关键，尤其地球大数据可以为应对气候变化提供丰富的灾害时空分布数据、碳源汇数据、多圈层响应数据，为未来决策和预警提供依据，为人类减缓和适应气候变化的影响提供支持。

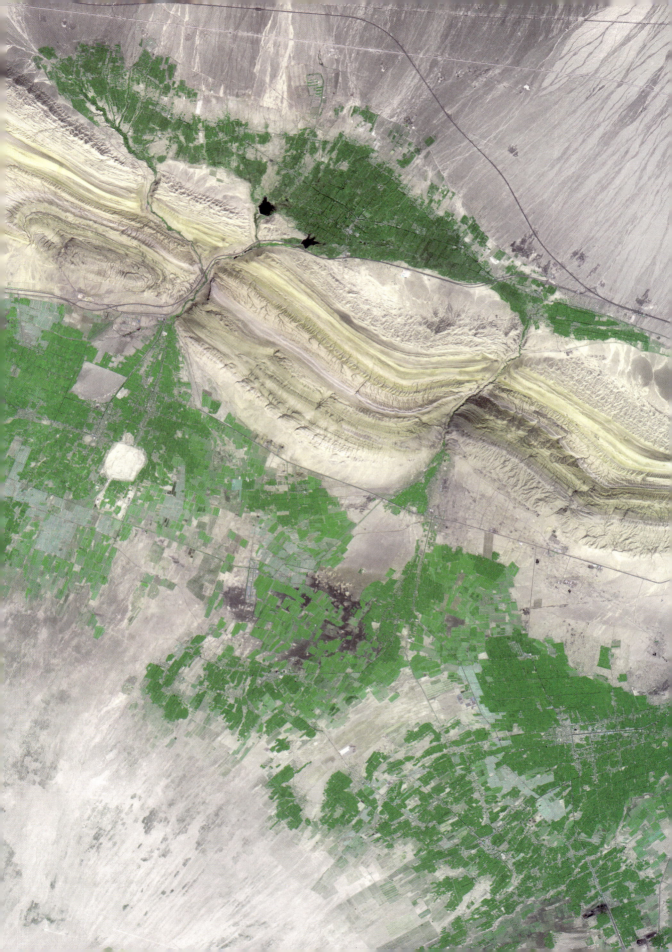

14 水下生物

第六章
SDG 14 水下生物

背景介绍

　　当前全球社会经济发展面临着新冠肺炎疫情大流行、气候变化影响加剧、生物多样性丧失等叠加的压力和危机，这进一步凸显了海洋可持续发展的复杂性和重要性。2021年，习近平主席出席第七十六届联合国大会一般性辩论提出"全球发展倡议"，为进一步推动落实包括海洋可持续发展目标在内的联合国"2030年可持续发展议程"，促进人与自然和谐共生，提供了中国方案①。联合国框架下正在实施的"生态系统恢复十年"（2021—2030年）行动计划，联合国教育、科学及文化组织政府间海洋学委员会（UNESCO-IOC）的"海洋科学促进可持续发展十年"（2021—2030年）（简称"海洋十年"）计划，以及"2020年后全球生物多样性框架"制定等一系列进程，为海洋可持续发展提供了重要机遇和合作牵引。中国积极响应和参与联合国系统的海洋发展进程，近年来出台的一系列有关生物多样性保护、应对气候变化等相关政策文件进一步对海洋领域的发展指明了重要方向。未来，动员和推进各个层面的变革行动、采取有效的综合性解决方案、激发海洋领域驱动可持续发展的巨大潜力，对全面实现联合国"2030年可持续发展议程"至关重要。

　　海洋可持续发展目标的实施及其监测评估是一个具有交叉性和综合性的系统工程，需要通过跨学科、跨领域的科学技术变革，满足海洋可持续发展所需要的知识提升与能力建设。联合国发布的《2021年可持续发展目标报告》显示，全球和各区域范围海洋可持续发展相关目标的进展速度或规模远未达到联合国"2030年可持续发展议程"的要求。欧盟、拉丁美洲和加勒比地区、阿拉伯地区、非洲和亚太地区等区域开展的可持续发展进展评估进程中，结合各自区域特殊条件和优先事项确立了SDG 14的具体评估指标，数据来源以现有的"海洋健康指数"（ocean health index）、国际鸟盟（BirdLife International）、"我们周围的海洋"（Sea Around Us）等公开数据源为主，大部分SDG 14评估指标以环境领域指标为主，且存在数据统计不足的较大缺口，难以全面展示SDG 14的整体进展。

　　近年来，我国相关研究机构、高校和政府部门利用地球大数据及其相关技术方法，在服务SDG 14实现方面做了大量的努力和探索，在数据集生产、评估模型构建等方面积累了较好的实践经验（王福涛等，2021）。本章重点聚焦预防和大幅减少各类海洋污染（SDG 14.1）、抵御灾害与保护海洋和沿海生态系统（SDG 14.2）两个Tier Ⅱ类指标，并兼顾小岛屿发展中国家和最不发达国家通过可持续利用海洋资源获得的经济收益（SDG14.7）指标，充分利用地球大数据及其相关技术，为准确把握全球海洋可持续发展相关重大问题，提供新的分析工具和数据依据（表6.1）。

---

　　① 习近平在第七十六届联合国大会一般性辩论上的讲话. 2021-09-21.www.gov.cn/winwen/2021-09/22/content_5638597.htm

主要贡献

　　本章通过 5 个案例，为 SDG 14 提供了 5 套数据产品、1 个创新方法模型和 5 项决策支持（表 6.1）。

表 6.1　案例名称及其主要贡献

指标 / 具体目标	案例	贡献	
SDG 14.1 到 2025 年，预防和大幅减少各类海洋污染，特别是陆上活动造成的污染，包括海洋废弃物污染和营养盐污染	南极典型海域微塑料空间分布特征分析	数据产品：	绕南极大洋海水中的微塑料丰度分布数据及临近南极大陆的典型海域中微塑料的种类数据产品
		决策支持：	开展绕南极广尺度范围微塑料空间格局分析，并聚焦典型海域微塑料的环境分布特征及影响，为更好地保护南极环境提供决策支撑
SDG14.2 到 2020 年，通过加强抵御灾害能力等方式，可持续管理和保护海洋和沿海生态系统，以免产生重大负面影响，并采取行动帮助它们恢复原状，使海洋保持健康，物产丰富	2016～2020 年孟加拉国海岸带水淹监测产品	数据产品：	生产孟加拉国 2016～2020 年全国尺度、约 90 m 分辨率、45 张动态水淹监测图
		方法模型：	基于全卷积深度学习网络的 SAR 影像海岸带水淹提取网络 SARCFMNet
		决策支持：	为孟加拉国等国的海岸带防灾减灾提供基础数据和科学评估结果参考
	2020 年全球红树林空间分布监测	数据产品：	全球 10 m 级高精度红树林分布空间数据集
		决策支持：	分析了 2020 年全球红树林空间分布格局，为海岸带生态系统保护或治理提供了数据支撑
SDG14.7 到 2030 年，增加小岛屿发展中国家和最不发达国家通过可持续利用海洋资源获得的经济收益，包括可持续地管理渔业、水产养殖业和旅游业	2020 年全球滨海养殖池空间分布监测	数据产品：	全球 10 m 级高精度滨海养殖池分布空间数据集
		决策支持：	分析了 2020 年全球滨海养殖池空间分布格局，为海洋可持续水产养殖提供了数据支撑
	莫桑比克岸滩湿地遥感评估及其对海洋空间规划的支持	数据产品：	提供 1990～2020 年莫桑比克海岸带空间资源时间序列数据集（每 10 年 1 期，30 m 分辨率）
		决策支持：	支撑莫桑比克海洋空间规划方案的制定

案例分析

6.1 南极典型海域微塑料空间分布特征分析

对应目标

SDG 14.1 到2025年，预防和大幅减少各类海洋污染，特别是陆上活动造成的污染，包括海洋废弃物污染和营养盐污染

案例背景

联合国"2030年可持续发展议程"的SDGs框架内，减少海洋废弃物是防治海洋污染的重要指标之一，然而，在海洋废弃物中塑料垃圾占有较高的比例，其在环境中持久性赋存并可破碎成微塑料，给海洋环境安全带来了较大的威胁（Ding et al., 2019；Macleod et al., 2021）。海洋塑料垃圾与微塑料的环境问题已引起国际社会的高度关注，目前对其研究已从科学研究层面向实质性污染管控和全球联合治理方面延伸；另外联合国"海洋十年"计划中也涉及了塑料污染问题，可见海洋环境中塑料污染（尤其是微塑料污染）不可忽视。目前，联合国SDGs的相关研究还比较薄弱，该指标处于 Tier II。

针对海洋微塑料的空间分布研究发现，近海、大洋与极地等区域均有微塑料存在，已经成为全球性环境问题（Zheng et al., 2019a；Zhang et al., 2020a；Ross et al., 2021）。南极是全球科学研究的热点区域，随着对南极研究的不断深入，目前南极生态环境面临着巨大挑战。为了全面深入地认识南极生态环境现状与存在的问题，并逐步完善南极生态环境保护政策等，本案例基于国际期刊公开发表的南极区微塑料文献数据及南极科学考察航次调查数据，开展绕南极广尺度范围微塑料空间格局分析，并聚焦典型海域微塑料的环境分布特征及影响，为更好地保护南极环境提供技术与决策支撑。

所用地球大数据

◎ 国际期刊公开发表的南极区微塑料文献数据。国际期刊包括：*Scientific Reports*、*Environment International*、*Chemosphere*、*Marine Pollution Bulletin* 等。

◎ 南极科学考察航次调查数据。

14 方法介绍

本案例聚焦南极海域（包括绕南极大洋海域及南极半岛等典型海域），通过综合2015～2020年国际期刊公开发表数据和极地科学考察航次调查数据，基于微塑料的丰度、粒径及种类等主要指标，分析绕南极大洋海水中微塑料的空间格局及极锋影响，系统研究南极典型海域微塑料的区域分布规律及污染现状，微塑料空间分布特征以丰度指标为主。文献数据与调查数据的获取过程中，海水中微塑料样品以拖网采集为主，沉积物中微塑料利用密度浮选进行提取，塑料种类利用傅里叶变换红外光谱仪进行鉴定。

回溯扩散模型基于海洋环境模拟数据（包括风场、海流和海浪等数据），根据环境中海洋微塑料分布特征，应用后向分析方法，对现存于海洋中的微塑料进行迁移途径与溯源分析。

14 结果与分析

1. 绕南极大洋海水中微塑料的空间格局及极锋影响

绕南极大洋海水中微塑料的种类主要有聚乙烯（PE）、聚丙烯（PP）、聚苯乙烯（PS）、聚氯乙烯（PVC）、聚酰胺（PA）和聚甲基丙烯酸甲酯（PMMA）。其中，PE（61.11%）和PP（29.17%）占比较高，所有检测到微塑料粒径小于5 mm的占比高达93%（图6.1）。微塑料共有7种颜色，其中白色占比较高（71%），其余依次是蓝色（9%）、绿色（7%）、黑色（4%）、黄色（3%）、透明（3%）和灰色（3%）。微塑料形状主要为次生硬塑料碎片，占比为90%左右，少量为泡沫和薄膜状塑料（Suaria et al., 2020）。

绕南极大洋海水中微塑料的丰度范围为无数据～130.32个/L，平均丰度为5.73个/L。整体来看，绕南极大洋海水中微塑料呈现局部丰度较高的分布特征，而广尺度范围内微塑料处于低丰度水平。研究区跨越南极洲环流的副热带锋（subantarctic front，STF），微塑料分布结果显示，副热带锋南部的微塑料的平均丰度比副热带锋北部邻近的温带水域低一个数量级，表明南极洲环流的副热带锋具有潜在的阻止微塑料由低纬度向高纬度输送的作用（图6.2）。

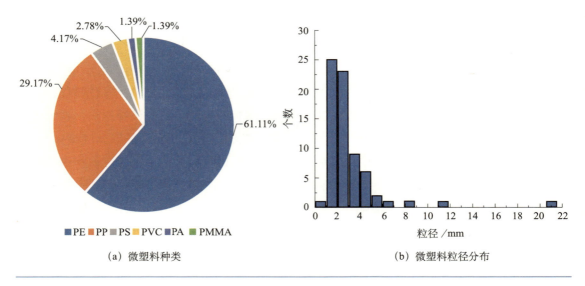

（a）微塑料种类　　　　　　　　　　　（b）微塑料粒径分布

图 6.1　绕南极大洋海水中微塑料的种类及粒径分布

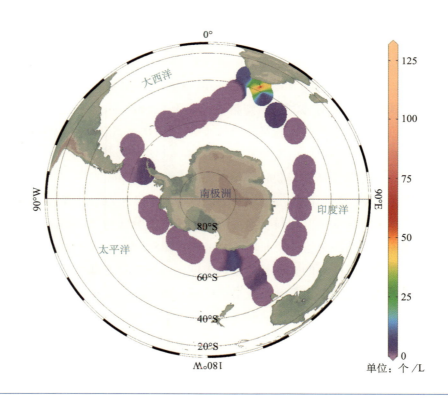

图 6.2　绕南极大洋海水中微塑料分布

2. 典型区域不同介质中微塑料分布特征

1）南极半岛海水中微塑料分布

南极半岛海水中微塑料种类主要为聚氨酯（PU）、PA、PE、PS 和 PP；主要形状为片状、线状及球状，其中片状塑料颗粒相对较多，平均比例为 46.07%；微塑料的丰度范围为 750～3520 个 /km² 或 0.0036～0.0168 个 /m³，平均丰度为 1910 个 /km² 或 0.0091 个 /m³；其中粒径小于 5 mm 的塑料碎片比例为 54%，粒径为 5～200 mm 的塑料碎片比例为 46%。微塑料的颜色主要为白色、黄色、蓝色、绿色、红色、黑色和棕色，其中白色和黑色塑料碎片较多，白色和黑色塑料碎片的丰度占比分别为 47% 和 23%（Lacerda et al., 2019）。本案例利用回溯扩散模型进行模拟，结果显示南极半岛海水中塑料碎片不是来源于低纬度区的输送（图 6.3）。

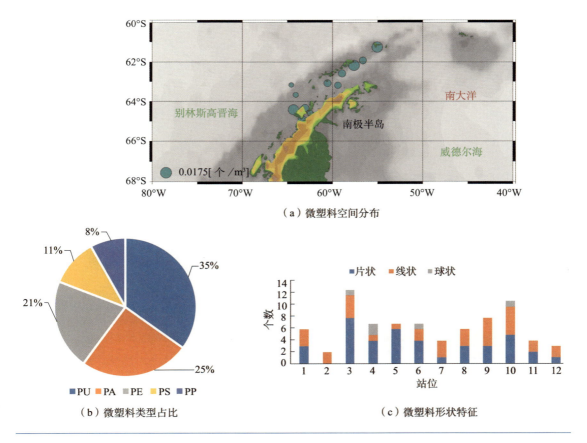

（a）微塑料空间分布

（b）微塑料类型占比　　（c）微塑料形状特征

图 6.3　南极半岛海水中微塑料分布特征

2）罗斯海多介质中微塑料赋存特征

（1）水体中微塑料分布。在罗斯海海域海水中共发现 6 种材质的微塑料（Cincinelli et al., 2017），以 PE 和 PP 为主，总占比为 57.10%，其次为聚酯纤维（PL，28.60%）。海水中微塑料丰度范围为 0.0032～1.18 个 /m³，平均丰度为 0.17 个 /m³。其中，片状微塑料比例较高（71.90%），其次为纤维状微塑料（12.70%）。本案例研究发现：低密度的 PE 和 PP 由于受到浮游生物等的影响会增加其重量，致使它们可悬浮在 10 m 以浅的水体中；另外，受湍流动力影响，少量高密度的 PL 和 PA 可以悬浮于深层水体中（图 6.4）。

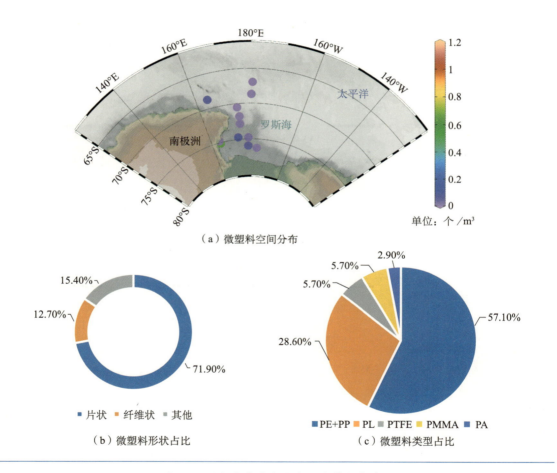

（a）微塑料空间分布

（b）微塑料形状占比

（c）微塑料类型占比

图 6.4　罗斯海海域海水中微塑料分布特征

注：PTFE 为聚四氟乙烯

（2）沉积物中微塑料分布。罗斯海海域海水中微塑料丰度相对较高的站位出现在 164°06'36"E～74°41'24"S 的区域，研究中获取该区域沉积物样品，分析了微塑料的分布特征。结果显示：沉积物中粒径小于 5 mm 的微塑料占比为 80% 左右，丰度范围为 0.67～114.0 个 /km²，平均丰度为 43.58 个 /km²；共发现 9 种类型的塑料碎片，其中热塑性聚氨酯（TPU，20.60%）、苯乙烯 - 丁二烯 - 苯乙烯嵌段共聚物（SBS，28.35%）和聚酰胺（PA，30.4%）占比相对较高，其次为 PVC、PE 和 PP；不同站位间微塑料的形状有差异，其中多数为纤维状，平均占比为 42.44%（Munari et al., 2017）。从微塑料的种类来看，该海域沉积物与海水中的微塑料具有一定的关联性，沉积物多数微塑料密度相对偏高（图 6.5、图 6.6）。

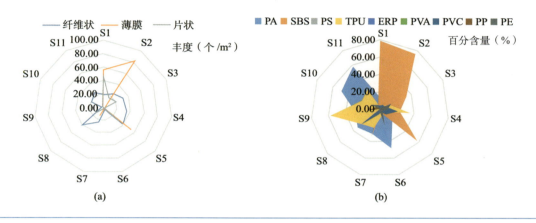

图 6.5　罗斯海沉积物中微塑料形状分布（a）与类型分布（b）

注：S1～S11 为站位编号

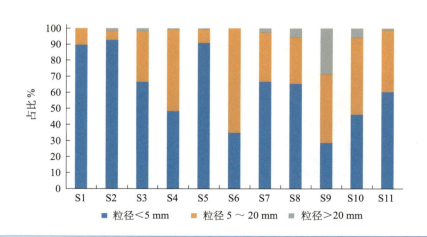

图 6.6　罗斯海沉积物中微塑料分布规律

注：S1～S11 为站位编号

（3）生物中微塑料分布。本案例研究了罗斯海特拉诺瓦湾区 12 种底栖生物中微塑料的分布状况（Sfriso et al., 2020）。结果显示：不同底栖生物对微塑料的富集量存在差异，含有微塑料的生物检出率约 80%。微塑料的丰度范围为 0.01～3.29 个 /mg（干重）；生物体内微塑料的粒径范围为 50～150 μm 的较多，占比为 51.89%；共检测到 13 种不同材质的微塑料，主要类型为 PA、PE（KR 16）、PE（Type F）、PTFE、PS、PP、PMMA、丙烯酸树脂（PAA）、聚芳香酰胺（PARA）、聚邻苯二甲酰胺树脂（PPA）、聚氧化乙烯树脂（PEO）、聚甲醛树脂（POM）、酚醛树脂（PF），其中 PAA 占比相对较高。生物体中微塑料的种类与研究区沉积物中微塑料的种类具有一定的相似性（图 6.7）。

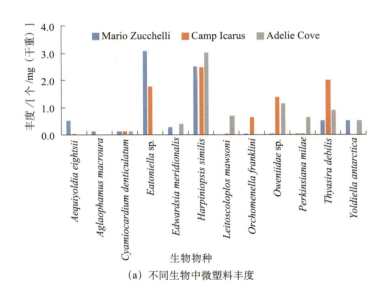

（a）不同生物中微塑料丰度

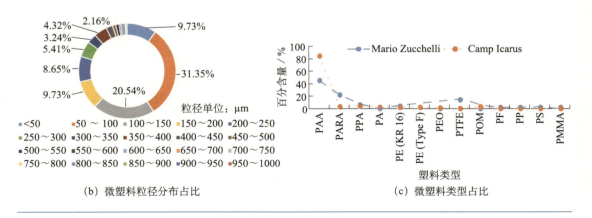

（b）微塑料粒径分布占比　　　　　（c）微塑料类型占比

图 6.7　罗斯海底栖生物中微塑料分布特征

成果亮点

- 绕南极大洋海水中的微塑料呈现局部丰度较高的分布特征，广尺度范围内微塑料处于低丰度水平；南极洲环流的副热带锋具有潜在的阻止微塑料由低纬度向高纬度输送的作用。

- 临近南极大陆的典型海域中，微塑料的种类存在多元化，主要类型为聚酰胺（PA）、聚乙烯（PE）、聚苯乙烯（PS）和聚丙烯（PP），不同介质内的微塑料具有一定的相关性；湍流动力作用对微塑料的垂直迁移存在动力驱动影响。

讨论与展望

　　减少海洋塑料垃圾与微塑料污染是全球海洋治理的重要课题之一，需要国际社会携手共治；然而，解决海洋环境中塑料污染问题仍任重而道远，需持续开展相关监测与基础数据的积累。南极大陆的开发利用与科学研究，已受世界各国关注，如今的科学考察、商业捕捞、旅游等人类活动已对南极生态系统造成直接或间接的影响，给南极生态环境健康带来了一定的威胁。中国是《南极条约》协商国和《南极海洋生物资源养护公约》成员国，在南极海洋生物资源养护等南极事务中发挥越来越重要的作用，中国应进一步改善在南极事务中的参与现状，加大中国在全球海洋治理等国际谈判与合作中的参与度。

　　因此，在南极广尺度范围，应聚焦典型海域开展微塑料的空间格局分析，不断提高我国在南极海洋生态环境等方面的科研水平，尽可能为南极环境保护提供生态环境现状和发展趋势等方面的精准数据，在科学研究等实践中积极参与南极的国际治理；另外，通过对南极区微塑料的种类及空间分布的系统研究，深入解析南极区微塑料的污染源及潜在风险，为南极区微塑料的污染防控和治理做出贡献，并为联合国 SDGs 研究提供技术与理论支撑。

6.2　2016～2020年孟加拉国海岸带水淹监测产品

案例背景

SDG 14.2 主要内容包括通过加强抵御灾害能力等方式，可持续管理和保护海洋和沿海生态系统。孟加拉国是"一带一路"合作国家中典型的沿海国家，2016 年 10 月 14 日与中国签署《关于编制共同推进"一带一路"建设合作规划纲要的谅解备忘录》。孟加拉国也是联合国定义的最不发达国家之一，雨季合并热带气旋影响带来的水淹灾害给该国人民生命、财产带来重大的威胁，也给该国消除贫困、脱掉"最不发达国家"帽子带来重大挑战。本案例展示的孟加拉国 2016～2020 年基于卫星遥感的海岸带水淹监测产品，可以生产出孟加拉国多年高时空分辨率的水淹监测产品，并且在此基础上分析水淹时空分布规律，为孟加拉国等国的防灾减灾、灾害预警提供基础遥感产品。

所用地球大数据

基础数据：
◎ 2016～2020 年 Sentinel-1 SAR 影像数据，数据来自欧洲空间局，空间分辨率为 20 m。
　　辅助数据：
◎ 联合研究中心全球表面水体数据集（JRC Global Surface Water Dataset），空间分辨率为 30 m，用于排除永久水体（Pekel et al., 2016）。
◎ 世界自然基金会 HydroSHEDS，空间分辨率约 90 m，用于排除坡度造成的虚警（Lehner et al., 2006）。

方法介绍

本案例所使用的方法分为情报收集、数据收集、数据预处理、基于深度学习的水淹监测产品制作和水淹监测产品时空分析五个部分，具有可迁移性和推广性：①收集、整理2016～2020 年孟加拉国海岸带水淹情报信息。②收集、整理 2016～2020 年孟加拉国海岸带水淹 Sentinel-1 采集的 SAR 多时相、双极化数据，包括水淹发生前后的数据；水淹发生后数据集中于 6～10 月，而水淹发生前数据集中于 2～3 月，在接近时间的数据进行空间拼接。③将 Sentinel-1 SAR 影像数据进行预处理，包括精细化轨道数据、辐射校正、图像滤波、几何校正等。④利用具有自主知识产权的全卷积深度学习网络的 SAR 影像海岸带水淹提取网络 SARCFMNet（图 6.8，Liu et al., 2019）进行海岸带漫滩区域的提取，该方法将双时相、多极化 SAR 影像的海岸带水淹监测问题化归为时－空－极化信息联合挖掘语义分割问题，用基于全卷积深度学习网络高效、准确、可靠地实现水淹区域的提取；在模型构建时，充分考虑雷达遥感物理机理和多极化信息融合，能够进一步提高深度学习模型的性能。⑤在2016～2020 年对孟加拉国海岸带水淹时空分布进行分析。

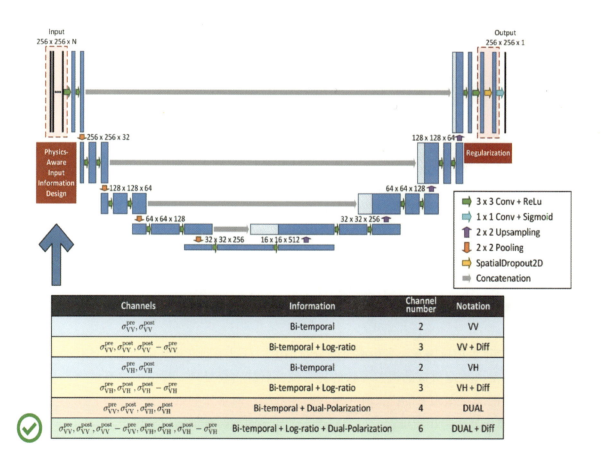

图 6.8　基于全卷积深度学习网络的 SAR 影像海岸带水淹提取网络 SARCFMNet

结果与分析

1. 水淹监测产品描述

生产 2016～2020 年孟加拉国的高时空分辨率水淹图，具体如下：

（1）2016 年 6～10 月，每一个月出 1 张孟加拉国的高时空分辨率水淹图；

（2）2017 年 6～10 月，每半个月（上、下半月）出 1 张孟加拉国的高时空分辨率水淹图；

（3）2018 年 6～10 月，每半个月（上、下半月）出 1 张孟加拉国的高时空分辨率水淹图；

（4）2019 年 6～10 月，每半个月（上、下半月）出 1 张孟加拉国的高时空分辨率水淹图；

（5）2020 年 6～10 月，每半个月（上、下半月）出 1 张孟加拉国的高时空分辨率水淹图。

合计完成生产 45 张，主要信息如下：

◎ 空间尺度：孟加拉国全国；

◎ 时间尺度：2016～2020 年；

◎ 空间分辨率：约 90 m，与目前主流 DEM 产品分辨率保持一致；

◎ 时间分辨率：半个月（2016 年为一个月）；

◎ 验证准确率：在典型区域验证，F1 分数在 0.9 左右，具有实用价值。

2. 基于水淹监测产品的时空分析结果

在此基础上能够分析孟加拉国水淹分布的时空规律，得到 2016～2020 年孟加拉国水淹发生率空间分布图（图 6.9，在当年的 6～10 月，水淹的发生率，其值为 0～1），可以发现每年的水淹分布在空间上具有比较强的相关性，水淹监测产品将对水淹预报和防灾减灾产生积极作用。

在 2017 年孟加拉国水淹发生率空间分布图中，可以看到形状规则、细长条状的水淹发生分布，那是由数据拼接的误差导致的异常值，后续将会处理。目前的水淹监测产品是基于变化检测的思路做出来的，仅利用了双时相数据，对水淹的语义分析有限，在某些区域（如农业灌溉区域）会出现虚警，后续将考虑利用多时相数据消除这些虚警。

相关研究结果显示，孟加拉国的水淹常发生于每年的 6～10 月（Ahmed et al., 2003）。将孟加拉国 2016～2020 年 6～10 月的水淹面积进行计算，并绘制在一张图中（图 6.10），可以发现：①水淹最为严重的时间段可以较为精准地确定为每年 7 月下半月到 8 月上半月之间的一个月，2016～2020 年基本符合该规律。②水淹范围的峰值基本在 2 万 km² 左右，通过联合分析孟加拉国 2016～2020 年 5 年的水淹面积，发现在这几年中，水淹面积在时间上的分布具有一定的规律性，也具有多年相关性；不过，暂时没有发现水淹更为严重或改善的现象。随着数据的不断积累和分析时间跨度的增加，将会发现更多现象。

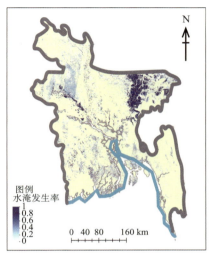

（a）2016 年

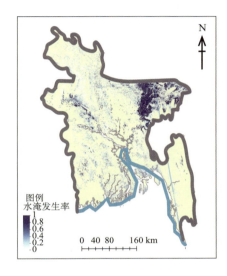

（b）2017 年

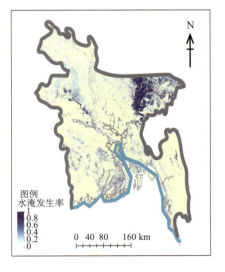

（c）2018 年

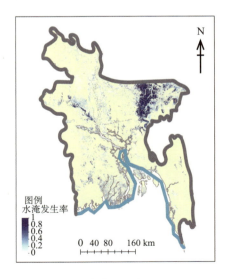

（d）2019 年

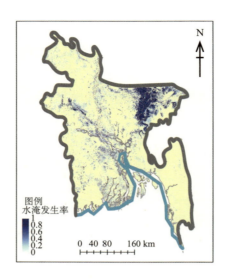

（e）2020 年

图 6.9　2016～2020 年孟加拉国水淹发生率空间分布图

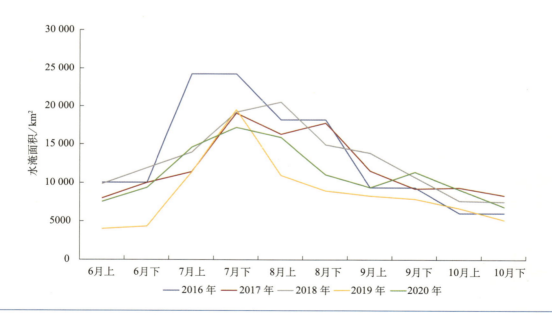

图 6.10　2016～2020 年孟加拉国水淹面积分布图

注：横坐标中在月份后面的上、下表示上、下半月；由于 2016 年每个月只有一个水淹监测产品，因此上、下半月数值相同

成果亮点

- 本案例基于人工智能方法，利用 2016～2020 年卫星遥感数据，生产了孟加拉国 45 张 2016～2020 年全国尺度、约 90 m 空间分辨率动态水淹监测图。

- 在此基础数据产品上分析孟加拉国水淹时空分布规律：根据 2016～2020 年的孟加拉国高时空分辨率水淹图，将水淹最为严重的时间段较为精准地确定为每年 7 月下半月到 8 月上半月之间的一个月时间；通过分析可得，水淹范围的峰值基本在 2 万 km² 左右。

讨论与展望

　　孟加拉国是典型沿海国家，也是被联合国定义的最不发达国家之一，雨季合并热带气旋的影响带来的水淹灾害给该国人民生命、财产带来重大的威胁，也是该国脱掉"最不发达国家"帽子的重大挑战。本案例展示的孟加拉国 2016～2020 年基于卫星遥感的海岸带水淹监测产品，生产出孟加拉国 2016～2020 年全国尺度约 90 m 空间分辨率、半月一张（2016年为一个月）水淹监测图，并且在此基础上分析水淹时空分布规律：得到 2016～2020 年的水淹发生率空间分布图，将水淹最为严重的时间段较为精准地确定为每年 7 月下半月到 8 月上半月之间的一个月，分析得到水淹范围的峰值基本在 2 万 km² 左右，为孟加拉国等国的防灾减灾、灾害预警提供基础遥感产品。

　　在未来，考虑进一步对模型进行提升，利用多时相数据深入分析水淹语义类型，进一步消除水淹提取虚警，并考虑将该方法拓展到其他典型沿海国家。

6.3　2020年全球红树林空间分布监测

对应目标

SDG 14.2 到2020年，通过加强抵御灾害能力等方式，可持续管理和保护海洋和沿海生态系统，以免产生重大负面影响，并采取行动帮助它们恢复原状，使海洋保持健康，物产丰富

对应指标

SDG 14.2.1 国家级经济特区当中实施基于生态系统管理措施的比例

案例背景

红树林湿地处于海陆交界的过渡地带，是物质流、能量流和信息流密集区，特殊的地理位置决定了红树林湿地是一个高敏感性的生态系统，人类活动、气候变暖、海平面上升以及生物入侵等多方面因素都会对红树林湿地生态环境带来影响。作为最具生产力的生态系统之一，红树林湿地提供了众多生态系统服务，它能够防浪护堤，促进泥沙淤积和潮滩扩张；吸收氮、磷等营养盐，净化水体；为水鸟、鱼虾蟹贝等滨海生物提供食物和栖息地，维持海岸带生物多样性。同时，红树林还具有药用、工业、旅游和科教文化价值，为人类带来极高的生态、社会和经济效益，是人类的宝贵财富（Jia et al., 2018）。

SDG 14.2 的目标是"到2020年，通过加强抵御灾害能力等方式，可持续管理和保护海洋和沿海生态系统，以免产生重大负面影响，并采取行动帮助它们恢复原状，使海洋保持健康，物产丰富"。红树林在御风消浪、护堤护岸、净化近海水质和保护生物多样性等方面生态功能显著，因此分析和监测全球红树林生长状况是国家尺度 SDG 14.2 实施进展评估的重要基础，可为中国具体履行《国际湿地公约》提供关键数据支撑。

本案例基于地球大数据，研发集成面向对象与分层决策树（HOHC）的全球尺度红树林遥感分类技术，构建全球红树林空间分布数据集；阐明2020年全球红树林的空间格局；解析各大洲及各个国家红树林面积的差异。本案例的成果可为 SDG 14.2 提供可靠的研究方法，数据产品可直接支持 SDG 14.2 的评估，并为评估 SDG 13、SDG 14、SDG 15 提供重要的参考，为中国制定湿地生态系统保护和修复策略奠定科学和数据基础。

所用地球大数据

◎ 2020 年陆地卫星 Sentinel-2 L1C/L2A 影像、谷歌地球高分辨率卫星影像。

◎ 全球 DEM、行政区划矢量数据（2020 年）。

◎ 野外调查样点数据、行业部门统计和监测数据。

方法介绍

　　红树林处于海陆交界过渡区域，区别于其他陆地生态系统的植被和土壤，因此在遥感图像中表现为特殊的光谱和纹理特征。本案例采用集成面向对象与分层决策树的湿地分类技术并结合人工修改，进行全球尺度红树林分类。主要流程包括：第一，选取非雨季、低潮时期（一般为 11 月至次年 2 月）无云的遥感影像作为分类数据源；第二，对遥感影像进行多尺度分割；第三，利用集成面向对象与分层决策树方法对湿地对象进行逐级分层、分类；第四，结合海量野外调查样点对分类结果进行检查和修正（Jia et al., 2018；Mao et al., 2019，2020）。本案例利用"哨兵 2 号"影像作为分类数据源。

　　本案例最终获得 2020 年全球红树林分布数据集。经 25 000 余个野外调查样点验证，2020 年全球红树林的总体分类精度为 90%。

结果与分析

1. 全球红树林空间分布格局

　　各大洲红树林面积分布和全球红树林空间分布如图 6.11 和图 6.12 所示。2020 年全球红树林总面积为 144 286 km²。其中，亚洲的红树林面积最大，为 56 253 km²，占全球红树林总面积的 38.99%；其次为非洲，为 27 956 km²，占全球红树林总面积的 19.38%；南美洲和北美洲的红树林面积分别为 22 417 km² 和 20 430 km²，分别占全球红树林总面积的 15.53% 和 14.16%；大洋洲的

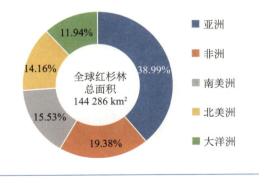

图 6.11　2020 年五大洲红树林面积分布

红树林面积最小，为 17 229 km²，占全球红树林总面积的 11.94%。从全球整体来看，红树林集中在南北回归线之间，这区间的红树林面积占全球红树林总面积的 96%。

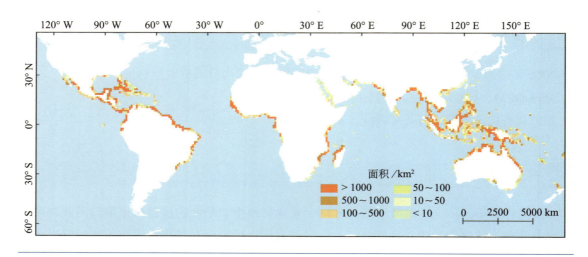

图 6.12　2020 年全球红树林空间分布

2. 全球各国红树林面积分布

图 6.13 列出了 2020 年全球范围内红树林面积最大的 20 个国家，这些国家的红树林面积占世界红树林总量的 83%。其中，印度尼西亚是世界上拥有红树林面积最大的国家（28 633 km²，19.84%），其次是巴西（12 278 km²，8.51%）、澳大利亚（10 531 km²，7.30%）、墨西哥（7756 km²，5.38%）、尼日利亚（7478 km²，5.18%）、马来西亚（5520 km²，3.83%）、巴布亚新几内亚（5302 km²，3.67%）、缅甸（4906 km²，3.40%）、孟加拉国（4342 km²，3.00%）、印度（3965 km²，2.75%）、古巴（3695 km²，2.56%）、委内

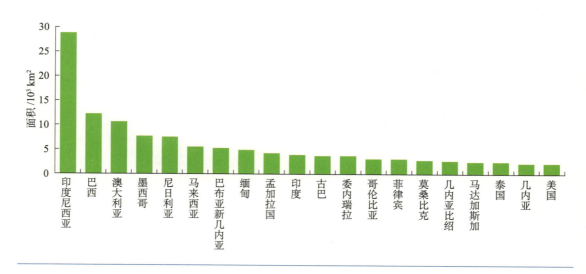

图 6.13　2020 年全球范围内红树林面积最大的 20 个国家的红树林面积分布情况

瑞拉（3631 km², 2.51%）、哥伦比亚（3116 km², 2.16%）、菲律宾（3099 km², 2.15%）、莫桑比克（2903 km², 2.01%）、几内亚比绍（2732 km², 1.90%）、马达加斯加（2544 km², 1.76%）、泰国（2493 km², 1.73%）、几内亚（2203 km², 1.53%）和美国（2193 km², 1.52%）。

成果亮点

- 构建了全球 10 m 级高精度红树林分布空间数据集。

- 分析了 2020 年全球红树林空间分布格局。结果表明，全球红树林总面积为 144 286 km²，亚洲红树林的面积最大，占比为 38.99%，其次为非洲，占比为 19.38%。

讨论与展望

在技术方法和数据方面，本案例研发了基于遥感和地理大数据、集成面向对象与多层决策树分类的全球尺度红树林分类技术，实现了 2020 年全球红树林的高精度提取。本案例的数据可为国家尺度 SDG 14.2 的评估提供重要的科学数据，并可为评估 SDG 13.1、SDG 14.2、SDG 14.5、SDG 15.2、SDG 15.5、SDG 15.8 和 SDG 15.9 提供重要参考。

在决策支持方面，多年来，数百个非政府组织（NGO）、社区团体、知识机构和政府机构一直在全球范围内致力于保护红树林。例如，2018 年，保护国际（Conservation International，CI）、世界自然保护联盟（International Union for Conservation of Nature，IUCN）、大自然保护协会（The Nature Conservancy，TNC）、世界自然基金会成立了全球红树林联盟（Global Mangrove Alliance，GMA），该联盟旨在加速采取全面、协调的全球性红树林保护和恢复方法。此外，大面积红树林受到多项政府间条约的保护和管理，包括《拉姆萨尔湿地公约》、《生物多样性公约》和《世界遗产公约》等。在过去 20 年中，红树林受到各种组织和公约的保护和管理，已经从地球上退化最快的生态系统之一转变为保护得最好的生态系统之一。除了国际的保护协定之外，各个国家也针对保护或恢复这些森林做出了不同的努力，从政府授权的保护行为到当地民众的自发行为，虽然各国对红树林保护的力度不同，但是均具有一定的保护作用。总体而言，全球红树林的衰退速度已经减缓，但仍需采取保护措施来确保其长期生存。本案例的结果不仅可以支持 SDG 14.2 的科学评估，还将成为全球红树林生态系统保育与科学管理的重要决策依据。

6.4 2020 年全球滨海养殖池空间分布监测

案例背景

在全球社会经济不断发展和人口迅速增加的背景下，世界 30% 的鱼类资源遭到过度捕捞。滨海养殖作为水产品的重要来源，为全球粮食安全和经济发展做出了突出贡献，且水产养殖对全球野生鱼类产量和水产养殖产量的总体贡献持续上升。然而，滨海养殖池的快速扩张对滨海湿地生态系统造成了显著影响（Mao et al., 2021），如造成生物多样性下降、近海水质污染等。实现滨海养殖池空间分布的精准制图，对支撑滨海湿地生态系统和水产养殖业的可持续管理等具有重要的科学意义和现实意义。然而，由于受到数据源和研究方法的限制，截至目前，全球滨海养殖池的全球尺度制图仍未见报道。

随着计算机网络技术的变革，面向遥感大数据的云存储和云计算技术在过去几年得到了迅速发展，特别是谷歌地球引擎遥感大数据云平台已经集成了覆盖全球的 Landsat、Sentinel 等常用遥感数据集，极大地促进了遥感制图研究领域的发展，应用云平台进行遥感大数据的处理和分析，成为全球尺度滨海养殖池分布信息快速提取的关键技术途径。

在全球新冠肺炎疫情暴发的大背景下，经济可持续发展和食物安全仍是全球面临的重要挑战。尽管 FAO 发布了《世界渔业发展报告》，但是滨海养殖作为水产养殖的主要组成部分，目前还未有可用的、高精度的全球尺度滨海养殖池空间分布数据集用来支撑联合国 SDG 14 等相关指标的评估。

本案例基于地球大数据技术研发了集成面向对象与分层决策树分类的滨海养殖池遥感分类技术，构建了第一个全球尺度滨海养殖池空间分布数据集（空间分辨率为 10 m），并揭示了 2020 年全球滨海养殖池的空间分布特征。本案例的成果可为 SDG 14.7 提供可靠的研究方法，数据产品可直接支持 SDG 14.7 的评估，并可为与 SDG 2、SDG 13、SDG 15 等相关的食物安全、温室气体排放、替代生境等评估提供重要参考，将为世界不同国家制定滨海生态系统保护和修复与水产养殖业可持续发展等提供数据支撑。

所用大数据

◎ 2020 年 Sentinel-2 卫星影像（空间分辨率为 10 m）。

◎ 全球 DEM、全球行政区划矢量数据、全球水体分布产品（2020 年）、全球海岸线数据。

◎ 野外调查样点数据、谷歌高分辨率遥感影像数据、相关行业调查与统计资料。

方法介绍

　　本案例中滨海养殖池界定为沿海岸线分布、具有明显堤坝特征的水产养殖用海区域。滨海养殖池作为水体类型的一种，在光谱上较难与其他水体类型区分，难以用机器学习的手段直接进行快速准确的提取。然而，滨海养殖池具有明显的几何特征和地理位置特征（Mao et al., 2020），本案例采用集成面向对象与分层决策树的滨海养殖池遥感分类技术，进行全球尺度 10 m 空间分辨率的滨海养殖池的高精度提取。主要流程包括：①研究区格网分析：基于海岸线数据划定研究区，应用 DEM 数据和历史水体数据集，筛选出滨海养殖池潜在分布的格网；②"哨兵 2 号"卫星影像数据筛选与处理：筛选年内云量低、水体信息最为丰富的影像作为主要影像数据源；③面向养殖池提取的特征向量库构建：计算 NDWI、NDVI、NDBI 等归一化指数，支撑潜在滨海养殖池的提取；④基于 K-means 算法的图像分割：对包含潜在滨海养殖池的影像进行图像分割；⑤基于分层决策树的滨海养殖池分布信息提取：在利用特征向量库提取潜在滨海养殖池的基础上，进一步基于形状指数完成滨海养殖池的精准提取；⑥分类结果数据集成与精度验证：集成各格网内的滨海养殖池分类结果，基于地面调查样本对分类结果进行精度评价。

　　基于该方法，完成了全球尺度 2020 年 10 m 空间分辨率的滨海养殖池空间分布数据集。经地面样本点验证，其总体分类精度为 96%。

结果与分析

　　基于 10 m 空间分辨率 Sentinel-2 卫星影像数据提取的 2020 年全球滨海养殖池空间分布情况如图 6.14 所示：全球滨海养殖池主要分布在南、北纬 46° 之间，以 23°N 和 118°E 之间分布面积最广泛，如东南亚、拉丁美洲、地中海地区是滨海养殖池分布相对集中的区域。

　　统计结果显示：全球滨海养殖池总面积约为 3.72 万 km²。其中，约有 86.04% 分布在亚洲地区，面积约为 3.20 万 km²，以东南亚分布最为集中；其次是南美洲，面积约占全球总面积的 5.19%，面积为 0.19 万 km²，主要分布在南美洲东海岸；非洲和北美洲也有相当数量的滨海养殖池，分别占全球的 3.64% 和 3.42%；欧洲和大洋洲的滨海养殖池较少，均不足全球滨海养殖池总面积的 1%。

中国是世界上滨海养殖池分布面积最大的国家（0.97 万 km²），其滨海养殖池的面积占全球总面积的 26%。遥感观测数据集显示，全球主要有 55 个国家开展滨海养殖，排名世界前十位的国家分别是中国、印度尼西亚、越南、印度、孟加拉国、缅甸、厄瓜多尔、菲律宾、埃及、泰国，全部是发展中国家，这 10 个国家滨海养殖池的面积之和超过全球滨海养殖池总面积的 90%。

成果亮点

- 本案例充分挖掘了 Sentinel-2 卫星影像的识别能力和云计算潜力，实现了全球滨海养殖池空间分布信息高精度提取。

- 本案例构建了第一个全球尺度 10 m 空间分辨率滨海养殖池分布数据集，揭示了全球滨海养殖池的空间分布特征。全球滨海养殖池总面积为 3.72 万 km²；其中，约 86.04% 的滨海养殖池分布在亚洲，面积约 3.2 万 km²。

- 在全球空间分布格局方面，中国是滨海养殖池面积最大的国家（占全球的 26%）。全球滨海养殖池排名前十位的国家分别是中国、印度尼西亚、越南、印度、孟加拉国、缅甸、厄瓜多尔、菲律宾、埃及、泰国，这 10 个国家滨海养殖池面积之和超过全球滨海养殖池总面积的 90%。

讨论与展望

在技术方法和数据方面，本案例研发了基于遥感大数据和云平台计算，并集成面向对象超过与分层决策树的滨海养殖池遥感快速分类制图技术，构建了全球滨海养殖池空间分布数据集，这是世界上第一个全球尺度的滨海养殖池数据集，且有时相最新（2020 年）、空间分辨率较高（10 m）的特点。基于该方法可以进一步构建多时相的全球滨海养殖池空间分布数据集。

本案例揭示了滨海养殖池面积位居全球前 10 名的国家全部是发展中国家，这 10 个国家滨海养殖池面积之和超过全球滨海养殖池总面积的 90%。这有力地证明了水产养殖业可有效支撑滨海发展中国家（尤其是小岛屿发展中国家和最不发达国家）的社会经济发展，非洲和南美洲地区滨海养殖池分布相对较少，可以在一定程度上增加滨海养殖池面积，促进区域经济发展。另一方面，掌握滨海养殖池的空间分布情况，可以有效支撑滨海自然湿

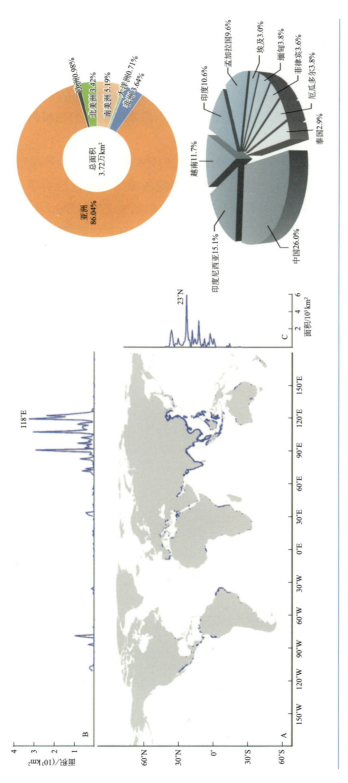

图 6.14 2020 年全球滨海养殖池空间分布格局与统计特征

地生态系统的修复，对滨海生态系统进行可持续管理和保护。一些发达国家滨海养殖池面积相对较小，除部分地区不适宜滨海水产养殖外，对生态环境的重视是限制滨海水产养殖池面积增加或滨海养殖池面积逐渐减少的主要因素。在中国等亚洲国家，对滨海生态系统的保护程度逐渐加强，因此一部分滨海养殖池被修复为红树林等湿地（Ren et al., 2019）。因此，本数据集可为可持续利用海洋资源和滨海生态系统的保护与可持续管理相关决策提供数据基础。

　　本案例生产的数据可为全球尺度 SDG 14.2 的评估提供重要的科学数据，并可作为评估 SDG 6.6、SDG 13.1、SDG 15.5 等目标实现情况的重要参考。已有研究表明，滨海养殖池扩张所侵占的主要是滩涂、红树林、盐沼等自然湿地生态系统类型（Jia et al., 2021），而滨海自然湿地生态系统对迁徙水鸟生物多样性保护等具有至关重要的作用（Li et al., 2021），因此，本案例的结果不仅可以支持 SDG 14 的科学评估，还将作为全球滨海生态系统、迁徙水鸟生物多样性的保护的重要决策依据。

6.5 莫桑比克岸滩湿地遥感评估及其对海洋空间规划的支持

 案例背景

SDG 14.7 是 SDGs 的重要目标之一。莫桑比克位于非洲东部，临印度洋，隔莫桑比克海峡与马达加斯加相望，是联合国定义的最不发达国家之一。2016 年，中国与莫桑比克确立了全面战略合作伙伴关系，在当前实现各自发展梦想的征程上，双方全面深化友好互利合作，潜力巨大、前景广阔。中莫双方决心加强"21 世纪海上丝绸之路"倡议与各自发展战略和政策的协同与对接，共同推进两国近海水产养殖、海洋渔业捕捞、海洋运输、港口和临港工业区建设、海洋科研等互利合作。

莫桑比克海岸带狭长，拥有沙滩、红树林、珊瑚礁等丰富的海岸空间资源，但其沿海地区经济规模小、产业布局集中、海洋资源开发利用程度较低。长期以来，由于莫桑比克海洋管理缺乏科学的规划，其资源依赖型开发活动导致莫桑比克近岸红树林、渔业等海洋资源出现一定程度的衰退，不利于当地海洋生态环境保护，也严重制约了当地海洋经济的可持续发展。为了促进海洋经济发展以及实现可持续发展的目标，莫桑比克迫切希望改善海洋资源的管理。因此，开展莫桑比克海洋空间资源遥感监测研究，制定海洋空间规划，促进莫方海洋经济发展，有利于更好地推动中莫两国的交流合作，也有利于将中国技术与理念在共建"一带一路"合作国家中推广，为实现 SDG 14.7 贡献中国智慧与中国方案。基于此，本案例采用地球大数据技术，开展莫桑比克 1990～2020 年的海岸线、滩涂、红树林和珊瑚礁等海洋空间资源分布现状及其长时间序列变化特征研究，支撑全国尺度的海洋空间规划，为莫桑比克蓝色经济发展谋篇布局，助力其可持续利用海洋资源。

所用地球大数据

◎ 1990～2020 年莫桑比克海岸带的 Landsat 遥感影像数据，数据源自美国地质勘探局（USGS），空间分辨率为 30 m。

◎ 莫桑比克行政区划数据、DEM。

方法介绍

　　本案例采用遥感大数据进行国家尺度的海岸带空间资源监测研究，主要流程包括：①收集整理 1990～2020 年莫桑比克海岸带的 Landsat 遥感影像数据，共计 15 388 景，开展辐射校正、除云等影像预处理工作；②基于 Landsat 可见光、近红外、短波红外等波段信息，以及季节性植被指数、水淹频率等特征和 DEM，通过随机森林分类算法和形态学处理方法，解译莫桑比克海岸带空间资源像素级时空分布信息；③基于目视解译开展精度评价以及必要的修正工作。最终获得莫桑比克 1990～2020 年的海岸线、滩涂、红树林和珊瑚礁等要素的 4 期数据，各要素的用户精度在 90% 以上。

结果与分析

1. 海岸线空间分异和时序变化

　　莫桑比克北部海岸为曲折的岩石海岸，存在较多的岩石岬角和崎岖的悬崖；中部为沼泽性海岸，分布有大量红树林和滨海滩涂；南部为较窄的砂质海岸，发育有沙丘和沙洲［图 6.15（a）］。结合油气、旅游、渔业及港口航运等资源优势与潜力分析，制定海洋空间规划，包括农渔业区、港口航运区、旅游休闲娱乐区、矿产与能源区、保留区、海洋保护区等功能分区［图 6.15（b）］。

　　1990～2020 年，莫桑比克的海岸线长度（包括大陆岸线和海岛岸线）介于 5546～5618 km，总体变化不大，仅在部分河口海岸存在侵蚀或扩张现象（图 6.16）。

2. 海岸资源空间分布和面积变化

　　1990～2020 年，莫桑比克珊瑚礁面积在 900 km² 左右，变化不大；红树林总面积从 3871 km² 逐步下降至 2859 km²，降幅达 26%；滩涂资源呈波动上升趋势，从 557 km² 上升至 593 km²，净增长率为 6%（图 6.17）。其中，莫桑比克 80% 以上的珊瑚礁资源集中在北部的德尔加杜角省，另外在楠普拉省和赞比西亚省也有分布；红树林资源在莫桑比克沿海各省均有分布，其中分布最集中的在赞比西河口的赞比西亚省和索法拉省，其次是德尔加杜角省和楠普拉省；滩涂资源在莫桑比克沿海各省均有分布，而在南部的伊尼扬巴内省和马普托省分布最集中。

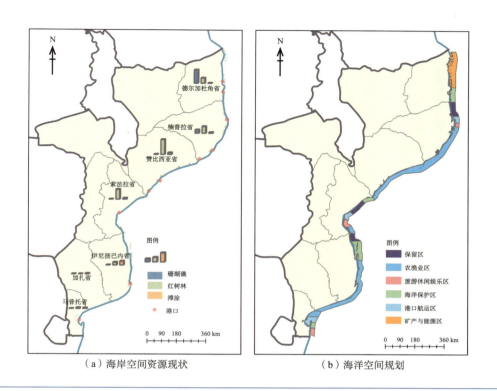

图 6.15 莫桑比克海岸空间资源分布现状和海洋空间规划

图 6.16 赞比西河口海岸线变迁

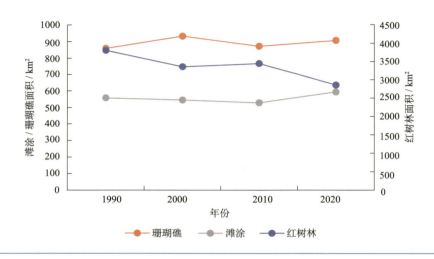

图 6.17　1990～2020 年莫桑比克海岸空间资源面积变化

成果亮点

- 本案例提供了 1990～2020 年莫桑比克海岸带空间资源时间序列数据集（包括海岸线、滩涂、红树林、珊瑚礁等要素，每 10 年 1 期，空间分辨率为 30m）。

- 本案例有效地支撑了莫桑比克海洋空间规划方案的制定。

讨论与展望

　　本案例针对联合国定义的最不发达国家之一——莫桑比克，基于长时间序列遥感大数据生产了 1990～2020 年国家尺度 30 m 空间分辨率的海岸空间资源产品，包括海岸线、滩涂、红树林和珊瑚礁等要素，掌握和了解莫桑比克的海洋（海岸带）资源状况及潜力，支持海洋空间规划方案的制定，为莫桑比克蓝色经济发展谋篇布局，助力其可持续利用海洋资源，有效支撑 SDG 14.7 的实现。

本章小结

　　本章收录了基于地球大数据技术开展全球、典型区域和国家三个尺度上 SDG 14.1、SDG 14.2、SDG 14.7 目标监测评估的研究案例成果，包括研制了绕南极大洋海水中的微塑料丰度分布、2016～2020 年孟加拉国水淹发生率空间分布、全球 10 m 级高精度红树林和滨海养殖池空间分布、1990～2020 年莫桑比克海岸带空间资源分布等数据集，给出了典型海域微塑料空间分布特征状况、孟加拉国海岸带水淹规律、全球红树林和滨海养殖池空间分布状况。案例分析表明：绕南极大洋海水中的微塑料呈现局部丰度较高的分布特征，南极洲环流的副热带锋具有潜在的阻止微塑料由低纬度向高纬度输送的作用；孟加拉国每年度的水淹最为严重的时间段为 7 月下半月到 8 月上半月，水淹范围的峰值基本在 2 万 km² 左右；2020 年全球红树林总面积约为 14.44 万 km²，亚洲红树林的面积最大，占比为 38.99%，其次为非洲，占比为 19.38%；全球滨海养殖池总面积为 3.72 万 km²，其中约 86% 的滨海养殖池分布在亚洲，面积约 3.2 万 km²。

　　本章中 5 个案例例证了基于地球大数据技术开展 SDG 14 全球和典型区域尺度指标监测与评估的潜力，未来将综合利用多源卫星遥感、地面监测数据、模型模拟、统计数据和问卷调查等数据和手段，开展全球尺度特别是共建"一带一路"合作国家 SDG 14 多指标监测与评估，继续为全球海洋可持续发展目标实践提供创新技术和信息支持。

第七章
SDG 15 陆地生物

背景介绍

　　SDG 15 聚焦可持续管理森林、防治沙漠化、制止和扭转土地退化现象、遏制生物多样性的丧失。联合国"2030 年可持续发展议程"已经通过 7 年，然而我们面临的形势仍十分严峻，如全球森林面积（SDG 15.1.1）仍在稳步下降（FAO, 2020），全球约 75% 的土地仍处于退化（SDG 15.3.1）状态（IPBES, 2019），全球重要生物多样性场所被保护比例有所增加（SDG 15.1.2、SDG 15.4.1），但是红色名录指数（SDG 15.5.1）仍在持续减少（UNEP, 2021），按现在的进度，SDG 15 在 2030 年很难实现（UN, 2019）。

　　SDG 15 进展评估是了解进展、明确差距并采取有效干预的关键。随着数据可用性的提高与技术方法的发展，SDG 15 涵盖的 14 个指标中有 8 个指标处于 Tier I（有方法有数据）。然而，这些指标的获取方法主要以统计手段为主，缺乏跨尺度（全球—区域—国家—局地）上的可拓展性，很多数据获取能力有限的国家也无法定期提供数据。因此，有必要利用前沿技术，如对地观测、人工智能、公众科学等进一步开展多尺度、空间化的 SDG 15 指标状态及进展监测关键技术研究，从数据、方法、工具与决策建议等角度有所贡献，进而为 SDG 15 的实现提供科技支撑。

　　本章将聚焦森林保护与恢复、土地退化与恢复、山地生态系统保护 3 个方向，围绕森林比例（SDG 15.1.1）、实施可持续森林管理的进展（SDG 15.2.1）、退化土地比例（SDG 15.3.1）、山区绿色覆盖指数（SDG 15.4.2）具体指标，在"一带一路"全域或者典型地区通过地球大数据技术与手段动态监测与评估陆地生物可持续发展进程，为 SDG 15 指标的监测与评估提供科技支撑。

主要贡献

针对 SDG 15 进展评估中的数据空缺问题，我们生产了覆盖全球范围的森林覆盖数据产品、山地绿色覆盖指数数据产品、森林变化斑块化特征数据产品以及孟中印缅经济走廊全域生态脆弱性指数数据集、蒙古国土地退化数据集（表 7.1），可为评估区域及全球尺度上的 SDGs 提供重要支撑。

表 7.1 案例名称及其主要贡献

指标 / 具体目标	案例	贡献
SDG 15.1.1 森林面积占陆地总面积的比例	全球 / 区域森林覆盖现状（2020 年）	数据产品：全球森林覆盖遥感产品，时间为 2020 年，数据产品空间分辨率 30 m，覆盖全球范围
SDG 15.2.1 实施可持续森林管理的进展	21 世纪全球森林变化斑块化分析	数据产品：2000～2020 年全球森林变化斑块化特征专题产品 决策支持：为全球森林保护提供信息支撑
SDG 15.3.1 已退化土地占土地总面积的比例	蒙古国土地退化与恢复动态监测及防控对策（2015～2020 年）	数据产品：蒙古国 2015 年、2020 年土地退化数据集 决策支持：蒙古国土地退化与恢复驱动力分析及其与沙尘暴之间的联系
	孟中印缅经济走廊全域生态脆弱性评估	数据产品：构建了孟中印缅经济走廊全域生态脆弱性指数数据集 方法模型：提出了基于局部赋权的地理加权主成分分析模型
SDG 15.4.2 山区绿色覆盖指数	全球山地绿色覆盖指数高分辨率监测	数据产品：基于地球大数据，率先研制了全球一致、空间可比的 2015 年、2020 年高分辨率山地绿色覆盖指数数据集

案例分析

7.1　全球／区域森林覆盖现状（2020 年）

对应目标

SDG 15.1 到2020年，根据国际协议规定的义务，保护、恢复和可持续利用陆地和内陆的淡水生态系统及其服务，特别是森林、湿地、山麓和旱地

对应指标

SDG 15.1.1　森林面积占陆地总面积的比例

案例背景

　　森林可为减缓与适应气候变化、保护生物多样性做出巨大贡献（FAO, 2020）。SDG 15.1.1 "森林面积占陆地总面积的比例"（forest area as a proportion of total land area）是衡量一个地区或国家森林资源丰富程度和生态平衡状况的重要指标，该指标被纳入联合国"千年发展目标"（Millennium Development Goals，MDG）（指标 7.1 "森林覆盖比"）。然而，该指标的衡量目前还缺乏准确、有效的空间分布信息，特别是精细尺度的森林变化信息，因而需要借助地球大数据方法来准确评估全球森林覆盖情况，刻画全球森林变化状况，提高评估结果的准确性和科学性。

所用地球大数据

◎ 2020 年全球陆地卫星系列数据，空间分辨率为 30 m。
◎ 森林样本库：全球森林动态监测网络全球森林大样地、Geo-Wiki 验证数据、日本千叶大学环境遥感中心（CEReS）地面真实验证点、全球通量站点数据资料等。

方法介绍

　　本案例中森林采用《2020 年全球森林资源评估》的定义，即森林是指覆盖面积大于

0.5 hm²、树高在 5 m 以上、覆盖度大于 10%，或能够达到以上条件的林地，不包括主要用于农业和城市用途的林地（FAO, 2018）。森林产品的生产方法采用机器学习、大数据分析等先进技术，基于长时间序列的多源卫星遥感数据开展，在全球建立 43 个森林分区，并获取分区的高质量森林样本点，最终建立了基于机器学习和大数据分析技术的 30 m 空间分辨率全球变化产品快速生产流程和方案，实现了全球 30 m 空间分辨率产品快速生产（Zhang et al., 2020b）。

SDG 15.1.1 是指森林面积占陆地总面积的比例。联合国粮食及农业组织全球森林资源评估组在采用该指标进行每五年一期的统计报告中剔除了水体的影响，他们更关心可使用的陆地面积，因此，更新后的计算公式如下：

$$SDG\ 15.1.1 = \frac{森林面积}{陆地总面积 - 内陆水体面积}$$

其中，内陆水体采用欧盟委员会联合研究中心的结果（下载网站见 https://global-surface-water.appspot.com/download），与森林覆盖数据进行空间运算。

结果与分析

到 2020 年底，全球森林总面积为 3.684×10^9 hm²，约占全球陆地总面积[①]的 28.03%，人均面积为 0.47 hm²[②]。全球森林空间分布如图 7.1 所示。热带森林覆盖面积最大，几乎占全球森林总面积的一半（47.40%），森林覆盖率为 29.54%，位居全球第二；北寒带森林覆盖面积虽然只有全球的约 1/4，森林覆盖率却最高，达到 52.89%，然而由于低温、生长期短，表现出较低的森林净初级生产力。温带和亚热带森林覆盖面积和覆盖率分居第三位和第四位（表 7.2）。

---

① 全球陆地总面积的计算不包含南极大陆和内陆水体。
② 计算假设全球人口为 77.9 亿，数据来自联合国经济和社会事务部人口司（2019 年）。

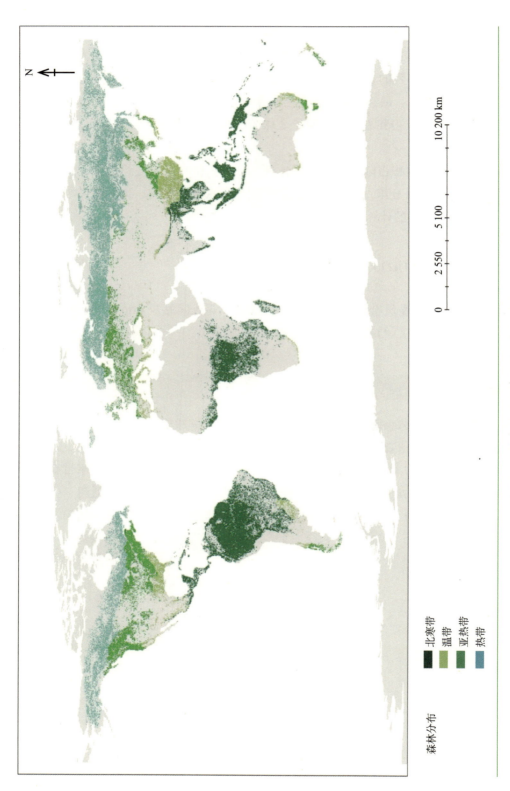

图 7.1　全球森林分布状况图（2020 年）

表 7.2　全球各气候带森林覆盖状况统计（2020 年）

气候带	森林覆盖面积 /1000 hm²	占全球森林面积的比例 /%	森林覆盖率 /%
热带	1 730 125.70	47.40	29.54
亚热带	384 812.50	10.54	18.19
温带	579 458.72	15.88	21.49
北寒带	955 322.18	26.18	52.89
全球	3 649 719.10	100.00	28.03

　　从各大洲来看，全球六大洲（不包括南极洲）森林覆盖状况差异明显（图 7.2 和表 7.3）。亚洲陆地面积最大，森林覆盖面积也最大，森林覆盖度在全球排名第四。南美洲的森林覆盖面积虽然在全球排第二，但森林覆盖率最高，达到 43.60%，这与亚马孙盆地分布着大片的热带雨林有关。北美洲森林面积虽然占全球森林面积的 19.78%，但森林覆盖率达到了 32.68%，原因之一是该地区的北寒带森林生产力较低。

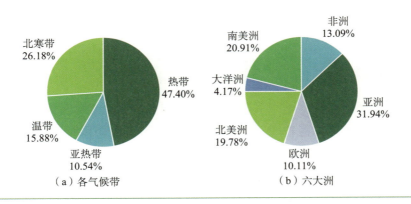

（a）各气候带　　　　（b）六大洲

图 7.2　2020 年全球各气候带和六大洲森林面积占比

表 7.3　全球六大洲森林覆盖状况统计（2020 年）

洲名	森林覆盖面积 /1000 hm²	占全球森林面积的比例 /%	森林覆盖率 /%
非洲	482 220.11	13.09	16.10
亚洲	1 176 709.07	31.94	27.06
欧洲	372 622.64	10.11	39.07
北美洲	728 615.78	19.78	32.68

续表

洲名	森林覆盖面积 /1000 hm²	占全球森林面积的比例 /%	森林覆盖率 /%
大洋洲	153 687.94	4.17	18.04
南美洲	770 188.04	20.91	43.60
全球	3 684 043.57	100.00	28.03

成果亮点

● 自主生产 2020 年全球 30 m 空间分辨率森林覆盖遥感产品。

● 截至 2020 年底，全球森林总面积为 3.684×10^9 hm²，约占全球陆地总面积的 28.03%，人均面积为 0.47 hm²。

● 热带区域森林覆盖面积最大，占全球森林总面积的比例达到 47.40%，森林覆盖率为 29.54%；南美洲森林覆盖率全球最高，达到了 43.60%。

15 陆地生物 讨论与展望

本案例利用多源遥感数据生产了全球 30 m 空间分辨率的森林覆盖遥感产品，并利用 SDG 15.1.1 指标计算了森林覆盖率，结合森林面积和占全球森林面积的比例等多项数据，综合分析了全球森林覆盖的状况及格局，进行了针对 SDGs 指标的有益探讨，给出了相应的结论和建议。未来计划采用全球 16 m 空间分辨率国产 GF-1/6 卫星数据或同等分辨率数据，率先实现中国及周边地区森林类型细分，进一步提高森林估算的准确性和科学性。

7.2 21世纪全球森林变化斑块化分析

对应目标

SDG 15.2 到2020年，推动对所有各类森林进行可持续管理，制止森林砍伐，恢复退化的森林，大幅增加全球植树造林和重新造林

案例背景

从陆地卫星观测得到的已公布的森林覆盖损失和增加地图是在全球范围内进行一致和透明的森林面积变化监测方面向前迈出的一大步。在线全球森林观测平台的推出使这些数据的使用和获取不局限在科学界，还可供政府、公司和民间社会组织的决策者使用，用于制定和执行更有效的可持续森林管理政策。政府、公司和民间社会组织正在越来越多地利用大数据来评估森林砍伐风险的可见性。

学者围绕森林变化研究在区域乃至全球尺度内开展了广泛研究，但一般只关注森林扰动造成的面积变化，鲜有从森林变化的事件方面开展研究。围绕森林减少的成因（如轮作耕作、野火等）以及发生的次数的分析评估，能更好地体现各国在可持续森林管理方面的进展。因此，本案例基于公开数据集，从国家尺度开展21世纪全球森林变化斑块化研究，分析森林减少发生次数的变化趋势，评估各国在森林管理方面的进展。

所用地球大数据

◎ 2000～2020年逐年全球30 m空间分辨率森林减少数据集。

◎ 2000年和2020年两期全球30 m空间分辨率森林覆盖度数据集，2000～2020年全球30 m空间分辨率森林逐年减少数据集和2000年全球30 m空间分辨率森林覆盖度数据集来自美国马里兰大学Hansen教授团队（下载地址 https://storage.googleapis.com/earthenginepartners-hansen/GFC-2020-v1.8/download.html）；2020年全球30 m空间分辨率森林覆盖度数据集来自中国科学院青藏高原研究所冯敏研究员团队。

方法介绍

利用2000年和2020年的森林覆盖度产品，以森林覆盖度30%为阈值，分别得到两个

年份的森林 / 非森林数据集。分析 2000～2020 年国家尺度森林扰动情况，包括森林减少、森林增加、森林减少和增加同时发生等。

分析 2000～2020 年全球森林减少的斑块化变化趋势。斑块基于森林减少逐年数据集，对特定年份的森林减少依次处理，同一年份空间上相邻的所有像元的集合属于同一斑块，不相邻则属于不同斑块。为减弱森林减少事件的不确定性，聚焦于单次森林减少超过 1 hm^2（对应 30 m 空间分辨率 11 个像元以上）的事件，分析森林减少的趋势，开展全球森林可持续管理的评估。

联合国在 2015 年提出 SDGs，为避免单年数据异常带来的指标评估不确定性，对每年的森林减少数据进行 Theil-Sen Median 趋势分析。将 SDG 15.2.1 指标分为 2000～2015 年和 2000～2020 年两个时间段进行检验，并用得出的数值取差值判断 SDG 15.2.1 指标的趋势，得出各国在 2015～2020 年可持续森林管理方面的进展。具体方法如下：

（1）统计并求和每个国家在特定年份 i 内所有森林减少事件（1 hm^2 以上）的数量 / 面积，记为年度森林减少情况（SDG 15.2.1$_i$）。

（2）两个时段的 Theil-Sen Median 趋势分析。分别对 2000～2015 年 SDG 15.2.1 序列、2000～2020 年 SDG 15.2.1 序列进行趋势分析，其结果分别记为 S15.2.1$_{2015}$ 和 S15.2.1$_{2020}$。Theil-Sen Median 趋势分析公式如下所示：

$$S = \text{mean}\left(\frac{x_j - x_i}{j - i}\right), \forall j > i$$

式中，x_i 和 x_j 分别为年度 i 和年度 j 的森林减少情况。

（3）计算 2015～2020 年趋势变化程度。

$$\Delta S15.2.1 = S15.2.1_{2020} - S15.2.1_{2015}$$

如 ΔS15.2.1 小于 0，表明 2000～2020 年 SDG 15.2.1 指标在变好；反之则变差。

结果与分析

2000～2020 年，全球森林减少面积为 4 784 694 km^2，森林减少区域恢复 2 295 377 km^2，新增森林 1 566 215 km^2，累计森林净减少 923 102 km^2。全球单次森林减少超过 1 hm^2 的事件有 61 012 423 起，面积共计 3 785 546 km^2，占森林减少总面积的 79.1%（图 7.3）。

在森林总扰动方面，2000～2020 年森林呈增加趋势的只有中国，增加面积为 27.2 万 km^2。森林减少前五名的国家依次是俄罗斯、巴西、加拿大、美国和印度尼西亚，分别减少面积 36.9 万 km^2、29.6 万 km^2、20.2 万 km^2、12.5 万 km^2 和 5.2 万 km^2（表 7.4）。

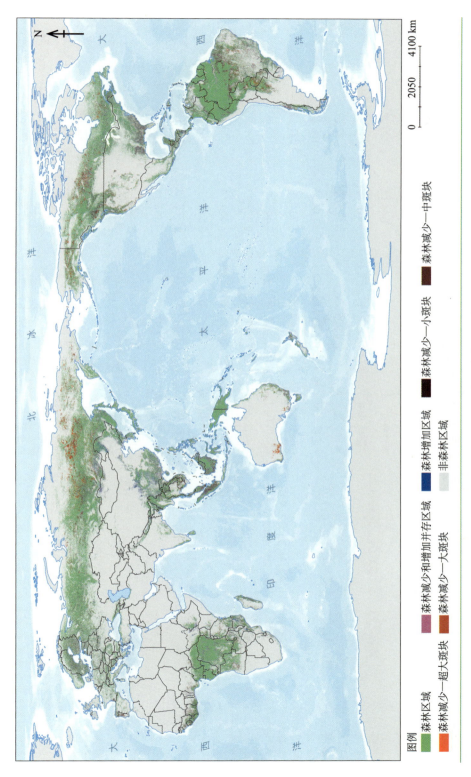

图 7.3　2000～2020 年全球森林及其扰动

表 7.4　全球森林减少主要国家的森林扰动情况和趋势

国家 / 区域	森林增加 / km²	森林增加和减少 / km²	森林减少 / km²		面积 ≥ 1 hm² 森林减少*	2000～2015 年趋势	2000～2020 年趋势	趋势变化情况
俄罗斯	189 182.54	280 581.05	558 484.13	事件数量 / 次	5 672 018	5 418.38	2 249.80	-3 168.57
				面积 / km²	756 454.83（90.15%）	930.86	2 306.59	1 375.72
巴西	97 687.93	301 000.04	393 221.15	事件数量 / 次	8 621 741	844.14	6 720.08	5 875.93
				面积 / km²	574 471.47（82.75%）	-674.48	201.47	875.95
美国	104 623.62	240 502.31	229 174.82	事件数量 / 次	4 905 006	-2 422.00	-7.89	2 414.11
				面积 / km²	410 187.78（87.33%）	-147.06	108.43	255.49
加拿大	120 790.87	144 111.13	322 921.09	事件数量 / 次	3 044 029	-204.88	-2 041.53	-1 836.65
				面积 / km²	425 175.07（91.04%）	661.10	155.00	-506.10
印度尼西亚	49 733.08	187 832.84	101 369.39	事件数量 / 次	4 115 408	9 039.29	5 898.50	-3 140.79
				面积 / km²	231 484.62（80.04%）	656.13	270.62	-385.51
刚果民主共和国	9 403.03	129 891.80	33 051.23	事件数量 / 次	3 668 724	9 518.17	14 484.14	4 965.98
				面积 / km²	83 327.84（51.14%）	218.18	317.13	98.95
澳大利亚	15 261.08	105 220.61	40 823.78	事件数量 / 次	630 267	-484.44	804 00	1 288.44
				面积 / km²	135 547.86（92.81%）	-328.96	89.57	418.53
中国	309 709.84	94 995.87	37 521.45	事件数量 / 次	2 473 643	6 089.25	7 482.73	1 393.48
				面积 / km²	88 282.95（66.62%）	255.97	270.45	14.48
马来西亚	13 773.00	66 018.52	20 931.46	事件数量 / 次	891 634	1 767.50	1 331.33	-436.17
				面积 / km²	75 394.45（86.71%）	154.77	87.43	-67.34
阿根廷	14 002.89	17 396.00	53 336.08	事件数量 / 次	617 165	774.50	-431.00	-1 205.50
				面积 / km²	60 815.78（85.98%）	60.28	-84.13	-144.41

*：括号内的数值表示面积 ≥ 1 hm² 森林减少的面积占该国森林减少总面积的比例

2000～2020 年，1 hm² 以上的森林减少事件最多的五个国家依次是巴西、俄罗斯、美国、印度尼西亚和刚果民主共和国，分别有 862.2 万次、567.2 万次、490.5 万次、411.5 万次和 366.9 万次（图 7.4）。1 hm² 以上的森林减少事件对应的面积最大的五个国家依次是俄罗斯、巴西、加拿大、美国和印度尼西亚，对应的面积分别是 75.6 万 km²、57.4 万 km²、42.5 万 km²、41.0 万 km² 和 23.1 万 km²（图 7.5）。

1 hm² 以上森林减少事件数量的趋势分析表明，巴西、刚果民主共和国、美国、中国和澳大利亚都呈现明显增加趋势，而俄罗斯、印度尼西亚、加拿大、阿根廷和马来西亚呈现减少趋势。1 hm² 以上森林减少事件对应面积的分析趋势表明，加拿大、印度尼西亚、阿根廷和马来西亚呈现减少趋势，而俄罗斯、巴西、澳大利亚和美国呈现明显增加趋势，刚果民主共和国与中国有轻微增加的趋势。

对比 2000～2015 年和 2016～2020 年的森林减少斑块的平均面积，林火较多的俄罗斯和澳大利亚的单次森林减少事件造成的面积损失有明显增大的趋势。俄罗斯平均斑块增加了 10.9 hm²，从 2000～2015 年的平均 10.6 hm²，增加到 2016～2020 年的 21.5 hm²；澳大利亚平均斑块增加了 9.4 hm²，从 2000～2015 年的平均 17.7 hm²，增加到 2016～2020 年的 27.1 hm²。同样林火较多的加拿大则由于森林减少事件和对应面积的趋势都有明显改善，斑块的平均面积比变化不大。其他以砍伐等为主的国家平均斑块面积变化不大。

成果亮点

- 2000～2020 年，全球主要森林除中国呈净增加态势外，其他国家均呈净减少态势。

- 各国森林减少斑块的数量 / 面积趋势分析表明，巴西、美国、刚果民主共和国和澳大利亚呈现增加趋势；加拿大、印度尼西亚、马来西亚和阿根廷呈现减少趋势；俄罗斯在数量方面呈减少趋势，而面积上呈增加趋势。

- 2000～2015 年与 2016～2020 年的平均森林减少事件造成的面积损失的变化表明，林火较多的俄罗斯和澳大利亚有明显增大的趋势，而林火较多的加拿大斑块的平均面积比变化不大；其他以砍伐等为主的国家平均斑块面积变化不大。

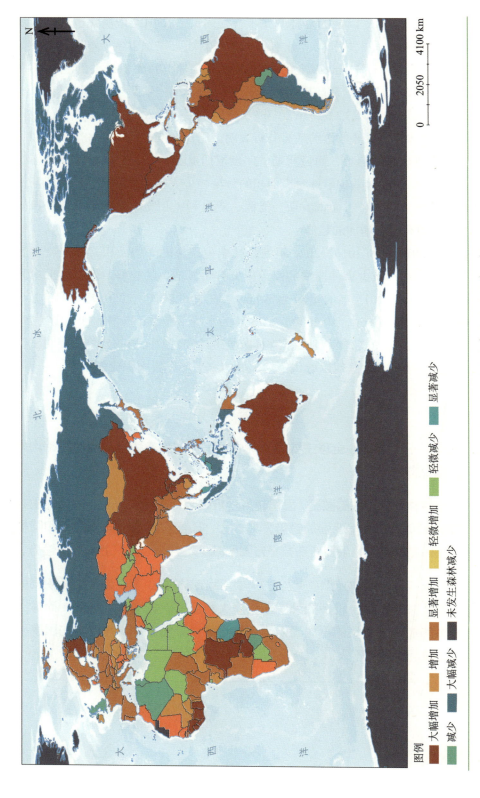

图 7.4　2015～2020 年全球森林减少事件数量趋势分析

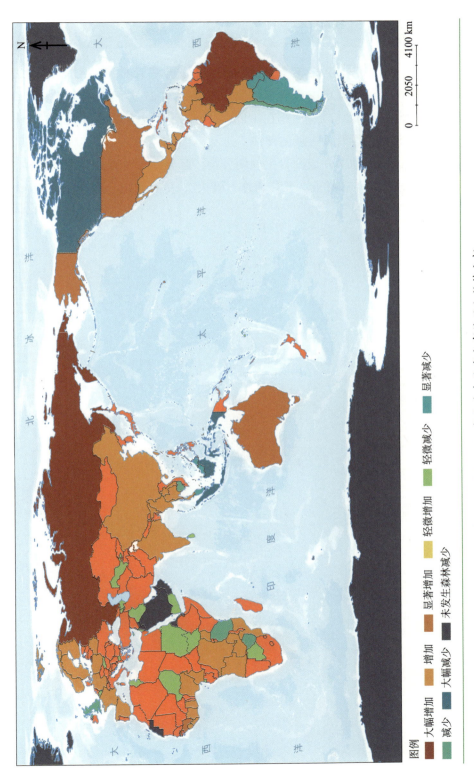

图 7.5 2015~2020 年全球森林减少事件面积趋势分析

图例 大幅增加 增加 轻微增加 轻微减少 显著减少

减少 大幅减少 显著增加 未发生森林减少

讨论与展望

本案例结合 2000～2020 年逐年全球 30 m 空间分辨率森林减少数据集、2000 年和 2020 年两期全球 30 m 空间分辨率森林覆盖度数据集，对 21 世纪以来全球森林变化整体情况进行评估；针对单次森林减少面积在 1 hm^2 以上的事件，从数量和面积两个层面开展 2015～2020 年的森林可持续管理进展的评估。

未来计划开展森林扰动事件成因自主制图分类，区分永久性森林转化（毁林）和可再生的其他形式的森林扰动（如林业、轮作耕作、野火），更有效地开展全球尺度森林可持续管理的评估。

7.3　蒙古国土地退化与恢复动态监测及防控对策
（2015～2020 年）

对应目标

SDG 15.3 到2030年，防治荒漠化，恢复退化的土地和土壤，包括受荒漠化、干旱和洪涝影响的土地，努力建立一个不再出现土地退化的世界

案例背景

　　蒙古高原横亘在东北亚腹地，是中蒙俄经济走廊的重要区域。该区域是中国北方重要的生态屏障，生态环境脆弱，极易受到气候变化和人类活动的影响。蒙古国是全球土地退化问题的热点区域，迫切需要通过国际合作实现长时间序列的土地退化监测，促进蒙古国土地退化研究的定量化、精准化，辨识关键区域并提出解决对策，从而为促进中蒙俄经济走廊绿色可持续发展提供更多基于大数据的解决方案。

　　目前，蒙古国土地退化研究多是利用现有卫星产品的大尺度、粗分辨率研究，从宏观尺度上掌握蒙古国土地退化的时空特征和变化趋势，难以揭示精细的土地退化进程（Wang et al., 2019, 2020）。由于缺乏精确的数据支持，不仅无法回答土地退化的问题，不同学者对蒙古高原区域土地退化与恢复的认识也是各异的，这也为抑制土地退化带来困难。

　　2020 年，"地球大数据科学工程"开展了 1990～2015 年蒙古国土地退化与恢复动态监测工作，形成了蒙古国 1990～2015 年土地退化与恢复动态监测及防控对策案例。持续跟踪 SDG 15.3.1 进程，是保障实现 SDG 15.3 的必要前提。为此，2021 年，本案例以联合国 SDGs 的起始年（2015 年）为起点，监测 2015～2020 年蒙古国土地退化与恢复格局，综合气候变化与人类活动因素完成土地退化与恢复的驱动力分析，提出蒙古国重点区域的土地退化防控对策。

所用地球大数据

◎ Landsat-8 遥感影像数据。该数据来源于美国地质勘探局网站（http://earthexplorer.usgs.gov/），空间分辨率为 30 m，时间为 2015 年与 2020 年的 7～9 月，影像数量共计约 130 景。

◎ 辅助数据：蒙古国 DEM 数据、行政区划数据、年均温度、年均降水量、人口数量、牲

畜数量、沙尘暴发生时间和强度等统计数据（统计数据均源于蒙古国统计信息服务网站，http://www.1212.mn）。

方法介绍

本案例使用自主研制的蒙古国 30 m 空间分辨率土地覆盖产品的遥感分类体系（王卷乐等，2018），采用面向对象分类法，获取蒙古国 2015 年、2020 年空间分辨率为 30 m 的土地覆盖数据产品。面向对象分类法的原理是首先根据像元之间的光谱异质性将影像分割成不同大小的同质多边形（对象），然后通过设定规则对这些对象进行分类。

基于所得蒙古国 2015 年、2020 年土地覆盖解译数据，将明显未发生土地退化现象的森林、草甸与典型草地合并归类为无土地退化区域，并单独提取荒漠草地、裸地、沙地、沙漠等地物信息。在 GIS 空间分析模块的技术支持下，将 2015 年与 2020 年土地覆盖数据进行叠加运算，构建蒙古国土地覆盖转移矩阵，建立土地退化与恢复类型体系，得到蒙古国 2015～2020 年空间分辨率为 30 m 的土地退化与恢复数据。

基于所得蒙古国土地退化与恢复数据，明晰土地退化与恢复发展趋势；分析气候变化指标、人类活动指标与土地退化程度的关系，根据蒙古国土地退化时空分异特征与其驱动力研究结果，结合蒙古国区域可持续发展和中蒙俄经济走廊生态安全需求，提出蒙古国重点区域的土地退化防控对策。

结果与分析

蒙古国 2015～2020 年土地退化与恢复区域分布如图 7.6 所示。研究发现，蒙古国土地退化区域主要呈带状分布在蒙古国西北部，呈破碎块状分布在蒙古国中部，呈零散斑点状分布在蒙古国东北部，主要的土地退化类型为由荒漠草地退化为裸地，以及由无土地退化区域退化为荒漠草地；土地恢复区域主要呈带状分布在蒙古国西部与中南部，呈大面积块状分布在蒙古国东部，主要的土地恢复类型为由裸地恢复为荒漠草地，以及由荒漠草地恢复为无土地退化区域。蒙古国土地退化与恢复区域分布均具有较强的过渡性，土地退化程度由东北向西南逐渐加重，土地恢复程度则由西南向东北逐渐增加。统计分析可知，2015～2020 年蒙古国土地退化区域面积约为 127 679.11 km²，约占蒙古国总面积的 8.15%，土地恢复区域面积约为 255 638.76 km²，约占蒙古国总面积的 16.32%，土地恢复面积大于土地退化面积，整体呈现土地恢复趋势。

本案例综合考虑自然与人类活动因素，分析蒙古国土地退化与恢复的驱动力。自然因素和社会经济因素的共同作用导致了蒙古国土地退化与恢复并存，整体呈现土地恢复趋势。

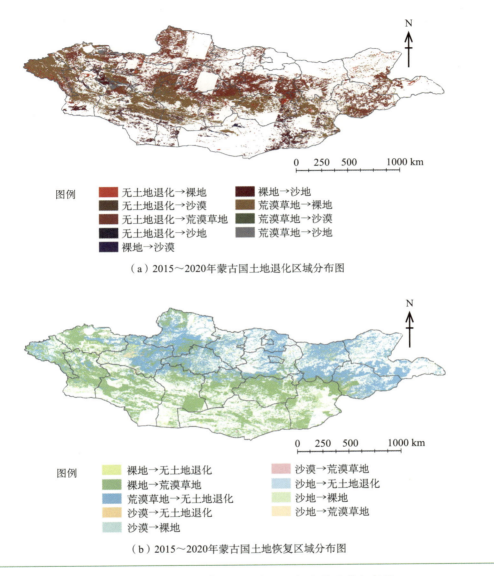

（a）2015～2020年蒙古国土地退化区域分布图

（b）2015～2020年蒙古国土地恢复区域分布图

图 7.6　2015～2020 年蒙古国土地退化与恢复区域分布图

根据蒙古国国家统计局（National Statistics Office of Mongolia）数据发现，2015～2020 年蒙古国最高温度整体呈现下降趋势，降水量整体呈现波动上升趋势，相对适宜的温度与充足的降水促进了植被生长，为土地恢复创造了有利条件。畜牧业无序发展、过度放牧、过度和不合理地采矿，以及快速城市化仍是土地退化的主要原因。

本案例综合多方资料数据，完成了 2000～2021 年蒙古国沙尘暴灾害发生次数、时间、等级、受灾人数、经济损失、波及范围等信息，制作完成了 2000～2021 年蒙古国沙尘暴空间分布图（图 7.7）。研究发现，2000～2021 年蒙古国沙尘暴影响范围巨大，绝大部分省份都遭受过沙尘暴的影响，尤其是南部戈壁的几个省份沙尘暴更加频繁。2015 年以后，蒙古国沙尘暴等级不断提高，涉及区域不再仅仅局限于南部地区，逐步向北、东北方向扩张。结合蒙古国 2015～2020 年土地退化区域分布图可以发现，2015～2020 年蒙古国沙尘暴涉及范围的扩张区域与蒙古国 2015～2020 年土地退化区域大部分重叠，均集中分布在蒙古国中部与东北部。这反映出在气候变化与人类活动的双重作用下，蒙古国中部、东北部土地退化问题可能进一步加大当地沙尘暴灾害风险。

成果亮点

- 2015～2020 年蒙古国新增土地退化区域约占蒙古国总面积的 8.15%，新增土地恢复区域约占蒙古国总面积的 16.32%，土地恢复面积超过土地退化面积，整体呈现土地恢复趋势。相对适宜的温度与充足的降水为土地恢复创造了有利条件，而畜牧业无序发展、过度放牧、过度和不合理地采矿，以及快速城市化是土地退化的主要原因。

- 2015～2020 年蒙古国沙尘暴涉及范围的扩张区域与蒙古国 2015～2020 年土地退化区域大部分重叠，均集中分布在蒙古国中部与东北部。上述区域土地退化问题可能进一步加大当地沙尘暴灾害风险。

讨论与展望

本案例基于面向对象分类法获得了蒙古国 2015～2020 年空间分辨率为 30 m 的土地退化与恢复数据，研究发现 2015～2020 年蒙古国土地退化与恢复并存，整体呈现土地恢复趋势。相对适宜的温度与充足的降水为土地恢复创造了有利条件，而畜牧业无序发展、过度放牧、过度和不合理地采矿，以及快速城市化加速土地退化进程。本案例所得研究成果可应用于 UNESCO 国际工程科技知识中心、中蒙俄经济走廊交通及管线建设生态风险防控协同创新信息平台等国际合作。

下一步将综合考虑地上、地表、地下的综合影响因素，完善土地退化与恢复监测方法，并将自主研制的蒙古国土地退化与恢复监测方法应用于蒙古高原乃至整个中蒙俄经济走廊，以期得到更广阔区域的土地退化与恢复数据产品。

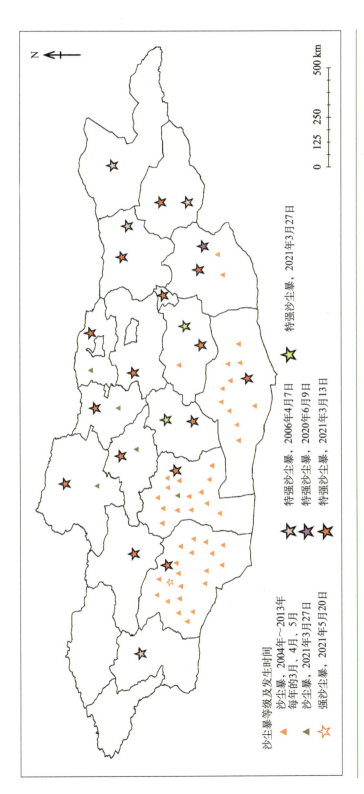

图 7.7 2000～2021 年蒙古国沙尘暴空间分布图

7.4 孟中印缅经济走廊全域生态脆弱性评估

对应目标

SDG 15.3 到2030年，防治荒漠化，恢复退化的土地和土壤，包括受荒漠化、干旱和洪涝影响的土地，努力建立一个不再出现土地退化的世界

案例背景

生态脆弱性一般指生态系统随时间和空间调节对外部干扰的响应的潜能，其常常由暴露、敏感和适应能力组成。过去几十年里，经济发展与生态保护的平衡受到越来越多人的关注，然而，人类干扰及气候变化导致生态脆弱区逐渐扩大，脆弱性的程度也越来越严重。生态脆弱性评估成为识别生态环境状况、制定合理管理规划的重要手段。

孟中印缅经济走廊是共建"一带一路"倡议的重要组成部分，它将直接促进中国与南亚国家的互联互通和共同发展。受频繁的自然灾害和复杂的地理条件的影响，孟中印缅经济走廊生态环境脆弱。同时，气候变化、耕地扩张、森林砍伐和基础设施建设使得该区域的生态退化。因此，获取孟中印缅经济走廊全域生态脆弱性的时空演化过程对该区域的可持续发展具有重要意义。

现有的地理空间数据是生态脆弱性评估研究的重要数据源，这些数据常常受到空间异质性和自相关性的影响。数据本身的空间效应常常对生态环境评价研究造成负面影响，具体地说，它将造成指标与生态脆弱性指数之间的空间异质性和误差的自相关性。也就是说，指标的权重是随空间变化的，特别是在地理环境背景差异较大的地区，然而，这一情况在研究过程中很少考虑。

目前，生态脆弱性评估的方法包括模糊综合评价法、人工神经网络、层次分析法和主成分分析法等。其中，主成分分析法是实现客观赋权最常用的方法。该方法通过降维和识别组合特征来描述多变量样本以识别空间模式，同时可以用来评价与生态脆弱性相关的各指标对研究区生态脆弱性指数的影响。但是，主成分分析法仅能对各个指标进行整体赋权，无法获取指标的局部权重，这会使得大区域脆弱性评估结果出现较大的误差。地理加权主成分分析是一种局部版本的主成分分析，它能够识别在复杂的距离衰减加权方案下的主成分分析输出在空间上的变化。在地理加权主成分分析中，将所有变量集成在一起，对每个目标网格进行多变量局部统计，使各变量的空间自相关性和空间异质性最小化。利用地理加权主成分分析模型，可以更加客观地计算空间尺度上的局部统计量。通过滑动窗口的方

式，地理加权主成分分析被用于获取各个指标的局部赋权权重从而得到生态脆弱性指数，以考虑多变量结构中的空间效应。根据模型输出结果，可以获取数据维数和多元结构的空间变异。本案例以地理加权主成分分析模型为基础，获取孟中印缅经济走廊的生态脆弱性指数，并分析其时空变化，为孟中印缅经济走廊的可持续建设提供科学支撑。

所用地球大数据

◎ 遥感数据：包括 MODIS NDVI 1 km 16 天产品（2010～2015 年）、NOAA 提供的植被健康指数 4 km 8 天产品（2010～2015 年）、NASA 提供的 SRTM DEM 30 m 产品、欧洲空间局提供的土地利用 300 m 产品（2010～2015 年）。

◎ 气象数据：日本气象厅官网下载的气象站点数据（2010～2015 年）。

◎ 灾害数据：洪涝频率、干旱指数、滑坡敏感性。

◎ 社会经济数据：人口密度、国民生产总值。

◎ 其他空间数据：动物多样性保护及受威胁程度数据、土壤侵蚀图、保护区连接度、道路数据、保护区数据。

方法介绍

本案例通过调研孟中印缅经济走廊的生态环境背景，识别研究区面临的生态环境问题。利用"驱动力－压力－状态－影响－响应"（DPSIR）框架，分析压力在生态过程的传递过程，识别相关指标，综合考虑指标的可获取性、尺度适用性、历史记录完整性、易于监测性、敏感性、可靠性等因素，最终获得 23 个指标（图 7.8）。在此基础上对指标进行标准化处理，并将其输入地理加权主成分分析模型中，获取 2010 年和 2015 年的生态脆弱性指数。最后采用聚类的方法将生态脆弱性指数分为潜在脆弱、轻度脆弱、中度脆弱、高度脆弱和极度脆弱五级，分析生态脆弱性的时空分布变化。本案例总体技术路线如图 7.9 所示。

地理加权主成分分析是实现局部客观赋权的关键技术方法，该方法通过交叉验证获取最优带宽，再采用近高斯函数获得带宽范围内各栅格的地理权重。提取最优带宽内的样本及其地理权重，采用主成分分析法获得中心像元的生态脆弱性指数。该方法采用滑动窗口的方式构建各个中心像元的局部主成分。该方法的总体结构见图 7.9。

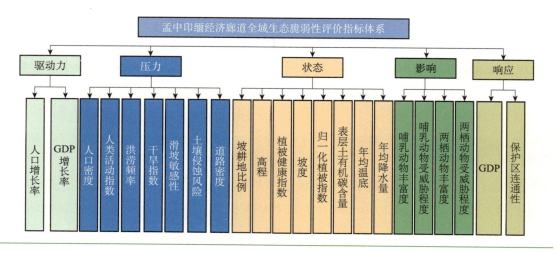

图 7.8　孟中印缅经济走廊全域生态脆弱性评估指标体系

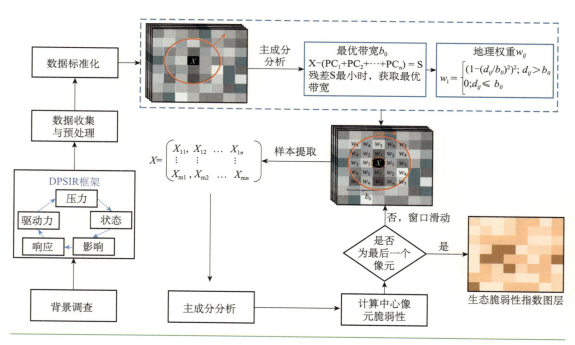

图 7.9　基于地理加权主成分分析的生态脆弱性评估总体技术路线

资料来源：改自 Jin 等（2021）

结果与分析

经济廊道是无实际边界的狭长地带，是一种经济地理学概念，是以交通设施为载体连接不同区域的经济合作机制。为了便于评估，考虑廊道沿线所有重要城市和城镇的辐射能力及"海上丝绸之路"的影响，本案例以 1 h 经济圈为基本研究单元，将沿廊道设计路线向两侧 100 km 及其相邻的沿海地区作为评估范围。该范围能充分保证可能受廊道建设影响的乡镇行政区域和流域的完整性。本案例采用两种方法对结果进行验证：①对已有的研究区域内的评价结果进行对比；②以历史发生的脆弱性事件及其影响进行验证。图 7.10 展示了对生态脆弱性评估结果的验证点的分布，从图中可以看出，生态脆弱性的分布与脆弱性事件及影响具有较好的一致性。

图 7.11 展示了孟中印缅经济廊道 2010 年和 2015 年生态脆弱性空间分布情况。极度脆弱区主要分布在缅甸中部、仰光及其周边、孟加拉国达卡至印度加尔各答周围区域和孟印缅三国交界处。高度脆弱区主要分布在极度脆弱区周围和印度东北部。中度脆弱区在廊道内广泛分布。潜在及轻度脆弱区主要分布在高植被覆盖区域和水域区域。

图 7.12 进一步说明了各国区段内生态脆弱性指数的统计分布情况。可以看出，整个区域和各国区段内的生态脆弱性指数呈正态分布。就整个区域而言，中度脆弱区占比是最大的，2010 年和 2015 年分别占 35.58% 和 35.13%。其在中国、印度、缅甸分布也是最广的，2010 年和 2015 年占比分别为 49.51%、41.20%、37.46% 和 38.82%、33.11%、34.19%。在孟加拉国，极度脆弱区是分布最广泛的，2010 年和 2015 年占比分别为 37.18% 和 34.86%，因此，孟加拉国区段内的生态脆弱性指数是最高的，在 2010 年和 2015 年分别达到了 3.7006 和 3.6444，这也说明了该区段是最脆弱的地区。

从图 7.13 可以看出孟中印缅经济廊道的脆弱区域逐渐扩大，生态脆弱性指数从 2010 年的 3.1424 增加到 2015 年的 3.3202。各国区段内生态脆弱性的中值逐渐增大，该规律也可从图 7.12 生态脆弱性指数中值变化情况看出。2010～2015 年，高度和极度脆弱区逐渐扩张，相对变化率分别为 2.82% 和 3.80%。而潜在、轻度和中度脆弱区逐渐减少，相对变化率分别为 −1.15%、−5.03% 和 −0.44%。孟加拉国区段的生态脆弱性逐渐减少，生态脆弱性指数从 2010 年的 3.7006 减少到 2015 年的 3.6444，但仍是整个区域内最脆弱的地区。中国区段的生态脆弱性逐渐升高，生态脆弱性指数由 2010 年的 3.0913 增加到 2015 年的 3.3916，这是由于高度和极度脆弱区的增加和其他脆弱性等级面积的减少。

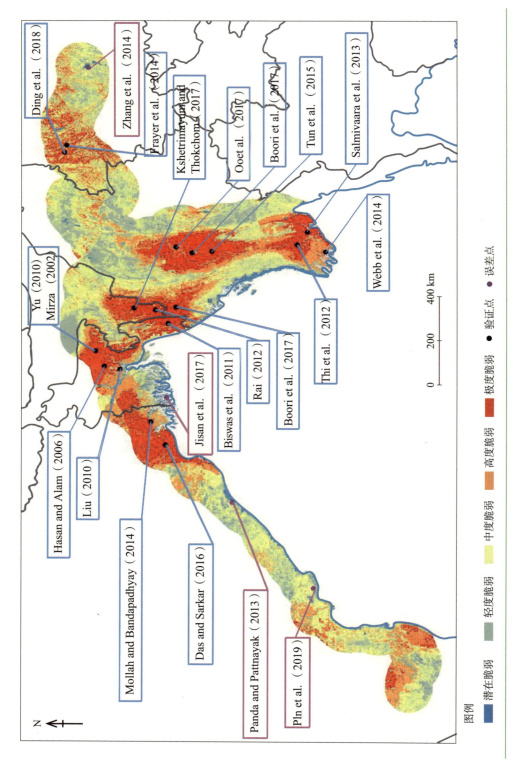

图 7.10 参考文献及验证点的分布

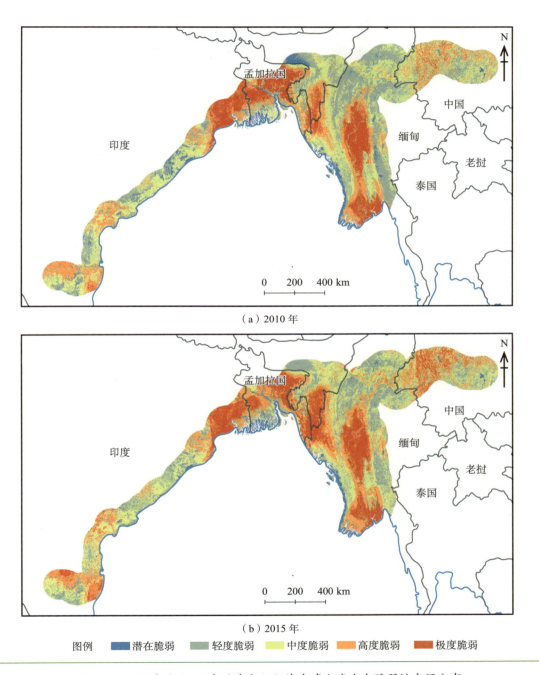

（a）2010 年

（b）2015 年

图例 ■潜在脆弱 ■轻度脆弱 ■中度脆弱 ■高度脆弱 ■极度脆弱

图 7.11　2010 年和 2015 年孟中印缅经济走廊全域生态脆弱性空间分布

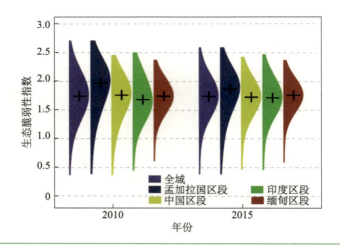

图 7.12　各国区段内生态脆弱性指数统计分布（＋代表中值）

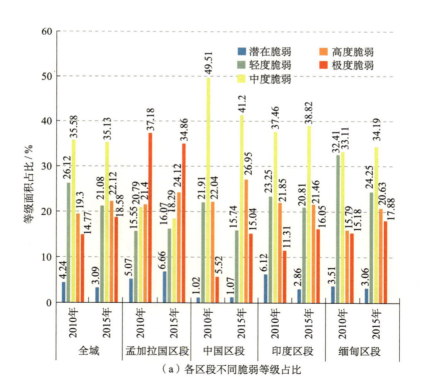

（a）各区段不同脆弱等级占比

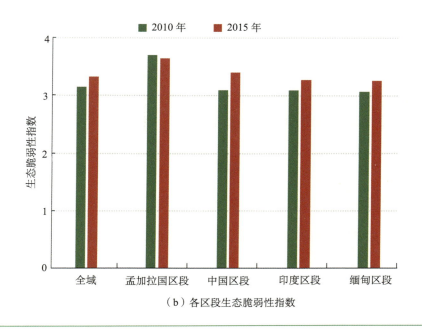

图 7.13　各区段内不同脆弱等级面积占比及生态脆弱性指数

图 7.14 进一步展示了 2010～2015 年孟中印缅经济廊道生态脆弱性的空间变化情况。从图中可以看出，大部分变化的区域呈现出脆弱性逐渐升高的趋势，且大部分分布在山地区

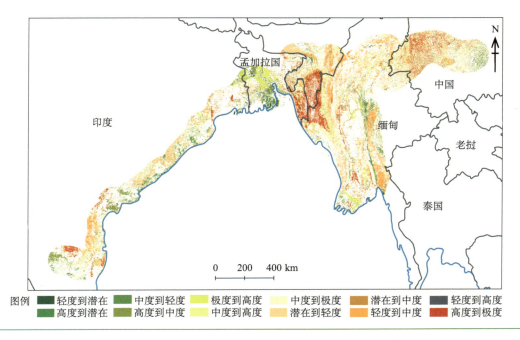

图 7.14　2010～2015 年孟中印缅经济走廊全域生态脆弱性空间变化

域。脆弱性等级降低的区域较少且离散地分布在整个廊道区域。最明显的变化是轻度到中度、中度到高度、高度到极度脆弱区，主要分布在中国和缅甸山区以及印度东北和西南部区域。高度到极度脆弱区主要分布在孟加拉国、印度和缅甸三国交界处。与传统指标赋权方法相比，本案例地理加权主成分分析法很好地揭示了生态脆弱性的时空变化情况，为经济廊道的可持续建设提供了很好的方法和技术支撑。

成果亮点

- 模型方法创新：提出了基于局部赋权的地理加权主成分分析模型。

- 数据产品创新：构建了孟中印缅经济走廊全域生态脆弱性指数数据集。

- 知识规律发现：揭示了 2010～2015 年孟中印缅经济廊道全域生态脆弱性的时空分布和变化情况。

讨论与展望

　　本案例以全球公共空间数据产品为基础，实现了 SDG 15.3.1 的跟踪监测，获取了孟中印缅经济廊道 2010～2015 年的生态脆弱性时空变化趋势，为生态环境的可持续提供了重要信息支撑。

　　本案例考虑了大区域尺度生态环境背景分布异质性的复杂性，因此不同区域各因子对生态脆弱性的贡献不同。这种情况在空间数据本身上表现为空间数据的空间异质性和自相关性。本案例提出采用地理加权主成分分析法获取孟中印缅经济廊道 2010～2015 年生态脆弱性时空分布和变化情况。该数据能够较好地反映区域的空间变化特征。此外，基于栅格的数据结果能够打破行政边界的限制，可以看出某一国家或区域的脆弱区域在空间的分布情况。该数据结果可为"一带一路"的生态环境保护和可持续发展提供数据支撑。需要指出的是，本案例所用指标数据中部分指标长期保持相对稳定状态或者是多年平均，该类数据应用到所有年份的脆弱性评价中，但实际上这些指标是随时间变化的，因此后续还需要探索更加精确的指标。

7.5　全球山地绿色覆盖指数高分辨率监测

对应目标

SDG 15.4 到2030年，保护山地生态系统，包括其生物多样性，以便加强山地生态系统的能力，使其能够带来对可持续发展必不可少的益处

案例背景

在气候变化和人类活动的共同影响下，山地生态系统正经历着显著的变化。SDG 15.4.2 山地绿色覆盖指数用以监测山地区域的绿色植被覆盖（森林、灌木、草地、农田等）范围、比例及其变化，并服务于 SDG 15.4 保护山地生态系统这一重要目标。

当前，FAO、国际山区伙伴关系（Mountain Partnership）联盟等确定了 SDG 15.4.2 的监测方法，即山地描述数据层和植被描述层（FAO, 2017）。然而，尽管目前在全球尺度上的国别数据已经进行了发布（2000 年、2010 年、2015 年、2018 年），但空间位置明确的动态变化数据仍然较为缺乏。SDG 15.4.2 官方数据采用的欧洲空间局土地覆盖数据，其空间分辨率为 300 m，在监测较小山体或高度异质性的山地植被时仍然面临较多不确定性。为此，FAO 建议如果有更高分辨率的土地覆盖数据，可采用更高质量的数据进行替代。因此，在全球尺度上建立一套处理方法标准、通用可比且空间位置明确的 SDG 15.4.2 高分辨率时间序列监测结果具有重要的意义。

2020 年，"地球大数据科学工程"开展了 2010～2019 年"一带一路"重要经济廊道山地绿色覆盖指数遥感监测（Guo, 2020）。持续跟踪 SDG 15.4.2 进程，是保障实现全球 SDG 15.4 的必要前提。为此，2021 年，本案例继续以 FAO 设计的山地绿色覆盖指数元数据为参考，以高分辨率山地绿色覆盖指数监测模型为依据，开展了全球尺度 SDG 15.4.2 的动态变化评估（以 2015 年为基准年），并重点分析了全球不同纬度带、海拔梯度、山地类型的指标变化趋势。

所用地球大数据

◎ 2015～2020 年 30 m 空间分辨率全球时间序列陆地卫星地表反射率数据。

◎ ASTER GDEM V2 30 m 空间分辨率数字高程模型（DEM）数据。

◎ 联合国环境规划署世界保护监测中心（UNEP-WCMC）500 m 分辨率全球山地类型数据

（划分规则分类系统见表 7.5）。

◎ 2015 年全球 30m 分辨率 FROM-GLC（Finer Resolution Observation and Monitoring of Global Land Cover）样本数据。

表 7.5　UNEP-WCMC 全球山地类型划分规则

山地类型	海拔 /m	坡度	7 km 半径局地起伏度
山地类型 1	>4500	未使用	未使用
山地类型 2	3500~4500	未使用	未使用
山地类型 3	2500~3499	未使用	未使用
山地类型 4	1500~2499	>2°	未使用
山地类型 5	1000~1499	>5°	或 >300 m
山地类型 6	300~999	未使用	>300 m

资料来源：kapos et al., 2000

方法介绍

在"一带一路"经济廊道山地绿色覆盖指数时序变化监测的基础上，本案例利用全球 Landsat-8 OLI 地表反射率数据、山地类型数据，结合 FAO SDG 15.4.2 元数据定义和山地绿色覆盖指数监测模型（FAO, 2018; Bian et al., 2020），开展 2015 年和 2020 年的动态监测。具体方法为：①基于地球大数据云平台，考虑遥感观测频率和植被物候特征的植被提取模型实现全球山地植被提取；②基于格网和山地表面的山地绿色覆盖指数计算模型，计算全球尺度 2015 年、2020 年高分辨率山地绿色覆盖指数时空分布；③分析全球不同山地类型、海拔梯度、纬度带下山地绿色覆盖指数的变化特征。

结果与分析

2015 年和 2020 年全球山地绿色覆盖指数分布图如图 7.15 所示。从图中可以看出，基于格网的山地绿色覆盖指数突破了行政界线的限制，能清晰反映不同范围的山地绿色植被覆盖情况。通过不同行政单元 / 流域 / 保护区边界，该栅格数据能够很好地进行空间尺度聚合，进而了解区域发展状况。统计得出，2020 年全球平均山地绿色覆盖指数为 80.56%，16.94% 没有绿色覆盖的区域，主要集中在青藏高原、中亚山地、智利山脉、加拿大北部和格陵兰岛。

统计分析可知，2015~2020 年 SDG 15.4.2 指标总体变化不大，但仍存在一定的空间差

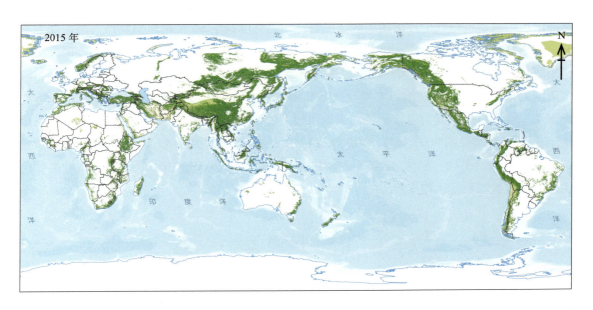

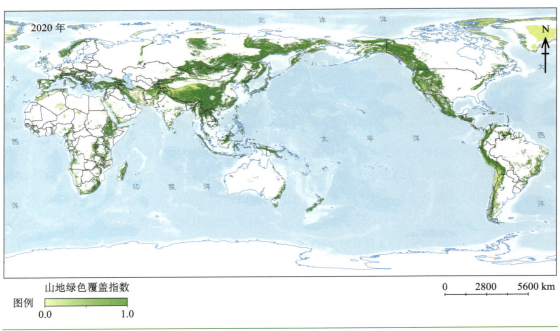

图 7.15　2015 年和 2020 年全球山地绿色覆盖指数分布图

异。与 2015 年相比，总体上，全球约 13.06% 的山地其绿色覆盖指数呈小幅度增长，平均增加 5.7%；约 15.04% 的山地其绿色覆盖指数出现小幅度下降，平均下降 5.5%。

具体在不同纬度带上，在 60°S 至 70°N，由于不同山地类型和生态系统分布均较为广泛，山地绿色覆盖指数呈现出较大的范围特征，而纬度高于 80°N 的区域植被类型主要为苔原，山地绿色覆盖指数较低，2015～2020 年呈现微弱的增加趋势。在海拔梯度方面，统计得出海拔 2500 m 以下的区域山地绿色覆盖指数均高于 80%，而在海拔高于 4500 m 后表现出逐渐降低的趋势。这种趋势主要受气温和湿度的影响。在山地类型方面（表 7.6），山地类型 1、2、3 由于较高的海拔梯度而表现出较低的山地绿色覆盖指数，其中 2020 年平均山地绿色覆盖指数分别为 37.15%、60.73% 和 57.28%。而山地类型 4、5、6 的山地绿色覆盖指数逐渐增加，平均分别为 82.46%、84.13% 和 89.77%。2015～2020 年，不同山地类型的山地绿色覆盖指数变化均小于 1%。

成果亮点

- 本案例基于地球大数据，率先研制了全球一致、空间可比的 2015 年、2020 年高分辨率山地绿色覆盖指数数据集。

- 本案例突破国别限制，分析了全球不同山地类型、海拔梯度、纬度带下山地绿色覆盖指数的时空分布及其变化特征。

讨论与展望

作为全球环境公域的重要组成部分，山地生态系统对全球水资源安全和生物多样性保护起着关键作用，迫切需要地球大数据支撑的 SDGs 监测。本案例参考 FAO 山地绿色覆盖指数定义，基于国际开源高分辨率卫星影像集、DEM 等，通过发展考虑山地表面积特征的高分辨率监测模型，实现了 SDG 15.4.2 的动态监测，评估了全球山地绿色覆盖指数 2015～2020 年的变化趋势，为争取 SDG 15.4 保护山地生态系统的 SDGs 实现提供了重要的技术和数据支持。

需要指出的是，在山地绿色覆盖指数变化趋势的解释方面，当前比较一致地认为，尽管在大多数情况下山地绿色覆盖指数的增加被认为是对自然生态系统破坏的严格管理而导致了生态系统（如森林、灌木和草地）的扩张，然而，在少数情况下，在高海拔区域的指标增加可能也标志着在全球变暖背景下的冰川或永久积雪的退缩而导致的绿色植被增加。由于冰川和积雪变化往往在更小尺度上发生，因此，采用具有更高分辨率的土地覆盖数据将能够具有更好的对类别转换以及在不同海拔梯度上的揭示指标的变化特征。此外，不同生态系统之间的转换可能导致指数无变化但自然生态系统仍处于受威胁的情况（如森林向草地/农田、草地向农田的转换）。未来需要将该指标进行深层次的定义，提升指标反映趋势的多样性，也是未来该指标深化研究的重要方向之一。

本章小结

当前，距离 2030 年 SDGs 实现期限仅有不到 10 年。考虑到生态系统从保护恢复到效益显现需要较长时间，只有紧急采取一致和有效的行动保护和恢复生态系统，才有可能完全实现联合国"2030 年可持续发展议程"包含的陆地生物可持续发展目标（SDG 15）。

然而，在 SDG 15 指标层级评估方面，我们仍存在着一系列挑战。如森林面积监测相对成熟，但森林精细类型与生物量监测尚有所欠缺；生物多样性监测仍停留在地面调查 / 统计手段，关键生物多样性变量的大尺度监测面临较大挑战；保护地面积在稳步提升，但保护有效性、保护目标设定及落地仍困难重重；土地退化评估面临着概念复杂、基准不清、监测方法体系欠缺等一系列困难；山地绿色覆盖指数缺乏动态数据且精细化程度不够等。

未来，面向联合国"2021—2030 年生态系统恢复十年"计划、"2020 年后全球生物多样性框架"重大需求，应充分发挥地球大数据在 SDG 15 监测、评估中的重大潜力，强化 SDGSAT-1 和国产卫星及 SDGs 大数据平台的应用，提供更高质量、可便捷使用的数据产品、模型方法及决策支撑工具，为 SDG 15 落实提供重要支撑。

第八章

SDGs 多指标交叉

背景介绍

联合国 SDGs 之间存在的复杂相互作用是影响 SDGs 执行的关键挑战。追踪并理解 SDGs 指标间的交叉关系，对未来实现 SDGs、动态调整可持续发展路径具有重大意义。

SDGs 多指标交叉包含了 SDGs 内的指标交叉及不同 SDGs 间的指标交叉。SDGs 指标间的交叉关系主要体现为协同与权衡关系，且这种关系随着时空迁移、影响要素变化进一步影响着可持续发展的实现。协同关系指特定指标的实现同时促进其他指标的改善，专指指标间的相互促进关系；权衡关系指某个指标的实现以牺牲其他指标为代价，专指指标间的相互制衡关系。参考联合国环境规划署关于 SDGs 指标的分类体系（UNEP, 2021），现有的 SDGs 指标可扩展为三类：环境状态类指标、社会经济状态类指标和驱动力类指标。这三类指标间的相互作用关系如图 8.1 所示，驱动力类指标驱动环境状态类与社会经济状态类指标的改变；环境状态类指标、社会经济状态类指标作为 SDGs 实现的度量方式，相互之间存在着协同与权衡关系，并以反作用的方式影响驱动力类指标的实施，同时，三类指标内部也存在着复杂的协同与权衡关系。

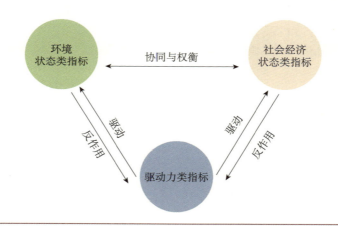

图 8.1　SDGs 不同指标类型交叉关系图

从全球尺度的空间格局来看，世界上绝大多数的国家都表现出 SDGs 指标间的协同关系多于权衡关系的特点，这为 SDGs 议程的实施提供了牢固的基础。通常情况下，SDGs 指标间的权衡关系可以与传统的非可持续性发展联系起来，其原因在于过度强调社会经济增长而以牺牲环境为代价（Pradhan et al., 2017）。比如，一些国家为增长电力供应而增加不可再生能源的使用量，使得可再生能源份额（SDG 7.2.1）与获得电力供应（SDG 7.1.1）指标在全球层面呈现出显著的负相关关系；为增加粮食产量（SDG 2.4.1）往往在牺牲生态环境用水基础之上增加灌溉用水量，使得一些地区环境状态类指标［水资源量（SDG 6.6）和生态环境（SDG 15.1）］有所退化；为改善健康（SDG 3）和营养状况（SDG 2）大力发展社会生产，往往导致年温室气体排放量（SDG 13.2.2）增加。因此，厘清 SDGs 指标间的交叉关系，动态监测 SDGs 指标状态及评估其发展趋势，为协调 SDGs 的实施与路径调整提供决策支持，显得尤为重要。

目前，许多国际组织与机构均已关注 SDGs 指标间的相互作用关系研究。例如，联合国水机制对 SDG 6 的六个具体目标与其他具有潜在相互作用关系的 SDG 具体目标开展了分析，发现其中主要体现为协同关系的有 127 对，具有潜在权衡关系的有 29 对（UN-Water，2016）。联合国环境规划署以 13 个环境状态类指标为切入点，分析了它们与其他两类指标间的相互关系，分析评价环境状态类指标的进展，为指标落实提供了决策支持（UNEP，2021）。

融合卫星观测、近地面观测和地面调查等多种方式的地球大数据具备海量、多源、多时相等特征，为 SDGs 监测与评价提供了重要的数据支撑。基于空间分析等技术手段，地球大数据可在以下四个方面支撑 SDGs 多指标交叉研究。

1. SDGs 多指标交叉关系的量化与评估

地球大数据在空间信息挖掘方面具有显著的优势，不仅能够实现对环境状态类指标［如水资源（SDG 6.6）、森林覆盖（SDG 15.1.1）、温室气体（SDG 13.2.2）等］的监测（Avtar et al.，2020），而且通过地理分解耦合人口－经济－社会等多源信息还能够在更高维度上实现对社会经济状态类指标［便利交通（SDG 11.2.1）、灾害损失（SDG 13.1.1）等］的监测与评估（陈军等，2019）。区域长时间序列 SDGs 相关指标数据的监测结果，为不同指标间的相互作用关系研究提供了数据支撑。在此基础上，基于相关性分析、网络分析等方法可量化不同 SDGs 指标间的协同与权衡关系（Weitz et al.，2018）。同时，对于已知协同与权衡关系的 SDGs 指标，可基于地球大数据技术评估其动态变化过程，为政策的制定及执行效果评价提供决策参考。

2. SDGs 多指标相互作用下发展情景模拟与演化

SDGs 涉及的范围广泛，其所固有的长期性、系统性和复杂性对政策制定者提出了挑战，政策制定者需要以综合方式评估其对经济、社会和环境发展的长期影响。情景模拟与演化分析可以着眼长远，以协调社会、经济和环境目标为主要任务，通过建模定量分析为可持续发展的规划提供科学依据与技术支撑（Allen et al.，2016）。地球大数据具有多尺度、长时间序列及海量数据的特点，使用地球大数据对 SDGs 多指标的相互作用关系及演化过程进行建模，从地理空间视角模拟未来环境、经济和社会等不同发展情景，从而为政策的动态规划和制定提供决策参考。

3. 不同地理空间之间 SDGs 多目标相互作用

由于历史文化、要素禀赋、政策环境等差异，不同地理空间单元在可持续发展实现过程中的路径无法同步。基于地球大数据获取不同地理空间单元的空间属性数据具有空间异质性。从联合国 SDGs 指标评估的角度来看，这些 SDGs 指标不仅在同一区域内相互作用，在不同区域之间也具有交叉关联的性质。地球大数据支撑 SDGs 的监测与评估需要考虑不同地理空间单元之间多个 SDGs 的相互作用，特别是不同地理空间单元之间的空间相关性与空间溢出效用。

4. 区域 SDGs 综合评估

区域作为多尺度、多类型的局地地球资源环境系统，是可持续发展实施的具体载体，在实施可持续发展战略中占据重要地位。影响不同尺度、不同类型的区域可持续发展的因素并不完全一致。开展区域 SDGs 综合评估的目的是要全面、系统地梳理针对特定区域的各类 SDGs 指标，以城镇化、生态环境、水资源、农业等单主题综合及多主题大综合的方式评估区域整体及内部不同空间单元的可持续发展状况。此外，还可针对该区域的 SDGs 多指标交叉关系的量化与评估、SDGs 多指标相互作用下区域发展情景模拟与演化等方面开展专题评估。同时，区域作为一个开放的耦合系统，其内部及外部不同地理空间之间 SDGs 多指标的相互作用均可作为研究的着力点。2021 年度，可持续发展大数据国际研究中心已经在我国海南省、广东省深圳市、广西壮族自治区桂林市、云南省临沧市等地部署了区域 SDGs 综合评估示范工作，并取得了初步实践成果。未来将继续深入更多主题及目标层面开展评估工作。

主要贡献

表 8.1　案例名称及其主要贡献

多指标交叉	案例	贡献
SDG 2.3、 SDG 2.4、 SDG 3.9、 SDG 6.4、 SDG 6.6、 SDG 11.1	印度粮仓粮食-水-空气质量关系的权衡	**方法模型**：耦合遥感大数据、统计数据等分析 2001～2018 年印度西北部水稻种植面积、地下水储量、空气质量指标等年际变化规律及其不同指标间的关系 **决策支持**：为自然资源和社会经济状况与印度相似的共建"一带一路"合作国家实现粮食-水-空气质量安全多目标协同发展提供理论和数据支持
SDG 2.1 SDG 2.3 SDG 8.1 SDG 9.b SDG 11.6	SDGs 多指标约束下的共建"一带一路"合作区域土地利用情景模拟与分析	**数据产品**：生产了共建"一带一路"合作区域未来不同 SDGs 实现情景下 2021～2030 年空间分辨率为 1 km 的土地利用序列预测产品 **方法模型**：不同情景路径下多 SDGs 约束的共建"一带一路"合作区域土地利用演化的系统动力学与元胞自动机模型 **决策支持**：为共建"一带一路"合作区域 SDGs 实现路径提供决策参考

案例分析

8.1 印度粮仓粮食 – 水 – 空气质量关系的权衡

对应目标

SDG 2.3 到2030年，实现农业生产力翻倍和小规模粮食生产者，特别是妇女、土著居民、农户、牧民和渔民的收入翻番，具体做法包括确保平等获得土地、其他生产资源和要素、知识、金融服务、市场以及增值和非农就业机会

SDG 2.4 到2030年，确保建立可持续粮食生产体系并执行具有抗灾能力的农作方法，以提高生产力和产量，帮助维护生态系统，加强适应气候变化、极端天气、干旱、洪涝和其他灾害的能力，逐步改善土地和土壤质量

SDG 3.9 到2030年，大幅减少危险化学品以及空气、水和土壤污染导致的死亡和患病人数

SDG 6.4 到2030年，所有行业大幅提高用水效率，确保可持续取用和供应淡水，以解决缺水问题，大幅减少缺水人数

SDG 6.6 到2020年，保护和恢复与水有关的生态系统，包括山地、森林、湿地、河流、地下含水层和湖泊

SDG 11.1 到2030年，减少城市的人均负面环境影响，包括特别关注空气质量，以及城市废物管理等

案例背景

印度西北部地区是该国主要的粮食基地，其粮食产量占全国总产量的2/3以上（Balwinder-Singh et al., 2019; Jethva et al., 2018），是印度"绿色革命"的中心地带。研究表明，为了保证印度人民的粮食安全，过去几十年间当地水稻种植面积的急剧扩张给水资源和空气污染治理带来了极大的压力，使得当地成为世界上三大地下水漏斗地区之一。为了减缓地下水的开采，当地于 2009 年起实施了地下水保护行动（Bhanja et al., 2017），即推迟水稻的种

植时间，这一行动使得后来的地下水储量有所增加，但是秸秆残渣的燃烧时间也随之后移，加重了印度西北部的空气污染。截至目前，有关当地粮食－水－空气质量的权衡和协同的研究还十分有限。

在"地球大数据科学工程"的支撑下，本案例综合利用遥感、统计等各类相关数据，开展了印度西北部地区水资源（SDG 6）、粮食（SDG 2）和空气质量（SDG 3、SDG 11）等 SDGs 相互作用的研究，分析了粮食－水－空气质量之间的相互作用关系，为实现印度西北部地区粮食－水－空气质量安全多目标协同发展提供理论和数据支持。

所用地球大数据

◎ 2001～2018 年印度西北部地区所有可用 500 m 空间分辨率 MODIS 数据。

◎ 2002～2016 年 GRACE 重力卫星数据，空间分辨率为 1°。

◎ 2001～2018 年火灾、燃烧区数据集，包括资源管理系统火灾信息（FIRMS）（空间分辨率为 1 km）、MCD64A1.006（空间分辨率为 500 m）数据集等。

◎ 2002～2018 年 1 km 空间分辨率的气溶胶光学厚度（aerosol optical depth, AOD）数据（MCD19A2.006）。

◎ 2001～2016 年 $PM_{2.5}$ 数据［美国国家航空航天局社会经济数据和应用中心（SEDAC）］，空间分辨率为 0.01°。

◎ 2015 年 1 km 空间分辨率的人口数量格网数据（GPWv4）。

方法介绍

本案例基于 2001～2018 年的 MODIS 数据，利用基于物候和像元的算法，生成了印度西北部每年一期的 500 m 空间分辨率的水稻种植空间分布图，在年时间尺度上对水稻种植面积变化进行了监测分析。与此同时，使用 2002～2016 年的 GRACE 重力卫星数据分析了印度西北部地区地下水储量的时空变化格局。

在粮食－水－空气质量的权衡分析方面，首先在像元尺度上分析了 2001～2018 年研究区水稻种植面积、地下水储量、水稻秸秆残渣燃烧面积、$PM_{2.5}$ 以及 AOD 等变量的线性趋势；利用 GPWv4 人口格网数据和 $PM_{2.5}$ 格网数据，建立了人口加权暴露指数，分别分析了城市和农村人口对 $PM_{2.5}$ 的暴露程度。在对每个变量的分析基础上，最终对粮食－水－空气质量这一整个系统进行了综合评价。

结果与分析

2001～2018 年，印度西北部地区水稻种植面积急剧扩张，从 2001 年的 350 万 hm² 增加到 2015 年的 430 万 hm²（图 8.2）。与此同时，地下水储量以 1.5 cm/a 的速率在持续下降，表明粮食安全的保证对水资源安全表现出了负面反馈，即粮食安全和水资源安全间呈现出权衡关系。对于粮食安全和空气质量间的关系，由于燃烧是当地管理田间水稻秸秆残渣最常见的做法，本案例发现秸秆燃烧使得当地空气污染加剧。从相应指标变化上来说，火灾事件从 2002 年的 35 426 次增加到 2018 年的 57 918 次，燃烧面积也从 2002 年的 500 km² 增加到 2018 年的 15 780 km²。此外，秸秆燃烧的时间，即每年 10～12 月，当地 $PM_{2.5}$ 浓度也持续增长，从 2002 年的 127.69 μg/m³ 增加到 2018 年的 167.97 μg/m³；基于卫星观测的 AOD 也呈现出上升的趋势，从 2002 年的 0.93 增长到 2018 年的 1.21。

自 2009 年实施地下水保护行动以来，地下水储量的下降速率由原来的 1.82 cm/a 下降到 1.2 cm/a，而空气污染程度进一步加剧了。本案例发现，水稻种植和收获时间的向后推延使得秸秆燃烧的时间都聚集在 11 月份。在这之前，每年 10 月份为火灾发生次数最多的月份，最多可达 37 573 次。而实施地下水保护行动后，火灾发生次数最多的时间为 11 月份，最多可达 54 955 次。AOD 也从 2002～2008 年的 1.10 增长为 2009～2018 年的 1.95，11 月份的 $PM_{2.5}$ 也从 2002～2008 年的 827.12 μg/m³ 增长为 2009～2018 年的 1110.16 μg/m³。这些指标的变化都表明从 2009 年起实施的地下水保护行动加剧了 2009 年后每年 11 月份当地的空气污染程度，即水资源安全和空气质量之间也表现出权衡关系。

综上所述，本案例发现印度西北部地区的粮食、水、空气质量是紧密相关的。为确保粮食安全，水稻种植面积在持续扩张，导致大量的地下水被用于灌溉，且水稻种植产生了大量的秸秆残渣。2009 年起实施的地下水保护行动使得秸秆燃烧的时间向后推移，加剧了当地 11 月份的空气污染。因此，本案例提供了科学证据，表明政策的制定和实施需要综合考虑粮食－水－空气质量之间的权衡（图 8.3），以保护和促进当地的人类福祉。

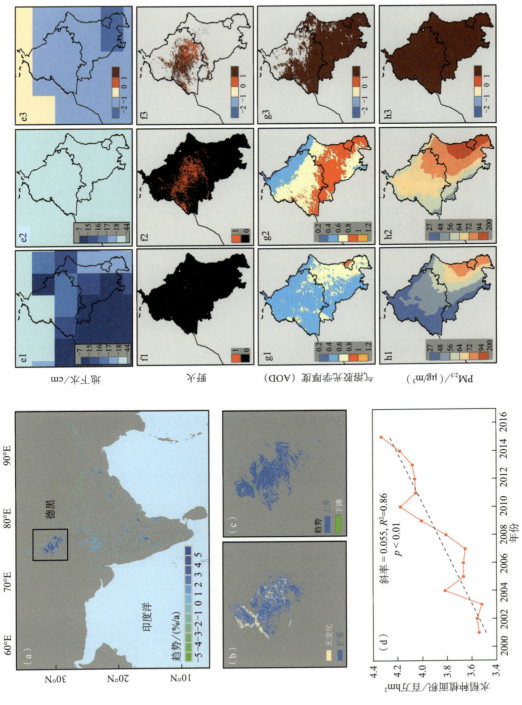

图 8.2　2001～2018 年印度西北部水稻种植面积 [(a)～(d)]、地下水储量（e1～e3）、火灾（f1～f3）、AOD（g1～g3）、PM$_{2.5}$（h1～h3）变化的空间格局

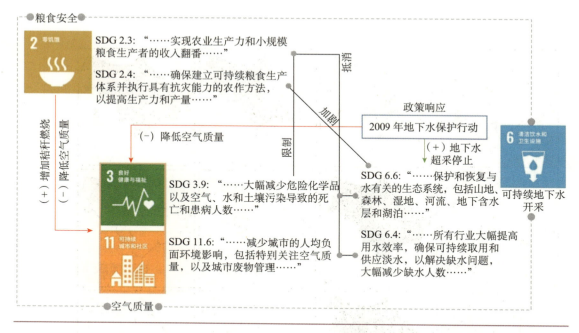

图 8.3　印度西北部地区粮食－水－空气质量多 SDGs 间的关联

成果亮点

- 耦合遥感大数据、统计数据等分析 2001~2018 年印度西北部水稻种植面积、地下水储量、空气质量指标等年际变化规律及其不同指标间的关系。

- 近年来，水稻种植面积的持续扩张加速了当地地下水的下降、水稻秸秆残渣的燃烧以及空气污染。

- 自 2009 年地下水保护行动实施以来，水稻种植时间的延迟使得收获后秸秆的燃烧时间随之后移，加剧了当地 11 月份的空气污染。

讨论与展望

　　印度西北部地区是该国的粮食主产区，粮食产量占全国总量的 2/3 以上。基于 MODIS 卫星遥感影像，本案例发现当地水稻种植面积在 2001~2018 年急剧扩张，使得当地地下水储量持续下降。此外，水稻种植面积的扩张使得每年火灾事件及燃烧面积快速增长。进一步结合 AOD 以及 $PM_{2.5}$ 等空气质量数据集，本案例发现自 2009 年印度开始实施地下水保护行动起，水稻种植时间的推迟使得收获后秸秆燃烧的时间也随之后延，从而加剧了当地 11 月份的空气污染。本案例综合分析了印度西北部地区粮食 – 水 – 空气质量之间的相互作用关系，可为当地及自然资源和社会经济状况与印度相似的共建"一带一路"合作国家实现粮食 – 水 – 空气质量安全多目标协同发展提供理论和数据支持。

8.2　SDGs 多指标约束下的共建"一带一路"合作区域土地利用情景模拟与分析

对应目标

SDG 2.1 到2030年，消除饥饿，确保所有人，特别是穷人和弱势群体，包括婴儿，全年都有安全、营养和充足的食物

SDG 2.3 到2030年，实现农业生产力翻倍和小规模粮食生产者，特别是妇女、土著居民、农户、牧民和渔民的收入翻番，具体做法包括确保平等获得土地、其他生产资源和要素、知识、金融服务、市场以及增值和非农就业机会

SDG 8.1 根据各国国情维持人均经济增长，特别是将最不发达国家国内生产总值年增长率至少维持在7%

SDG 9.b 支持发展中国家的国内技术开发、研究与创新，包括提供有利的政策环境，以实现工业多样化，增加商品附加值

SDG 11.6 到2030年，减少城市的人均负面环境影响，包括特别关注空气质量，以及城市废物管理等

案例背景

　　土地是各种自然物构成的综合体，同时具有自然属性和社会经济属性，土地资源的可持续利用对实现以经济发展、社会进步和环境保护为主要目标的可持续发展来说，必然会发挥重要作用（Hong et al., 2021）。本案例基于可持续发展多指标间的内在关联及其相互作用机理，构建 SDGs 多指标约束下的共建"一带一路"合作区域土地利用演化模型，结合经济发展、粮食可持续和环境保护等不同 SDGs 设定情景条件（Ascensão et al., 2018），进行 SDGs 多指标共同作用下的土地利用情景模拟，并对比分析 2030 年共建"一带一路"合作区域不同可持续情景下土地利用情况。基于自主生产的共建"一带一路"合作区域土地利用序列预测产品，分析 2021～2030 年四种可持续情景预测下土地利用率与人口增长比例的发展趋势，为共建"一带一路"合作区域 SDGs 实现路径提供决策参考。

所用地球大数据

◎ 欧洲空间局 2001～2015 年 300 m 空间分辨率的土地利用数据；2000 年、2010 年、2020 年 GlobeLand30 土地利用数据。

◎ 世界银行公开数据（World Bank open data）。

◎ 人口空间数据 GPWv4。

◎ 全球 DEM Global 30 Arcsec Elevation（GTOPO30）。

◎ 世界土壤数据库（Harmonized World Soil Database，HWSD）。

◎ 气温和降水数据 WorldClim version 1.4。

◎ 全球网格国内生产总值数据集。

方法介绍

　　结合 SDGs 经济指标（SDG 8.1.1、SDG 9.b.1）、环境指标（SDG 11.6.2）以及粮食指标（SDG 2.1.1、SDG 2.3.1），构建 SDGs 多指标约束下的共建"一带一路"合作区域土地利用需求系统动力学模型，预测 2030 年不同地类土地利用需求量。依据得到的土地需求量，利用元胞自动机模型空间化，得到不同可持续情景下共建"一带一路"合作区域 1 km 空间分辨率的土地利用序列数据。其中，土地利用需求系统动力学模型包含人口、经济、粮食、环境和土地利用子系统，清晰展示 SDGs 与土地类型之间的复杂因果关系（图 8.4），实现对土地利用系统行为特征的模拟及不同情景条件下土地利用需求量预测。元胞自动机模型是时间与空间共同作用下的网格动力学模型（Cao et al., 2019），结合土地利用、降水、气温、地形、土壤、到城市中心的距离以及到道路的距离等空间变量，进行不同可持续情景下土地利用时空演变模拟。

　　借鉴联合国《2020 年可持续发展目标报告》中的方法（United Nations, 2020）对各 SDGs 指标进行标准化处理，将指标划分为绿色、黄色、橙色、红色四个可持续发展等级（Sachs et al., 2018；Schmidt-Traub et al., 2017），并结合经济、环境和粮食三方面 SDGs 指标的绿色可持续发展目标，设定基准、经济、环境和粮食四种发展情景。其中，经济情景关注 GDP 的增长与科技支出，环境情景注重污染排放和环境保护问题，粮食情景侧重于保障粮食安全，基准情景沿历史土地利用变化趋势推衍。

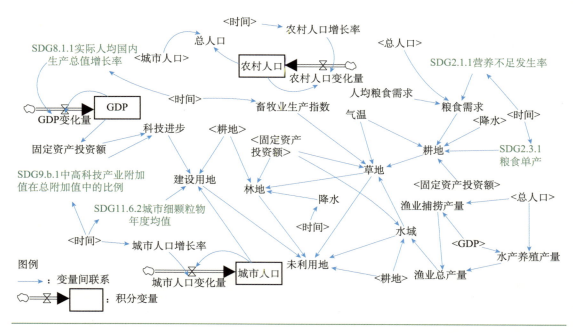

图 8.4　SDGs 多指标约束下的共建"一带一路"合作区域土地利用情景模拟与分析架构

结果与分析

　　本案例基于自主构建的不同情景路径下 SDGs 多指标约束的共建"一带一路"合作区域土地利用演化模型，生产了 2021～2030 年空间分辨率为 1 km 的共建"一带一路"合作区域土地利用序列预测产品。基准情景下 2030 年共建"一带一路"合作区域及其周边区域土地利用情景模拟结果如图 8.5 所示，2021～2030 年建设用地预期会稳步扩张。2030 年，在经济情景下，建设用地增长明显高于其他情景，耕地和林地面积明显低于其他情景；在粮食情景下，耕地面积显著高于其他情景，表明粮食安全得到保障；在环境情景下，林地面积高于其他情景，表明林地将会得到更好的保护。模拟结果可为共建"一带一路"合作区域未来可持续发展路径的动态规划与调整提供决策参考。

　　基于案例生产的共建"一带一路"合作区域土地利用序列预测产品，进一步估算共建"一带一路"合作区域未来 SDG 11.3.1 指标——LCRPGR，量化建设用地扩张和人口增长的协同关系（图 8.6）。LCRPGR 的值越接近 1，说明城市用地扩张与人口增长越协调，城市发展的可持续性越高；LCRPGR 值相较于 1 越大，说明建设用地扩张的效率越低，城市发展较不可持续；LCRPGR 值小于 0 则说明建设用地与人口的发展存在失衡的问题（Guo, 2020）。由于共建"一带一路"合作区域的自然环境、人文要素存在一定的差异，从总体预

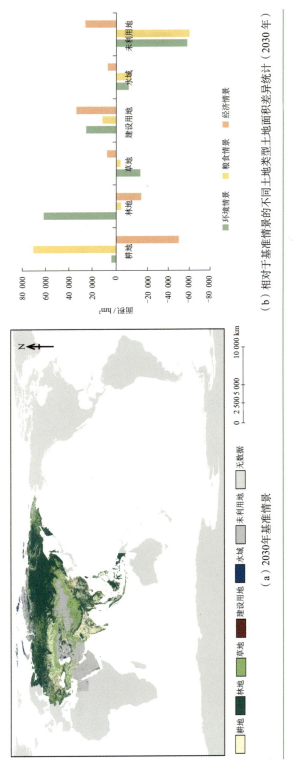

（a）2030年基准情景

（b）相对于基准情景的不同土地类型土地面积差异统计（2030年）

图 8.5　2030 年共建 "一带一路" 部分合作区域及其周边区域土地利用类型情景模拟结果

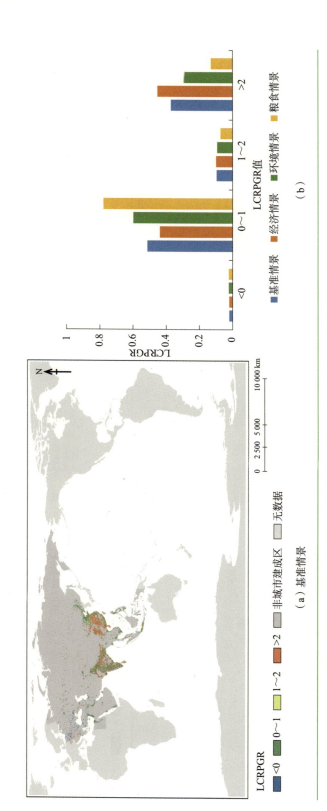

图 8.6　共建"一带一路"部分合作区域及其周边区域 2020～2030 年 LCRPGR 空间分布与情景对比

测结果来看，LCRPGR 的值大于 2 的区域主要分布在东亚和南亚；LCRPGR 的值为 0～1 的区域主要聚集分布在沿海城市，零散分布在内陆城市；LCRPGR 值小于 0 的区域主要分布在欧洲。

统计 LCRPGR 各区间面积占全部建设用地的比例，结果表明：LCRPGR＜0 区间和 1＜LCRPGR＜2 区间所占的比例较低，在这两个区间里，四种情景之间没有显著差异；在 0＜LCRPGR＜1 区间，环境情景和粮食情景的面积占比明显高于基准情景和经济情景，说明当侧重于环境生态保护和维持粮食安全时，城市发展更加高效和集约；而在 LCRPGR＞2 区间，经济情景下的面积占比远远高于粮食情景和环境情景，表明城市发展集约化程度不够。

成果亮点

- 基于可持续发展多指标间的内在关联及其相互作用机理，结合 SDGs 指标的绿色可持续发展目标，自主构建不同情景路径下 SDGs 多指标约束下的共建"一带一路"合作区域土地利用演化模型。

- 生产了 2021～2030 年空间分辨率为 1 km 的共建"一带一路"合作区域土地利用序列预测产品，模拟结果可为共建"一带一路"合作区域未来可持续发展路径的动态规划与调整提供决策参考。

- 估算了 2021～2030 年共建"一带一路"合作区域城市 LCRPGR，表明当侧重于环境生态保护和维持粮食安全时，城市发展更加高效和集约。

讨论与展望

本案例利用地球大数据，基于可持续发展各指标间的内在关联及其相互作用机理，构建 SDGs 多指标约束下的共建"一带一路"合作区域土地利用演化模型，设定基准、经济、环境以及粮食四种发展情景，生产了 2021～2030 年空间分辨率为 1 km 的共建"一带一路"合作区域土地利用序列预测产品，分析了四种情景下，共建"一带一路"合作区域建设用地与人口增长比例的发展趋势，为未来 SDGs 实现路径提供决策参考。本案例探索的多 SDGs 指标综合作用下的未来土地利用情景模拟方法，可以对共建"一带一路"合作可持续发展进程进行动态控制与调整，支撑"一带一路"可持续发展路径的科学制定。

本章小结

　　可持续发展的三大维度（经济、社会、环境）之间的关系并非简单、线性、可补偿的。它们之间的相互作用主要表现为协同与权衡关系，总体来说，与环境可持续性呈现协同关系的 SDGs 指标应作为社会经济发展的优先目标，而呈权衡关系的 SDGs 指标则要防范其实现过程中可能产生的生态环境风险。本章分析了不同类别 SDGs 指标间主要存在的协同与权衡关系，探讨示范了地球大数据支撑 SDGs 多指标交叉研究中的方法与实践。

　　（1）在支撑 SDGs 多指标交叉关系的量化与评估方面，以印度西北部地区为例，综合利用遥感、统计等各类相关数据，分析了 2001～2018 年印度西北部水稻种植面积、地下水储量、空气质量指标等年际变化规律及其不同指标间的关系，为自然资源和社会经济状况与印度相似的共建"一带一路"合作国家实现粮食－水－空气质量安全多目标协同发展提供理论和数据支持。

　　（2）在支撑 SDGs 多指标相互作用下发展情景模拟与演化研究方面，以共建"一带一路"区域为例，基于可持续发展多指标间的内在关联及其相互作用机理，构建 SDGs 多指标约束下的"一带一路"区域土地利用演化模型，进行 SDGs 多指标共同作用下的土地利用模拟，生产了 2021～2030 年空间分辨率为 1 km 的共建"一带一路"合作区域土地利用序列预测产品，为未来共建"一带一路"合作区域 SDGs 实施路径提供决策参考。

　　（3）在不同地理空间之间 SDGs 多目标相互作用方面，已经有许多学者采用空间相关性分析、空间杜宾模型等方法开展相关研究，但总体上系统性针对不同地理空间之间 SDGs 多目标相互作用的研究尚少，本报告尚未有案例涉及。未来，应该充分发挥地球大数据的技术优势，利用技术促进机制加强对该方面的相关研究。

　　（4）在区域 SDGs 综合评估方面，2021 年度，可持续发展大数据国际研究中心已经在共建"一带一路"合作区域开展了 SDGs 综合评估示范工作，并取得了初步实践成果。未来，将继续深入更多主题及目标层面开展评估工作。

　　从 SDGs 执行的角度出发，未来应该充分发挥地球大数据的技术优势，利用技术促进机制加强对 SDGs 指标间相互关系研究，探索新的工具和方法，综合量化可持续发展目标与指标之间交叉关系的程度，提供更相关、更丰富的信息为 SDGs 实现路径提供决策参考。

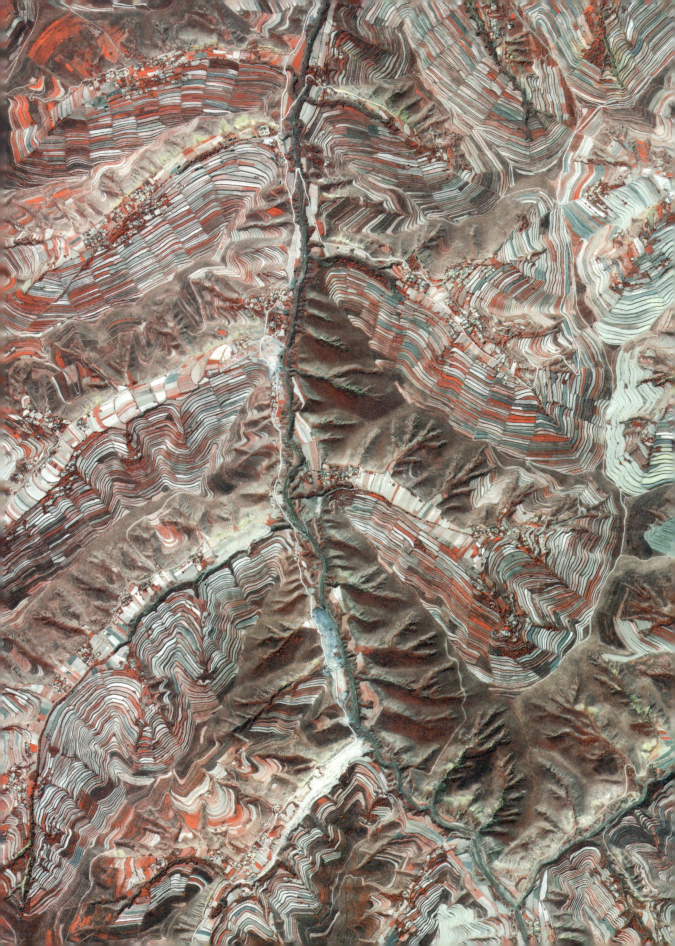

第九章

总结与展望

一、总结

2015 年，联合国"2030 年可持续发展议程"提出了 17 个 SDGs，旨在以综合方式解决社会、经济和环境三个维度的发展问题，全面走向可持续发展道路。科技创新是实现可持续发展的重要手段。6 年来的实践表明，落实联合国"2030 年可持续发展议程"依然面临数据缺失、指标体系不完善、发展不平衡等问题，这对科技创新提出了更高的需求，其中对数据和方法是重要、迫切的需求。本报告针对 6 个 SDGs 中的 22 个具体目标，在"一带一路"乃至全球尺度上，实现地球大数据向 SDGs 相关应用信息的转化，以期对这些具体目标作出方法和数据上的贡献，进而可为共建"一带一路"合作国家和地区落实联合国"2030 年可持续发展议程"提供科学参考和决策支持。

（1）针对零饥饿（SDG 2）目标下的 SDG 2.1、SDG 2.2、SDG 2.3、SDG 2.4、SDG 2.5 等具体指标，利用地球大数据监测发现：亚欧非主要区域生产了当前全球 59.1% 的谷物，产量无法满足 2050 年人口的基本食物需求；1990~2018 年全球畜禽肉类产量增加了将近 1 倍；近年来的亚非沙漠蝗肆虐使得多地的农牧业损失严重，特别是东非和西亚等国；2010~2020 年环地中海地区耕地面积缩减了 300 万 hm²；21 世纪以来赞比西河流域的耕地面积增加了 41 万 hm²。

（2）针对清洁饮水和卫生设施（SDG 6）目标下的 SDG 6.3、SDG 6.4、SDG 6.5、SDG 6.6 等具体目标，利用地球大数据监测发现：2015~2020 年华沙、开罗、卡拉奇、内比都和潘切 5 座典型城市黑臭水体数量和面积均出现下降；2010~2020 年全球大型湖泊水体透明度总体呈微弱上升趋势；1985~2020 年，非洲大型湖泊透明度变化不明显；2001~2019 年全球农业区的农作物水分利用效率呈增加趋势；2017~2020 年澜湄国家水资源综合管理实施程度进展较大；全球湿地保护优先区面积为 873 万 km²，占全球湿地分布面积的 28.3%。

（3）针对可持续城市和社区（SDG 11）目标下的 SDG 11.1、SDG 11.3、SDG 11.4 等具体目标，研发了地球大数据支撑指标评价的数据集与方法模型，实现了指标的动态化、精细化、定量化监测与综合评估，研究发现：2010~2020 年德黑兰等 12 个城市棚户区面积和人口年平均减少速率分别为 3.89% 和 3.78%；2015~2020 年 339 个城市用地效率相较于 2010~2015 年有所提升；2010~2020 年全球世界文化和自然遗产保护状况总体良好。

（4）针对气候行动（SDG 13）目标下的 SDG 13.1、SDG 13.2、SDG 13.3 等具体目标，利用地球大数据监测发现：2020 年东半球每万人中约 47 人受到 3 天的热浪影响；受拉尼娜事件影响，2020 年南美洲火烧迹地面积分别显著增大；RCP 8.5 情景下，2021~2099 年高亚洲地区冻融灾害中高风险区面积占比达到 32%；2020 年巴基斯坦洪水淹没面积为 105 863.50 km²；2000~2020 年全球土壤呼吸的高值区主要位于热带地区；2001~2019 年土地覆盖变化对全球 NEP 变化的贡献度达 43%；1989～2020 年北极格陵兰冰盖平均融化持续时间增加了 10 天；1993～2020 年全球海洋上层 2000 m 暖化速率为 2.25×10^8 J/（m^2·10 a）。

（5）针对水下生物（SDG 14）目标下的 SDG 14.1、SDG 14.2、SDG 14.7 等具体目标，利用地球大数据监测发现：绕南极大洋海水中的微塑料呈现局部丰度较高的分布特征；南极洲环流的副热带锋具有潜在的阻止微塑料由低纬度向高纬度输运的作用；孟加拉国每年水淹最为严重的时间段为 7 月下半月到 8 月上半月，水淹范围的峰值在 2 万 km^2 左右；2020 年全球红树林总面积为 14.5 万 km^2，亚洲占比最大（39.42%）；全球滨海养殖池总面积为 3.72 万 km^2，亚洲占比达到约 86.02%。

（6）针对陆地生物（SDG 15）目标下的 SDG 15.1、SDG 15.2、SDG 5.3、SDG 15.4 等具体目标，利用地球大数据监测发现：2020 年底全球森林总面积为 36 亿 hm^2，全球人均面积为 0.47 hm^2；21 世纪以来全球森林减少 478.47 万 km^2；2015～2020 年蒙古国土地退化区域面积约为 12.77 万 km^2，约占蒙古国总面积的 8.15%；孟中印缅经济廊道的脆弱区域逐渐扩大，生态脆弱性指数从 2010 年的 3.1424 增加到 2015 年的 3.3202；2020 年全球平均山地绿色覆盖指数为 80.56%。

（7）针对可持续发展经济、社会、环境三个维度之间的关系，以共建"一带一路"合作区域和印度西北部地区为例，开展了地球大数据支撑 SDGs 多指标相互作用下的可持续发展情景模拟与分析研究，分析了不同类别 SDGs 指标间主要存在的协同与权衡关系，为未来共建"一带一路"合作区域 SDGs 实施路径提供决策参考。

二、展望

2021 年全球新冠肺炎疫情形势依然严峻，全球公共卫生安全遭受着巨大压力，气候变化影响加剧、生物多样性丧失、土地退化、粮食安全和社会不平等等重大问题依旧突出，区域和全球经济增长形势不容乐观，联合国"2030 年可持续发展议程"的全球落实依然面临巨大挑战。在此背景下，全球各界亟须更深入地思考并建立加快落实联合国"2030 年可持续发展议程"的创新路径，探寻突破 SDGs 监测评估困境的地球大数据科技支撑手段。

（1）用于指标进展监测与评估的数据不足仍是制约衡量 SDGs 实现进展状况的一个重要瓶颈。全球许多国家，特别是共建"一带一路"合作国家中部分发展中国家尚未能有效利用先进技术开展 SDGs 指标进展的监测与评估，SDGs 数据缺失的问题依旧严峻。

（2）客观地、全面地、科学地衡量联合国"2030 年可持续发展议程"的全球落实情况，需要一个系统的监测方法体系和客观评估标准作为支撑，建立基于地球大数据的 SDGs 指标体系优化方案与监测评估方法，是全球科技界共同的紧要任务。

（3）地球大数据具有宏观、动态、客观监测能力，可为 SDGs 研究提供多尺度、多时相、多维度、多类型的丰富信息用于决策支持。当前不同领域的决策者、管理者、科学家及从业者对地球大数据支撑 SDGs 实现的潜力认识尚不足，亟须加强多机构、多学科、多领域的科技合作与交流，实现技术、方法、数据、资金、政策、经验等的共享，加速推进落实联合国"2030 年可持续发展议程"。

（4）2019 年以来，面向"一带一路"乃至全球可持续发展监测与评估的迫切需求，中国科学家在 SDGs 指标评估方法、数据产品研制等方面进行了先期的研究，但仍然面临着诸多挑战，比如指标评估所依赖的时空多类型数据的缺失，数据共享标准、安全性及权限的障碍等。地球大数据支撑全球 SDGs 实现，未来需要重点开展以下工作。

第一，建立面向 SDGs 的地球大数据基础设施。联合国"2030 年可持续发展议程"中的 17 个 SDGs 涉及不同类型的数据。它们通常对应于不同空间和时间尺度上的社会现象或环境问题。目前，SDGs 评估使用的主要数据来源为统计调查，但由于调查时间不同，难以满足 SDGs 评估需求，调查数据的数量和质量参差不齐。联合国秘书长安东尼奥·古特雷斯在《2020 年可持续发展目标报告》中特别强调需要更好地利用数据，尤其是更加注重发挥科学技术和创新在数据采集中的作用。因此，我们需要改进现有的统计数据获取方法，需要通过使用地球大数据分析来改进 SDGs 数据基础设施的建设。通过开放的数据存储、计算设施和先进的数据处理方法，保障 SDGs 数据在全球的收集和分析，以获取具有高质量、时空一致性的 SDGs 数据。

第二，为提高数据访问和共享能力，许多组织致力于建立数据和信息平台来支持 SDGs

评估。但是，由于政策层面的共享策略缺乏共识，技术层面还没有形成包括数据结构和安全在内的统一标准，用户可能无法访问其他机构拥有的数据，或者某些数据可能是基于特定统计单位生成的，其他用户无法直接使用。SDGs 数据访问和共享的模型和技术标准应由科研机构、政府、私营部门和民间社会参与者共同制定。CASEarth 数据共享服务系统（http://data.casearth.cn/）于 2019 年 1 月上线，截至 2021 年 12 月 31 日，拥有 11 PB 数据用于 SDGs 分析（如卫星数据、生物和生态数据、组学数据）。用户可以自由浏览元数据或进行关键字搜索和下载数据。

第三，加强科学技术在 SDGs 实现中的杠杆作用。联合国《2019 年可持续发展目标报告》提出从 6 个切入点出发，以 4 个杠杆连贯地通过每个切入点进行部署，从而实现联合国"2030 年可持续发展议程"所需的转型，其中科学技术是最重要的杠杆之一。为了推动实现 SDGs 所需的社会和经济转型，需要更好地利用地球大数据科学。基于地球大数据技术生产高质量评价数据集，以及支撑 SDGs 指标监测科学技术的创新，让科学技术发挥真正的杠杆作用。因此，不同年龄、性别、教育和经济水平的人们需要以直接、清晰、易懂的方式理解和应用地球大数据对 SDGs 的科技优势，以确保科学和技术作为杠杆的核心作用。

第四，在全球不同区域开展多尺度 SDGs 综合应用示范研究。全球经济发展不平衡、差异巨大，不同区域面临不同的可持续发展问题，需要进一步研究并阐释联合国 SDGs 在社会、经济、环境三个维度间的协同与权衡关系。地球大数据具有的多尺度特征，需要有针对性地对指标进行本地化筛选和调整，探索构建不同空间尺度的可持续发展指标体系，形成地球大数据支撑下 SDGs 指标体系面向不同示范区的算法、标准，搭建相关的技术产品体系，形成具有特色的可持续发展创新综合示范系统，为同类地区应用提供示范参考。我们相信地球大数据作为一种通往可持续性科学的新方法，能够为支撑 SDGs 的实施带来重要价值。

主要参考文献

Acuto M, Parnell S, Seto K. 2018. Building a global urban science. Nature Sustainability, 1: 2-4.

Aguilar-Rivera N, Michel-Cuello C, Cárdenas-González J F. 2019. Green revolution and sustainable development.In:Filho W L. Encyclopedia of Sustainability in Higher Education. Cambridge: Springer International Publishing: 833-850.

Ahmed R, Kim I K. 2003. Patterns of daily rainfall in Bangladesh during the summer monsoon season: Case studies at three stations. Physical Geography, 24(4): 295-318.

Alexandratos N, Bruinsma J. 2012. World Agriculture Towards 2030/2050: The 2012 Revision. ESA Working Paper No. 12-03. Rome: FAO.

Allan J R, Venter O, Maxwell S, et al. 2017. Recent increases in human pressure and forest loss threaten many Natural World Heritage Sites. Biological Conservation, 206: 47-55.

Allen C, Metternicht G, Wiedmann T. 2016. National pathways to the Sustainable Development Goals (SDGs): A comparative review of scenario modelling tools. Environmental Science & Policy, 66: 199-207.

Amitrano D, Martino G D, Iodice A, et al. 2018. Unsupervised rapid flood mapping using Sentinel-1 GRD SAR images. IEEE Transactions on Geoscience & Remote Sensing, 56: 3290-3299.

Ascensão F, Fahrig L, Clevenger A P, et al. 2018. Environmental challenges for the Belt and Road Initiative. Nature Sustainability, 1: 206-209.

Ashrafi B, Kloos M, Neugebauer C. 2021. Heritage impact assessment, beyond an assessment tool: A comparative analysis of urban development impact on visual integrity in four UNESCO World Heritage Properties. Journal of Cultural Heritage, 47: 199-207.

Avtar R, Aggarwal R, Kharrazi A, et al. 2020. Utilizing geospatial information to implement SDGs and monitor their progress. Environmental Monitoring and Assessment, 192(1): 1-21.

Balwinder-Singh, McDonald A J, Srivastava A K, et al. 2019. Tradeoffs between groundwater conservation and air pollution from agricultural fires in northwest India. Nature Sustainability, 2(7): 580-583.

Baquedano F, Christensen C, Ajewole K, et al. 2020. International Food Security Assessment, 2020-30. https://www.ers.usda.gov/webdocs/outlooks/99088/gfa-31.pdf?v=6328.4

Bhanja S N, Mukherjee A, Rodell M, et al. 2017. Groundwater rejuvenation in parts of India influenced by water-policy change implementation. Scientific Reports, 7(1): 7453.

Bigham Stephens, D L, Carlson R E, Horsburgh C A, et al. 2015. Regional distribution of Secchi disk transparency in waters of the United States. Lake and Reservoir Management, 31(1): 55-63.

Biswas A, Alamgir M, Haque S M S, et al. 2012. Study on soils under shifting cultivation and other land use categories in Chittagong Hill Tracts, Bangladesh. Journal of Forestry Research, 23: 261-265.

Boori M S, Choudhary K, Kupriyanov A. 2017. Vulnerability evaluation from 1995 to 2016 in central dry zone area of Myanmar. International Journal of Engineering Research in Africa, 32: 139-154.

Bryan B A, Gao L, Ye Y, et al. 2018. China's response to a national land-system sustainability emergency. Nature, 559(7713): 193-204.

Cao M, Zhu Y, Quan J, et al. 2019. Spatial sequential modeling and predication of global land use and land cover changes by integrating a global change assessment model and cellular automata. Earth's Future, 7: 1102-1116.

Chen J M. 2021. Carbon neutrality towards sustainable future. The Innovation, 2(3): 100127.

Chen J M, Ju W, Ciais P, et al. 2019. Vegetation structural change since 1981 significantly enhanced the terrestrial carbon sink. Nature Communications, 10: 4259.

Chen J, Peng S, Zhao X, et al. 2019. Measuring regional progress towards SDGs by combining geospatial and statistical information. Acta Geodaetica et Cartographica Sinica, 48(4): 473-479.

Cheng L, Abraham J, Hausfather Z, et al. 2019. How fast are the oceans warming? Science, 363(6423): 128-129.

Cheng L, Abraham J, Trenberth K E, et al. 2021. Upper ocean temperatures hit record high in 2020. Advances in Atmospheric Sciences, 38: 523-530.

Chi C, Park T, Wang X, et al. 2019. China and India lead in greening of the world through land-use management. Nature Sustainability, 2: 122-129.

Cincinelli A, Scopetani C, Chelazzi D, et al. 2017. Microplastic in the surface waters of the Ross Sea (Antarctica): Occurrence, distribution and characterization by FTIR. Chemosphere, 175: 391-400.

Climate Action Tracker. 2020. The recent wave of net zero targets has put the Paris Agreement's 1.5°C within striking distance. https://climateactiontracker.org/documents /829/CAT_2020-12-

01_Briefing_GlobalUpdate_Paris5Years_Dec2020.pdf

Coccia G, Siemann A L, Pan M, et al. 2015. Creating consistent datasets by combining remotely-sensed data and land surface model estimates through Bayesian uncertainty post-processing: The case of Land Surface Temperature from HIRS. Remote Sensing of Environment, 170: 290-305.

Dai A. 2010. Drought under global warming: A review. Wiley Interdisciplinary Reviews: Climate Change, 2(1): 45-65.

Dai Y, Wei N, Yuan H, et al. 2019. Evaluation of soil thermal conductivity schemes for use in land surface modeling. Journal of Advances in Modeling Earth Systems, 11(11): 3454-3473.

Datta R T, Tedesco M, Fettweis X, et al. 2019. The effect of foehn-induced surface melt on firn evolution over the northeast Antarctic Peninsula. Geophysical Research Letters, 46(7): 3822-3831.

Davidson N C. 2014. How much wetland has the world lost? Long-term and recent trends in global wetland area. Marine and Freshwater Research, 65: 934-941.

Ding J F, Jiang F H, Li J X, et al. 2019. Microplastics in the coral reef systems from Xisha Islands of South China Sea. Environmental Science & Technology, 53: 8036-8046.

Droogers P, Terink W. 2014. Water Allocation Planning in Pungwe Basin Mozambique. https://www.futurewater.nl/wp-content/uploads/2014/10/Pungwe_WEAP_v05.pdf[2021-02-23].

Du D D, Zheng C L, Jia L, et al. 2022. Estimation of global cropland gross primary production from satellite observations by integrating water availability variable in light-use-efficiency model. Remote Sensing, 14(7): 1722.

Elvidge C D, Zhizhin M, Hsu F-C, et al. 2013. VIIRS nightfire: Satellite pyrometry at night. Remote Sensing, 5: 4423-4449.

Elmqvist T, Andersson E, Frantzeskaki N, et al. 2019. Sustainability and resilience for transformation in the urban century. Nature Sustainability, 2: 267-273.

Fang C, Song K S, Shang Y X, et al. 2018. Remote sensing of harmful algal blooms variability for Lake Hulun using adjusted FAI (AFAI) algorithm. Journal of Environmental Informatics, 34: 108-122.

FAO. 2018. Terms and Definitions: FRA2020. https://www.fao.org/3/I8661EN/i8661en.pdf.

FAO. 2020. Global Forest Resources Assessment 2010. https://www.fao.org/forest-resources-assessment/past-assessments/fra-2010/en/.

FAO. 2021. Strategic Framework 2022-2031. https://www.fao.org/strategic-framework/en.

FAO, IFAD, UNICEF, et al. 2019. The State of Food Security and Nutrition in the World 2019.

Safeguarding Against Economic Slowdowns and Downturns. Rome: FAO.

FAO, IFAD, UNICEF, et al. 2020. The State of Food Security and Nutrition in the World 2020. Transforming Food Systems for Affordable Healthy Diets. Rome: FAO.

FAO, IFAD, UNICEF, et al. 2021. The State of Food Security and Nutrition in the World 2021. Transforming Food Systems for Food Security, Improved Nutrition and Affordable Healthy Diets for All. Rome: FAO.

Field C B, Randerson J T, Malmström C M. 1995. Global net primary production: Combining ecology and remote sensing. Remote Sensing of Environment, 51(1): 74-88.

Frayer J, Müller D, Sun Z, et al. 2014. Processes underlying 50 years of local forest-cover change in Yunnan, China. Forests, 5: 3257-3273.

Gassert F, Landis M, Luck M, et al. 2013. "Aqueduct Global Maps 2.0." Working Paper. Washington, D.C.: World Resources Institute. http://www.wri.org/sites/default/files/pdf/aqueduct_metadata_global.pdf[2021-03-21].

Giglio L, Boschetti L, Roy D P, et al. 2018. The collection 6 MODIS burned area mapping algorithm and product. Remote Sensing of Environment, 217: 72-85.

Giri C, Ochieng E, Tieszen L L, et al. 2011. Status and distribution of mangrove forests of the world using earth observation satellite data (version 1.4, updated by UNEP-WCMC). Global Ecology and Biogeography, 20: 154-159.

Gorelick N, Hancher M, Dixon M, et al. 2017. Google Earth Engine: Planetary-scale geospatial analysis for everyone. Remote Sensing of Environment, 202: 18-27.

Grimm N B, Faeth S H, Golubiewski N E, et al. 2008. Global change and the ecology of cities. Science, 319: 756-760.

Guo H D. 2017. Big Earth Data: A new frontier in Earth and information sciences. Big Earth Data, 1(2): 4-20.

Guo H D. 2018. Steps to the digital Silk Road. Nature, 554: 5-27.

Guo H D, Chen F, Sun Z C, et al. 2021. Big Earth Data: A practice of sustainability science to achieve the Sustainable Development Goals. Science Bulletin, 66: 1050-1053.

Guo H D, 3Wang L Z, Dong L. 2016. Big Earth Data from space: A new engine for Earth science. Science Bulletin, 61(7): 505-513.

Hadjimitsis D, Agapiou A, Alexakis D, et al. 2013. Exploring natural and anthropogenic risk for cultural heritage in Cyprus using remote sensing and GIS. International Journal of Digital Earth, 6(2): 115-142.

Harrigan S, Zsoter E, Alfieri L, et al. 2020. GloFAS-ERA5 operational global river discharge reanalysis 1979-present. Earth System Science Data, 12(3): 2043-2060.

Hasan M K, Alam A K M A. 2006. Land degradation situation in Bangladesh and role of agroforestry. Journal of Agriculture & Rural Development, 4: 19-25.

He K, Zhang X, Ren S, et al. 2016. Deep residual learning for image recognition. https://doi.org/10.48550/arXiv.1512.03385.

Hentze K, Thonfeld F, Menz G. 2017. Beyond trend analysis: How a modified breakpoint analysis enhances knowledge of agricultural production after Zimbabwe's fast track land reform. International Journal of Applied Earth Observation and Geoinformation, 62: 78-87.

Herrero M, Havlík P, Valin H, et al. 2013. Biomass use, production, feed efficiencies, and greenhouse gas emissions from global livestock systems. Proceedings of the National Academy of Sciences, 110(52): 20888-20893.

Hong C, Burney J A, Pongratz J, et al. 2021. Global and regional drivers of land-use emissions in 1961-2017. Nature, 589(7843): 554-561.

Hu G C, Jia L. 2015. Monitoring of evapotranspiration in a semi-arid inland river basin by combining microwave and optical remote sensing observations. Remote Sensing, 7(3): 3056-3087.

Huang K, Fu J S. 2016. A global gas flaring black carbon emission rate dataset from 1994 to 2012. Scientific Data, 3: 160104.

Huang N, Wang L, Song X P, et al. 2020. Spatial and temporal variations in global soil respiration and their relationships with climate and land cover. Science Advances, 6: eabb8508.

IAEG-SDGs. 2021. Tier Classification for Global SDG Indicators. Interagency and Expert Group on SDG Indicators, New York.

IPBES. 2019. Global assessment report on biodiversity and ecosystem services of the Intergovernmental Science-Policy Platform on Biodiversity and Ecosystem Services. Version 1. https://doi.org/10.5281/zenodo.3831673.

IPCC.2018. Summary for Policymakers. In: Masson-Delmotte V, Zhai P, Pörtner H-O, et al. Special Report: Global Warming of 1.5 °C. https://www.ipcc.ch/sr15/.

IPCC. 2019. Summary for policymakers// IPCC. Special Report on the Ocean and Cryosphere in a Changing Climate. https://www.ipcc.ch/srocc/.

Jacobson A P, Riggio J, Tait A M, et al. 2019. Global areas of low human impact ('Low Impact Areas') and fragmentation of the natural world. Scientific Reports, 9: 14179.

Jethva H, Chand D, Torres O, et al. 2018. Agricultural burning and air quality over northern India: A synergistic analysis using NASA's a-train satellite data and ground measurements. Aerosol and Air Quality Research, 18(7): 1756-1773.

Jia M, Wang Z, Mao D, et al. 2021. Rapid, robust, and automated mapping of tidal flats in China using time series Sentinel-2 images and Google Earth Engine. Remote Sensing of Environment, 255: 112285.

Jia M, Wang Z, Zhang Y, et al. 2018. Monitoring loss and recovery of mangrove forests during 42 years: The achievements of mangrove conservation in China. International Journal of Applied Earth Observation and Geoinformation, 73: 535-545.

Jiang H, Sun Z, Guo H, et al. 2021. An assessment of urbanization sustainability in China between 1990 and 2015 using land use efficiency indicators. npj Urban Sustainability, 1: 34.

Jin Y, Li A N, Bian J H, et al. 2021. Spatiotemporal analysis of ecological vulnerability along Bangladesh-China-India-Myanmar economic corridor through a grid level prototype model. Ecological Indicators, 120: 106933.

Kapos V. UNEP-WCMC Web site: Mountains and mountain forests[J]. Mountain Research and Development, 2000, 20(4): 378.

Kaser G, Großhauser M, Marzeion B. 2010. Contribution potential of glaciers to water availability in different climate regimes. Proceedings of the National Academy of Sciences, 107(47): 20223-20227.

Kastner T, Erb K-H, Haberl H. 2014. Rapid growth in agricultural trade: Effects on global area efficiency and the role of management. Environmental Research Letters, 9(3): 34015.

Knapp A K, Ciais P, Smith M D. 2017. Reconciling inconsistencies in precipitation-productivity relationships: Implications for climate change. New Phytologist, 214: 41-47.

Lacerda A L D F, Rodrigues L D S, van Sebille E, et al. 2019. Plastics in sea surface waters around the Antarctic Peninsula. Scientific Reports, 9: 3977.

Lee Z, Shang S, Hu C, et al. 2015. Secchi disk depth: A new theory and mechanistic model for underwater visibility. Remote Sensing of Environment, 169: 139-149.

Lehner B, Verdin K, Jarvis A. 2006. HydroSHEDS Technical Documentation. Washington, D.C.: World Wildlife Fund US: 1-27.

Levin N, Ali S, Crandall D, et al. 2019. World heritage in danger: Big data and remote sensing can help protect sites in conflict zones. Global Environmental Change, 55: 97-104.

Lewis A, Oliver S, Lymburner L, et al. 2017. The Australian Geoscience Data Cube—foundations and lessons learned. Remote Sensing of Environment, 202: 276-292.

Li C P, Cai G Y, Du M Y. 2021. Big data supported the identification of urban land efficiency in Eurasia by indicator SDG 11.3.1. ISPRS International Journal of Geo-Information, 10(2): 64.

Li S C, Wu J S, Gong J, et al. 2018. Human footprint in Tibet: Assessing the spatial layout and effectiveness of nature reserves. Science of the Total Environment, 621: 18-29.

Li Y, Mao D, Wang Z, et al. 2021. Identifying variable changes in wetlands and their anthropogenic threats bordering the Yellow Sea for water bird conservation. Global Ecology and Conservation, 27: e01613.

Liang D, Guo H, Zhang L, et al. 2021. Time-series snowmelt detection over the Antarctic using Sentinel-1 SAR images on Google Earth Engine. Remote Sensing of Environment, 256(1): 112318.

Liu B, Li X, Zheng G. 2019. Coastal inundation mapping from bitemporal and dual-polarization SAR imagery based on deep convolutional neural networks. Journal of Geophysical Research: Oceans, 124(12): 9101-9113.

Liu G, Li L, Song K, et al. 2020. An OLCI-based algorithm for semi-empirically partitioning absorption coefficient and estimating chlorophyll a concentration in various turbid case-2 waters. Remote Sensing of Environment, 239: 111648.

Locke H, Ellis E C, Venter O, et al. 2019. Three global conditions for biodiversity conservation and sustainable use: An implementation framework. National Science Review, 6: 1080-1082.

Long T F, Zhang Z M, He G J, et al. 2019. 30m resolution global annual burned area mapping based on Landsat images and Google Earth Engine. Remote Sensing, 11: 489-519.

Lu L, Weng Q, Guo H, et al. 2019. Assessment of urban environmental change using multi-source remote sensing time series (2000-2016): A comparative analysis in selected megacities in Eurasia. Science of the Total Environment, 684: 567-577.

Ludwig C, Walli A, Schleicher C, et al. 2019. A highly automated algorithm for wetland detection using multi-temporal optical satellite data. Remote Sensing of Environment, 224: 333-351.

Luo L, Ma W, Zhao W, et al. 2018. UAV-based spatiotemporal thermal patterns of permafrost slopes along the Qinghai-Tibet Engineering Corridor. Landslides, 15(11): 2161-2172.

Luo L, Wang X, Guo H, et al. 2019. Airborne and spaceborne remote sensing for archaeological and cultural heritage applications: A review of the century (1907-2017). Remote Sensing of Environment, 232: 111280.

Macleod M, Arp H P H, Tekman M B, et al. 2021. The global threat from plastic pollution. Science, 373(6550): 61-65.

Mao D, Liu M, Wang Z, et al. 2019. Rapid invasion of *Spartina alterniflora* in the coastal zone of Mainland China: Spatiotemporal patterns and human prevention. Sensors, 19(10): 2308.

Mao D, Wang Z, Du B, et al. 2020. National wetland mapping in China: A new product resulting from object-based and hierarchical classification of Landsat 8 OLI images. ISPRS Journal of Photogrammetry and Remote Sensing, 164: 11-25.

Mao D, Wang Z, Wang Y, et al. 2021. Remote observations in China's Ramsar sites: Wetland dynamics, anthropogenic threats, and implications for sustainable development goals. Journal of Remote Sensing, (1): 319-331.

Matthews M W, Bernard S, Robertson L. 2012. An algorithm for detecting trophic status (chlorophyll-a), cyanobacterial-dominance, surface scums and floating vegetation in inland and coastal waters. Remote Sensing of Environment, 124: 637-652.

Matthews M W, Bernard S. 2013. Characterizing the absorption properties for remote sensing of three small optically-diverse South African reservoirs. Remote Sensing, 5(9): 4370-4404.

Maussion F, Butenko A, Champollion N, et al. 2019. The Open Global Glacier Model (OGGM) v1.1. Geoscientific Model Development, 12(3): 909-931.

Melchiorri M, Pesaresi M, Florczyk A J, et al. 2019. Principles and applications of the global human settlement layer as baseline for the land use efficiency indicator—SDG 11.3.1. ISPRS International Journal of Geo-Information, 8: 96.

Mohamed A H, Squires V R. 2018. Drylands of the Mediterranean Basin: Challenges, problems and prospects//Gaur M K, Squires V R. Climate Variability Impacts on Land Use and Livelihoods in Drylands. Cham: Springer International Publishing: 223-239.

Mudau N, Mwaniki D, Tsoeleng L. 2020. Assessment of SDG indicator 11.3.1 and urban growth trends of major and small cities in South Africa. Sustainability, 12(17):1-18.

Mueller N, Gerber J, Johnston M, et al. 2012. Closing yield gaps through nutrient and water management. Nature, 490: 254-257.

Munari C, Infantini V, Scoponi M, et al. 2017. Microplastics in the sediments of Terra Nova Bay (Ross Sea, Antarctica). Marine Pollution Bulletin, 122: 161-165.

Murillo-Sandoval P J, Gjerdseth E, Correa-Ayram C, et al. 2021. No peace for the forest: Rapid, widespread land changes in the Andes-Amazon region following the Colombian Civil War. Global Environmental Change, 69: 102283.

Nilsson M, Chisholm E, Griggs D, et al. 2018. Mapping interactions between the sustainable development goals: Lessons learned and ways forward. Sustainability Science, 13(6): 1489-1503.

NOAA National Centers for Environmental Information. 2020. State of the Climate: Global Climate Report for Annual 2020. https://www.ncdc.noaa.gov/sotc/global/202013[2021-08-10].

Nocca F. 2017. The role of cultural heritage in sustainable development: Multidimensional indicators as decision-making tool. Sustainability, 9: 1882.

Palmer S C, Kutser T, Hunter P D. 2015. Remote sensing of inland waters: Challenges, progress and future directions. Remote Sensing of Environment, 157: 1-8.

Parnell S. 2016. Defining a global urban development agenda. World Development, 78: 529-540.

Pekel J F, Cottam A, Gorelick N, et al. 2016. High-resolution mapping of global surface water and its long-term changes. Nature, 540(7633): 418-422.

Peng D, Zhang B, Wu C, et al. 2017. Country-level net primary production distribution and response to drought and land cover change. Science of the Total Environment, 574: 65-77.

Peters E P. 2009. Challenges in land tenure and land reform in Africa: Anthropological contributions. World Development, 37(8): 1317-1325.

Perkins S E. 2015. A review on the scientific understanding of heatwaves—Their measurement, driving mechanisms, and changes at the global scale. Atmospheric Research, 164-165: 242-267.

Pradhan P, Costa L, Rybski D, et al. 2017. A systematic study of sustainable development goal (SDG) interactions. Earth's Future, 5(11): 1169-1179.

Qu Y, Zheng Y M, Gong P, et al. 2021. Estimation of wetland biodiversity based on the hydrological patterns and connectivity and its potential application in change detection and monitoring: A case study of the Sanjiang Plain, China. Science of the Total Environment, 805: 150291.

Ren C Y, Wang Z M, Zhang Y Z, et al. 2019. Rapid expansion of coastal aquaculture ponds in China from Landsat observations during 1984-2016. International Journal of Earth Observation and Geoinformation, 82: 101902.

RGI Consortium, 2017. Randolph Glacier Inventory - A Dataset of Global Glacier Outlines, Version 6. [Indicate subset used]. Boulder, Colorado USA. NSIDC: National Snow and Ice Data Center. doi: https://doi.org/10.7265/4m1f-gd79.

Richardson A D, Keenan T F, Migliavacca M, et al. 2013. Climate change, phenology, and phenological control of vegetation feedbacks to the climate system. Agricultural and Forest Meteorology, 169: 156-173.

Ross P S, Chastain S, Vassilenko E, et al. 2021. Pervasive distribution of polyester fibres in the Arctic Ocean is driven by Atlantic inputs. Nature Communications, 12: 106.

Roy D P, Kovalskyy V, Zhang H K, et al. 2016. Characterization of Landsat-7 to Landsat-8 reflective wavelength and normalized difference vegetation index continuity. Remote Sensing of Environment, 185: 57-70.

Sachs J, Schmidt-Traub G, Kroll C, et al. 2018. SDG Index and Dashboards Report 2018. https://www.sdgindex.org/reports/sdg-index-and-dashboards-2018[2021-09-18].

Sachs J, Schmidt-Traub G, Kroll C, et al. 2020. The Sustainable Development Goals and COVID-19. Sustainable Development Report 2020. Cambridge: Cambridge University Press.

Schiavina M, Melchiorri M, Corbane C, et al. 2019. Multi-scale estimation of land use efficiency (SDG 11.3.1) across 25 years using global open and free data. Sustainability, 11: 5674.

Schmidt-Traub G, Kroll C, Teksoz K, et al. 2017. National baselines for the sustainable development goals assessed in the SDG Index and dashboards. Nature Geoscience, 10: 547-555.

Sfriso A A, Tomio Y, Rosso B, et al. 2020. Microplastic accumulation in benthic invertebrates in Terra Nova Bay (Ross Sea, Antarctica). Environment International, 137: 105587.

Shi B, Wang X, Wang X M. 2019. Temporal analysis of changes to Antarctic and Antarctic Peninsula snowmelt from 1988-2017. Fresenius Environmental Bulletin, 28(12A): 10045-10051.

Shi K, Zhang Y L, Zhu G W, et al. 2018. Deteriorating water clarity in shallow waters: Evidence from long term MODIS and in-situ observations. International Journal of Applied Earth Observation and Geoinformation, 68: 287-297.

Singha M, Dong J W, Ge Q S, et al. 2021. Satellite evidence on the trade-offs of the food-water-air quality nexus over the breadbasket of India. Global Environmental Change, 71: 102394.

Song K, Wang Q, Liu G, et al. 2022. A unified model for high resolution mapping of global lake (>1 ha) clarity using Landsat imagery data. Science of the Total Environment, 810: 151188.

Stephens, D L B, Carlson R E, Horsburgh C A, et al. 2015. Regional distribution of Secchi disk transparency in waters of the United States. Lake and Reservoir Management, 31(1): 55-63.

Suaria G, Perold V, Lee J R, et al. 2020. Floating macro- and microplastics around the Southern Ocean: Results from the Antarctic Circumnavigation Expedition. Environment International, 136: 105494.

Sun L Q, Chen J, Li Q L, et al. 2020. Dramatic uneven urbanization of large cities throughout the world in recent decades. Nature Communications, 11: 5363.

Swaminathan M. 2014. Zero hunger. Science.345 (6196) : 491.

Thrasher B, Maurer E P, McKellar C, et al. 2012. Technical note: Bias correcting climate model simulated daily temperature extremes with quantile mapping. Hydrology and Earth System Sciences, 16(9): 3309-3314.

Turton J V, Kirchgaessner A, Ross A N, et al. 2020. The influence of föhn winds on annual and seasonal surface melt on the Larsen C Ice Shelf, Antarctica. The Cryosphere, 14(11): 4165-4180.

UNDRR. 2019. Global Assessment Report on Disaster Risk Reduction calls on governments to take urgent action calls on governments to take urgent action. https://gar.undrr.org/news/undrr-global-assessment-report-disaster-risk-reduction-calls-governments-take-urgent-action.html

UNEP. 2021. Measuring Progress: Environment and the SDGs. https://wedocs.unep.org/bitstream/handle/20.500.11822/35968/SDGMP.pdf [2021-05-22].

UNEP-WCMC, IUCN. 2021. Protected Planet Report 2020. https://livereport.protectedplanet.net/ [2021-08-16].

UNESCO. World Heritage Centre. 1988. Operational Guidelines for the Implementation of the World Heritage Convention. http://whc.unesco.org/archive/opguide88.pdf[2021-09-23].

UNESCO. 2005. Operational Guidelines for the Implementation of the World Heritage Convention. Paris: UNESCO World Heritage Centre.

UN-Habitat. 2018a. SDG Indicator 11.3.1 Training Module: Land Use Efficiency UN-Habitat: Nairobi, Kenya.

UN-Habitat. 2018b. A Guide to Assist National and Local Governments to Monitor and Report on SDG Goal 11+Indicators. UN Habitat, Nairobi.

United Nations Department of Economic and Social Affairs. 2019. World Population Prospects 2019. https://population.un.org/wpp[2021-09-29].

United Nations. 2015. Transforming our world: The 2030 agenda for sustainable development. https://sustainabledevelopment.un.org/post2015/transformingourworld[2021-10-11].

United Nations. 2018. World Urbanization Prospects: The 2018 Revision. https://www.un.org/development/desa/publications/2018-revision-of-world-urbanization-prospects.html

United Nations. 2019. The Sustainable Developemt Goals Report 2019. https://unstats.un.org/sdgs/report/2019/The-Sustainable-Development-Goals-Report-2019.pdf [2021-9-15].

United Nations. 2020. The Sustainable Development Goals Report 2020. New York: United Nations. https://www.un.org/development/desa/publications/publication/sustainable-development-goals-report-2020[2021-09-13].

United Nations. 2021a. Goal 6: Ensure access to water and sanitation for all. https://www.un. org/sustainabledevelopment/water-andsanitation/[2021-10-13].

United Nations. 2021b. Sustainable Development Goals Report 2021. https://unstats.un.org/sdgs[2021-10-20].

United Nations. 2021c. High-level political forum on sustainable development, convened under the auspices of the Economic and Social Council. Progress towards the Sustainable Development Goals. Retrieved from New York, United Nations: https://unstats.un.org/sdgs/files/report/2021/secretary-general-sdgreport-2021--EN.pdf[2021-10-21].

United Nations. 2021d. High-level political forum on sustainable development, convened under the auspices of the conomic and Social Council. Progress towards the Sustainable Development Goals. Report of the Secretary-General. https://unstats.un.org/sdgs/files/report/2021/secretary-general-sdgreport-2021--EN.pdf[2021-11-20].

UN-Water. 2016. Water and sanitation interlinkages across the 2030 Agenda for Sustainable Development. https://www.unwater.org/publications/water-sanitation-interlinkages-across-2030-agenda-sustainable-development/.

UN-Water. 2020. The Sustainable Development Goal 6 Global Acceleration Framework. https://www.unwater.org/app/uploads/2020/07/Global-Acceleration-Framework.pdf[2021-09-25].

UN-Water. 2021. Summary Progress Update 2021: SDG 6 water and sanitation for all. https://www.unwater.org/app/uploads/2021/02/SDG-6-Summary-Progress-Update-2021_Version-2021-03-03.pdf[2021-09-15].

Verpoorter C, Kutser T, Seekell D A, et al. 2014. A global inventory of lakes based on high-resolution satellite imagery. Geophysical Research Letters, 41(18): 6396-6402.

Waha K, Krummenauer L, Adams S, et al. 2017. Climate change impacts in the Middle East and Northern Africa (MENA) region and their implications for vulnerable population groups. Regional Environmental Change, 17: 1623-1638.

Wang J, Cheng K, Zhu J, et al. 2018. Development and pattern analysis of mongolian land cover data products with 30 meters resolution. Journal of Geo-information Science, 20(9): 1263-1273.

Wang J, Wei H, Cheng K, et al. 2019. Spatio-temporal pattern of land degradation along the China-Mongolia Railway (Mongolia). Sustainability, 11: 2705.

Wang J, Wei H, Cheng K, et al. 2020. Spatio-temporal pattern of land degradation from 1990 to 2015 in Mongolia. Environmental Development, 34: 100497.

Wang S L, Li J S, Zhang B, et al. 2016. A simple correction method for the MODIS surface reflectance product over typical inland waters in China. International Journal of Remote Sensing, 37(24): 6076-6096.

Wang S, Li J, Zhang B, et al. 2018. Trophic state assessment of global inland waters using a MODIS-derived Forel-Ule index. Remote Sensing of Environment, 217: 444-460.

Wang S, Li J, Zhang B, et al. 2020. Changes of water clarity in large lakes and reservoirs across China observed from long-term MODIS. Remote Sensing of Environment, 247: 111949.

Wang X Y, Ren H, Wang P, et al. 2018. A preliminary study on target 11.4 for UN sustainable development goals. International Journal of Geoheritage and Parks, 6(2): 18-24.

Wei M Y, Zhang Z M, Long T F, et al. 2021. Monitoring Landsat based burned area as an indicator of Sustainable Development Goals. Earth's Future.

Wilson A E O. 2016. Half-Earth: Our Planet's Fight for Life. New York and London: Liveright Publishing Corporation.

WMO. 2015. Heatwaves and Health: Guidance on Warning-System Development. https://public. wmo.int/en/resources/library/heatwaves-and-health-guidance-warning-system-development[2021-10-18].

Weitz N, Carlsen H, Nilsson M, et al. 2018. Towards systemic and contextual priority setting for implementing the 2030 Agenda. Sustainability Science, 13(2): 531-548.

Woolway R I, Merchant C J. 2019. Worldwide alteration of lake mixing regimes in response to climate change. Nature Geoscience, (4): 271-276.

World Bank. 2019. World Bank Open Data. https://data.worldbank.org/.

World Heritage Centre. 2009. World heritage and buffer zones//Martin O, Piatti G. Proceedings of the International Expert Meeting on World Heritage and Buffer Zones. Paris: UNESCO World Heritage Centre: 25.

World Meteorological Organization (WMO). 2020. United in Science 2020. https://trello-attachments.s3.amazonaws.com/5f560af19197118edf74cf93/5f59f8b11a9063544de4 bf39/cdb10977949b38128408f5322f9f676d/United_In_Science_2020_8_Sep_FINAL_ LowResBetterQuality.pdf

Wu Q, Sheng Y, Yu Q, et al. 2020. Engineering in the rugged permafrost terrain on the roof of the world under a warming climate. Permafrost and Periglacial Processes, 31: 417-428.

Wurm M, Stark T, Zhu X X, et al. 2019. Semantic segmentation of slums in satellite images using transfer learning on fully convolutional neural networks. ISPRS Journal of Photogrammetry and Remote Sensing, 150: 59-69.

Xu X Y, Jia G S, Zhang X Y, et al. 2020. Climate regime shift and forest loss amplify fire in Amazonian forests. Global Change Biology, 26: 5874-5885.

Yu Y, Chen X, Disse M, et al. 2020. Climate change in Central Asia: Sino-German cooperative research findings. Science Bulletin, 65: 689-692.

Zeng H, Wu B, Zhang M, et al. 2021. Dryland ecosystem dynamic change and its drivers in Mediterranean region. Current Opinion in Environmental Sustainability, 48: 59-67.

Zhang D D, Liu X D, Huang W, et al. 2020. Microplastic pollution in deep-sea sediments and organisms of the Western Pacific Ocean. Environmental Pollution, 259: 113948.

Zhang F F, Li J S, Zhang B, et al. 2018. A simple automated dynamic threshold extraction method for the classification of large water bodies from landsat-8 OLI water index images. International Journal of Remote Sensing, 39(11): 3429-3451.

Zhang M, Li Z, Tian B, et al. 2015. A method for monitoring hydrological conditions beneath herbaceous wetlands using multi-temporal ALOS PALSAR coherence data. Remote Sensing Letters, 6: 221-226.

Zhang X M, Long T F, He G J, et al. 2020. Rapid generation of global forest cover map using Landsat based on the forest ecological zones. Journal of Applied Remote Sensing, 14(2): 022211.

Zhang Z M, Long T F, He G J, et al. 2020. Study on global burned forest area based on Landsat data. Photogrammetric Engineering & Remote Sensing, 86: 503-508.

Zheng C L, Jia L, Hu G C, et al. 2019. Earth observations-based evapotranspiration in northeastern Thailand. Remote Sensing, 11(2): 138.

Zheng Y F, Li J X, Cao W, et al. 2019. Distribution characteristics of microplastics in the seawater and sediment: A case study in Jiaozhou Bay, China. Science of the Total Environment, 674: 27-35.

Zheng Y M, Wang S D, Cao Y, et al. 2021. Assessing the ecological vulnerability of protected areas by using Big Earth Data. International Journal of Digital Earth, (11): 1624-1637.

Zwart S J, Bastiaanssen W G M, de Fraiture C, et al. 2010. WATPRO: A remote sensing based model for mapping water productivity of wheat. Agricultural Water Management, 97(10): 1628-1636.

程瑞, 高建, 邢强, 等. 2021. 一种优化的 Faster R-CNN 小目标检测方法. 测绘通报, 9: 21-27.

何龙娟, 陈伟忠, 周新群, 等. 2012. 莫桑比克农业发展现状研究. 世界农业, 11: 96-98.

侯妙乐, 刘晓琴, 陈军, 等. 2019. 基于地理空间信息的文化遗产可持续发展指标建设. 地理信息世界, 26(2): 1-6.

李加洪, 施建成, 等. 2017. 全球生态环境遥感监测 2015 年度报告. 北京: 科学出版社.

郭华东. 2021a. 地球大数据支撑可持续发展目标报告 (2020): "一带一路"篇. 北京: 科学出版社.

郭华东. 2021b. 地球大数据支撑可持续发展目标报告 (2020): 中国篇. 北京: 科学出版社.

商沙沙, 廉丽姝, 马婷, 等. 2018. 近 54a 来中国西北地区气温和降水的时空变化特征. 干旱区研究, 35: 68-76.

王福涛, 于仁成, 李景喜, 等. 2021. 地球大数据支撑海洋可持续发展. 中国科学院院刊, 36(8): 932-939.

王卷乐, 程凯, 祝俊祥, 等. 2018. 蒙古国 30 米分辨率土地覆盖产品研制与空间格局分析. 地球信息科学学报, 20(9): 1263-1273.

中华人民共和国住房和城乡建设部. 2015. 全国城市黑臭水体整治监管平台. https://www.mohurd.gov.cn/ gongkai/fdzdgknr/tzgg/201509/20150911_224828.html.

主要缩略词

英文简写	英文全称	中文表述
CCMP	cross-calibrated multi-platform	多平台交叉校正
HWSD	Harmonized World Soil Database	世界土壤数据库
M-K	Manner-Kendall trend test method	曼 - 肯德尔趋势检验法
AOD	aerosol optical depth	气溶胶光学厚度
APG	associated petroleum gas	伴生气
AVISO	Archiving,Validation and Interpretation of Satellite Oceanographic Data	卫星海洋学存档数据中心
BEPS	boreal ecosystem productivity simulator	北方生态系统生产力模拟器
BOI	black and odorous water index	黑臭水体指数
CAS	Chinese Academy of Sciences	中国科学院
CASEarth	Big Earth Data Science Engineering Program	地球大数据科学工程
CBAS	International Research Center of Big Data for Sustainable Development Goals	可持续发展大数据国际研究中心
CBD	Convention on Biological Diversity	《生物多样性公约》
CGLS	Copernicus global land service	哥白尼全球土地服务
CI	Conservation International	保护国际
CUDI	comprehensive urban development index	综合城市发展指数
EM-DAT	Emergency Events Database	紧急灾难数据库
EMLS	European Multi Lake Survey	欧洲多湖调查
ESA-CCI	european space agency-climate change initiative	欧洲空间局气候变化倡议
ET	evapotranspiration	蒸散发
FAPAR	fraction of absorbed photosynthetically active radiation	光合有效辐射吸收比例
GDP	gross domestic product	国内生产总值
GEE	Google Earth Engine	谷歌地球引擎
GHCN	Global Historical Climatology Network	全球历史气候网

续表

英文简写	英文全称	中文表述
GIS	geographic information system	地理信息系统
GLASS	global land surface satellite	全球陆表特征参量
GMA	Global Mangrove Alliance	全球红树林联盟
GPM	global precipitation measurement	全球降水观测计划
GPP	gross primary productivity	总初级生产力
HID	human intervention degree	人为干预度
HWSD	Harmonized World Soil Database	世界土壤数据库
IAEG-SDGs	Inter-agency Expert Group on SDG Indicators	联合国 SDGs 跨机构专家组
IPCC	Intergovernmental Panel on Climate Change	政府间气候变化专门委员会
IUCN	International Union for Conservation of Nature	世界自然保护联盟
IWRM	integrated water resources management	水资源综合管理
LAI	leaf area index	叶面积指数
LCRPGR	ratio of land consumption rate to population growth rate	土地使用率与人口增长率之间的比率
MDER	minimum dietary energy requirement	最低饮食能量需求
MDG	Millennium Development Goals	"千年发展目标"
MODIS	middle resolution imaging spectrometer	中分辨率成像光谱仪
NEP	net ecosystem productivity	净生态系统生产力
NPP	net primary productivity	净初级生产力
OGGM	open global glacier model	全球开放冰川模型
OHC	ocean heat content	海洋热含量
OISST	optimum interpolation sea surface temperature	最优插值海面温度
OSM	Open Street Map	开放街图
PDSI	Palmer drought severity index	帕默尔干旱强度指数
PIX	population impact index	影响人口指数
SAR	synthetic aperture radar	合成孔径雷达
SDGs	sustainable development goals	可持续发展目标
SRTM	shuttle radar topography mission	航天飞机雷达地形测绘任务

续表

英文简写	英文全称	中文表述
SSH	sea surface height	海平面高度
SSPs	shared socioeconomic pathways	社会经济情景共享社会经济路径
SST	sea surface temperature	海面温度
SSW	sea surface wind vector	海面风场
STF	subantarctic front	副热带锋
TNC	The Nature Conservancy	大自然保护协会
WFV	wide field of view	宽幅覆盖
WRI	World Resource Institute	世界资源研究所
WUE	water use efficiency	水分利用效率